CAD 建筑行业项目实战系列丛书

AutoCAD 土木工程制图
从入门到精通

李 波 刘升婷 李 燕 等编著

机械工业出版社

全书共分为 3 个部分 16 章，第 1～5 章为 AutoCAD 基础篇，包括 AutoCAD 2013 基础入门，绘图基础与控制，图形的绘制与编辑，图形的尺寸、文字标注与表格，使用块、外部参照和设计中心等；第 6～11 章为建筑施工图篇，包括建筑施工图制图标准（2010 版），建筑总平面图、平面图、立面图、剖面图、详图等的概述与绘制方法；第 12～16 章为结构施工图篇，包括建筑结构图制图标准（2010 版），基础平面图与详图的概述与绘制方法，楼层结构平面图的概述与绘制方法，楼梯结构详图的概述与绘制方法，图纸的编排布局与打印输出。

本书具有很强的指导性和操作性，可以作为建筑工程技术人员和 AutoCAD 技术人员的参考书，也可以作为高校相关专业师生计算机辅助设计和建筑设计课程以及培训机构的参考用书。

随书配送光盘包含全书所有讲解实例和图库源文件以及实例操作过程视频讲解 AVI 文件，可以帮助读者轻松自如地学习本书。

图书在版编目（CIP）数据

AutoCAD 土木工程制图从入门到精通 / 李波，刘升婷，李燕等编著. —北京：机械工业出版社，2013.4 （2014.11重印）

（CAD 建筑行业项目实战系列丛书）

ISBN 978-7-111-41819-1

Ⅰ. ①A… Ⅱ. ①李… ②刘… ③李… Ⅲ. ①土木工程－建筑制图－AutoCAD 软件Ⅳ. ①TU204-39

中国版本图书馆 CIP 数据核字（2013）第 049482 号

机械工业出版社（北京市百万庄大街 22 号　邮政编码 100037）

策划编辑：张淑谦

责任编辑：尚　晨

责任印制：张　楠

北京市四季青双青印刷厂印刷

2014 年 11 月第 1 版·第 2 次印刷

184mm×260mm·23 印张·566 千字

4 001－5 500 册

标准书号：ISBN 978-7-111-41819-1

　　　　ISBN 978-7-89433-864-8（光盘）

定价：65.00 元（含 1DVD）

前　言

AutoCAD 是由美国 Autodesk 公司于 20 世纪 80 年代初为微型计算机上应用 CAD（Computer Aided Design，计算机辅助设计）技术而开发的绘图程序软件包，经过不断完善，现已经成为国际上广为流行的绘图工具，被广泛应用于建筑、机械、电子、航天、造船、石油化工、土木工程、地质、气象、轻工、商业等领域。AutoCAD 2013 版本于 2012 年 3 月推出。

为了使读者能够快速掌握土木工程图的绘制方法和技能，本书以 AutoCAD 2013 版本为平台进行讲解。在实例的挑选和结构上进行了精心的编排。全书共分为 3 个部分 16 章，其讲解的内容大致如下。

第 1～5 章为 AutoCAD 基础篇，包括 AutoCAD 2013 软件的启动方法，图形文件的管理，绘图方法与坐标系，图层的管理控制，视图的缩放控制，辅助功能的设置，基本图形的绘制与编辑，尺寸标注样式的创建与编辑，各种尺寸标注工具的使用和编辑，图形文字样式的创建与编辑，多行与单行文字的创建与编辑方法，表格的创建与编辑，图块的创建与插入，属性图块的使用，外部参照的使用和设计中心的运用等。

第 6～11 章为建筑施工图篇，包括图纸幅面与图纸编排顺序，图线、比例、字体的使用规定，建筑各种符号的规定，常用建筑材料图例，建筑尺寸标注规定，建筑总平面的识读基础，某住宅小区总平面图的绘制方法，建筑平面图的识读基础，单元式住宅标准层平面图的绘制方法，建筑立面图的识读，单元式住宅正立面图的绘制，建筑剖面与详图的识读基础，单元式住宅楼 1—1 剖面图的绘制，墙身大样详图的绘制，楼梯节点详图的绘制等。

第 12～16 章为结构施工图篇，包括混凝土结构的各种表示方法，钢结构的各种表示方法，木结构的表示方法，常用构件的代号，基础平面图和详图的识读，住宅楼基础平面图的绘制，住宅楼地柱详图的绘制，楼层结构平面图的识读，标高-0.470～3.880 层柱结构图的绘制，标高 3.880 层楼板配筋图的绘制，楼梯结构详图的识读，楼梯结构图的绘制，整套图样的编排布局与打印输出等。

本书具有很强的指导性和操作性，可以作为建筑工程技术人员和 AutoCAD 技术人员的参考书，也可以作为高校相关专业师生计算机辅助设计和建筑设计课程参考用书以及社会 AutoCAD 培训班配套教材。

本书由李波、刘升婷、李燕编著，师天锐、王利、郝德全、王任翔、刘冰、李科、尹兴华、郎晓娇、宋丛英、王敬艳、吕开平、倪雨龙等也参与了本书的编写工作。感谢您选择了本书，希望我们的努力对您的工作和学习有所帮助。另外，书中难免有疏漏与不足之处，敬请专家与读者批评指正。

目　　录

第1章　AutoCAD 2013 基础入门

本章导读

随着计算机辅助绘图技术的不断普及和发展，计算机绘图全面代替手工绘图将成为必然趋势，只有熟练地掌握计算机图形的生成技术，才能够灵活自如的在计算机上展示自己的设计才能和天赋。

本章中首先讲解了 AutoCAD 2013 的新增功能及操作界面，接着讲解了图形文件的新建、打开、保存、加密等操作，然后讲解了 AutoCAD 选项参数的设置，最后讲解了 AutoCAD 中命令的使用方法和系统变量的设置，通过以上的介绍使用户能够初步掌握 AutoCAD 2013 软件的基础。

学习目标

- 了解 AutoCAD 2013 的工作界面
- 掌握图形文件的管理
- 掌握绘图环境的设置
- 掌握系统变量的设置
- 掌握使用命令的方法

预览效果图

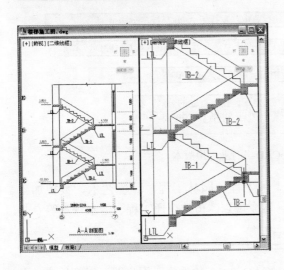

1.1 初步认识 AutoCAD 2013

AutoCAD 是由美国 Autodesk 公司于 20 世纪 80 年代初为微型计算机上应用 CAD 技术而开发的绘图程序软件包，经过不断完善，现已经成为国际上广为流行的绘图工具。它已经在航空航天、造船、建筑、机械、电子、化工、美工、轻纺等很多领域得到了广泛应用，带来了巨大的经济效益。

1.1.1 AutoCAD 的应用领域

AutoCAD 具有的强大二维绘图功能，它的应用领域也较宽广，如图 1-1 所示。

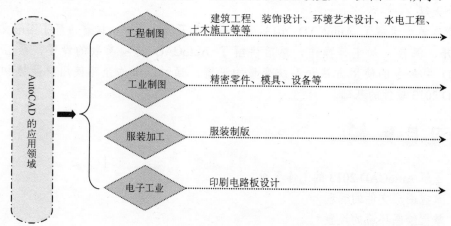

图 1-1 AutoCAD 应用领域

在不同的行业中，Autodesk 开发了行业专用的版本和插件，如图 1-2 所示。

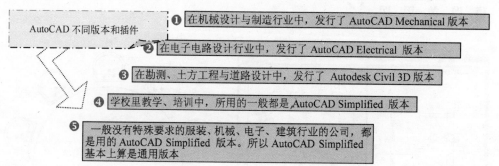

图 1-2 AutoCAD 各行业专用版本

AutoCAD 所面向的对象主要包括：土木工程、园林工程、环境艺术、数控加工、机械、建筑、测绘、电气自动化、材料成形、城乡规划、市政交通工程、给水排水等专业。

1.1.2 AutoCAD 2013 的启动与退出

当用户的计算机上已经成功安装好 AutoCAD 2013 软件后，用户即可以开始启动并运行该软件。与大多数应用软件一样，要启动 AutoCAD 2013 软件，用户可通过以下任意一种方法来启动。

◆ 双击桌面上的"AutoCAD 2013"快捷图标A。

◆ 选择桌面上的"开始 | 程序 | Autodesk | AutoCAD 2013-Simplified Chinese"命令。

◆ 右击桌面上的"AutoCAD 2013"快捷图标A，从弹出的快捷菜单中选择"打开"命令。

第一次启动 AutoCAD 2013 后，会弹出"Autodesk Exchange"对话框，单击该对话框右上角的"关闭"按钮X，将进入 AutoCAD 2013 工作界面，默认情况下，系统会直接进入如图 1-3 所示的界面。

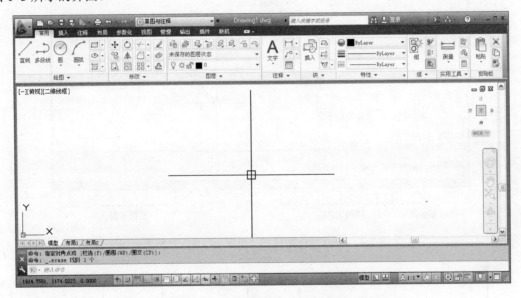

图 1-3　AutoCAD 2013 初始界面

当用户需要退出 AutoCAD 2013 软件系统时，用户可采用以下 4 种方法。

◆ 在 AutoCAD 2013 菜单栏中选择"文件 | 关闭"命令。

◆ 在命令行输入"Quit"（或 Exit）。

◆ 双击标题栏上的控制图标按钮A。

◆ 单击工作界面右上角的"关闭"按钮X。

⊃ 1.1.3　AutoCAD 2013 的工作界面

AutoCAD 软件从 2009 版本开始，其界面发生了比较大的改变，提供了多种工作空间模式，即"草图与注释"、"三维基础"、"三维建模"和"AutoCAD 经典"。

1．AutoCAD 2013 的"草图与注释"空间

当正常安装并首次启动 AutoCAD 2013 软件时，系统将以默认的"草图与注释"界面显示，如图 1-4 所示。

（1）标题栏

标题栏显示当前操作文件的名称。最左端依次为"新建"、"打开"、"保存"、"另存为"、

"打印"、"放弃"和"重做"按钮；接着是"工作空间"列表，用于工作空间界面的选择；其次是软件名称、版本号和当前文档名称信息；然后是"搜索"、"登录"、"交换"按钮，并新增"帮助"功能；最右侧则是当前窗口的"最小化"、"最大化"和"关闭"按钮，如图 1-5 所示。

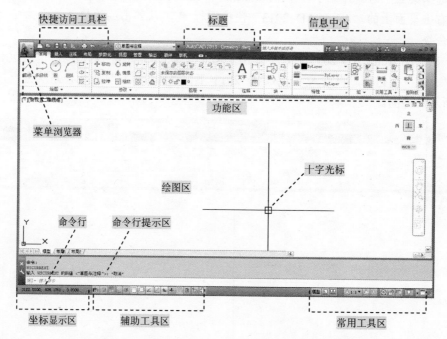

图 1-4　AutoCAD 2013 的"草图与注释"空间界面

图 1-5　标题栏

（2）菜单浏览器和快捷菜单

在窗口的最左上角大"A"按钮为"菜单浏览器"按钮，单击该按钮会出现下拉菜单，如"新建"、"打开"、"保存"、"另存为"、"输出"、"打印"、"发布"等，另外还新增加了很多新的项目，如"最近使用的文档"、"打开文档"、"选项"和"退出 AutoCAD"按钮，如图 1-6 所示。

AutoCAD 2013 的快捷菜单通常会出现在绘图区、状态栏、工具栏、模型或布局选项卡上，右击时，系统会弹出一个快捷菜单，该菜单中显示的命令与右击对象及当前状态相关，会根据不同的情况出现不同的快捷菜单命令，如图 1-7 所示。

　提示　在菜单浏览器中，后面带有符号▶的命令表示还有级联菜单。如果命令为灰色，则表示该命令在当前状态下不可用。

图1-6　菜单浏览器

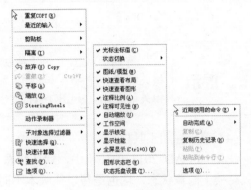

图1-7　快捷菜单

（3）选项卡和面板

使用 AutoCAD 命令的另一种方式就是应用选项卡上的面板，包括的选项卡有"常用"、"插入"、"注释"、"布局"、"参数化"、"视图"、"管理"、"输出"、"插件"和"联机"等，如图1-8所示。

| 常用 | 插入 | 注释 | 布局 | 参数化 | 视图 | 管理 | 输出 | 插件 | 联机 | ▲ ▾ |

图1-8　面板

提示　在"联机"右侧显示了一个倒三角，用户单击按钮▲▾，将弹出一快捷菜单，可以进行相应的单项选择，如图1-9所示。

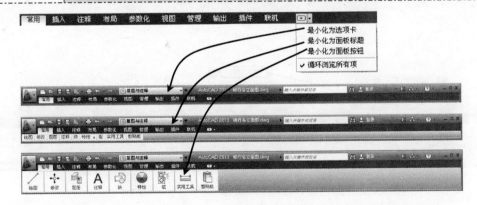

图1-9　标签与面板

单击相应的选项卡，即可分别调用相应的命令。例如，在"常用"选项卡下包括有"绘图"、"修改"、"图层"、"注释"、"块"、"特性"、"组"、"实用工具"和"剪贴板"等面板，如图 1-10 所示。

图 1-10 "常用"选项卡

 提示　　有的面板上下侧的按钮有一倒三角按钮▼，单击该按钮会展开该面板相关的操作命令，如单击"修改"面板右侧的倒三角按钮▼，会展开其他相关的命令，如图 1-11 所示。

（4）菜单栏和工具栏

在 AutoCAD 2013 的环境中，默认状态下其菜单栏和工具栏处于隐藏状态，这也是与以往版本不同的地方。

在 AutoCAD 2013 的"草图与注释"工作空间状态下，如果要显示菜单栏，那么在标题栏的"工作空间"右侧单击其倒三角按钮（即"自定义快速访问工具栏"列表），从弹出的列表框中选择"显示菜单栏"，即可显示 AutoCAD 的常规菜单栏，如图 1-12 所示。

图 1-11 展开后的"修改"面板

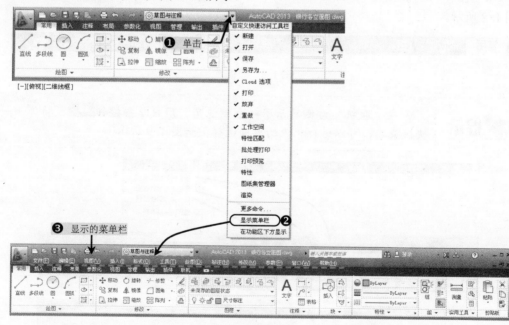

图 1-12 显示菜单栏

如果要将 AutoCAD 的常规工具栏显示出来，用户可以选择"工具｜工具栏"菜单项，从弹出的下级菜单中选择相应的工具栏即可，如图 1-13 所示。

（5）绘图窗口

绘图窗口是用户进行绘图的工作区域，所有的绘图结果都反映在这个窗口中。在绘图窗口中不仅显示当前的绘图结果，而且还显示了用户当前使用的坐标系图标，表示了该坐标系的类型和原点、X轴和Z轴的方向，如图1-14所示。

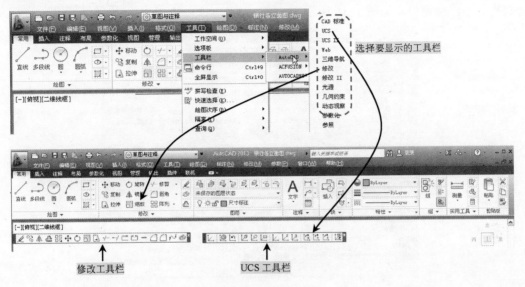

图1-13 显示工具栏

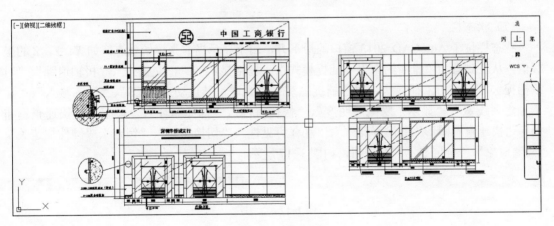

图1-14 绘图窗口

（6）命令行与文本窗口

默认情况下，命令行位于绘图区的下方，用于输入系统命令或显示命令的提示信息。用户在面板区、菜单栏或工具栏中选择某个命令时，也会在命令行中显示提示信息，如图1-15所示。

```
当前线宽为 0
指定下一个点或 [圆弧(A)/半宽(H)/长度(L)/放弃(U)/宽度(W)]:
指定下一点或 [圆弧(A)/闭合(C)/半宽(H)/长度(L)/放弃(U)/宽度(W)]:
命令:
```

图1-15 命令行

在键盘上按〈F2〉键时，屏幕会显示出"AutoCAD 文本窗口-xx.dwg"对话框，此文本窗口也称专业命令窗口，是用于记录用户在窗口中操作的所有命令。若在此窗口中输入命令，按〈Enter〉键可以执行相应的命令。用户可以根据需要改变其窗口的大小，也可以将其拖动为浮动窗口，如图 1-16 所示。

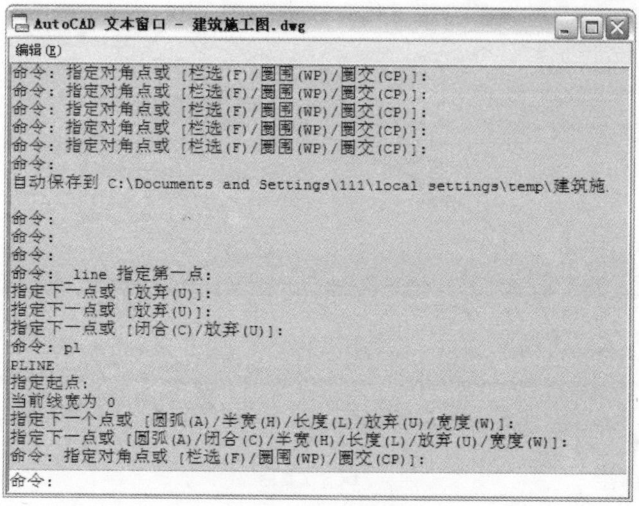

图 1-16　文本窗口

（7）状态栏

状态栏位于 AutoCAD 2013 窗口的最下方，用于显示当前光标的状态，如 X、Y、Z 的坐标值。从左到右为"推断约束"、"捕捉模式"、"栅格显示"、"正交模式"、"极轴追踪"、"对象捕捉"、"三维对象捕捉"、"对象捕捉追踪"、"允许 | 禁止动态 UCS"、"动态输入"、"显示 | 隐藏线宽"、"显示 | 隐藏透明度"、"快捷特性"、"选择循环"、"模型"、"快速查看布局"、"快速查看图形"、"注释比例"、"注释可见性"、"切换空间"、"锁定"、"硬件加速关"、"隔离对象"、"全屏显示"等按钮，如图 1-17 所示。

图 1-17　状态栏

2. AutoCAD 的经典空间

不论新版怎样变化，Autodesk 公司都为新老用户考虑到了 AutoCAD 的经典空间模式。在 AutoCAD 2013 的状态栏中，单击右下侧的按钮，如图 1-18 所示，然后从弹出的菜单中选择"AutoCAD 经典"项，即可将当前空间模式切换到"AutoCAD 经典"空间模式，如图 1-19 所示。

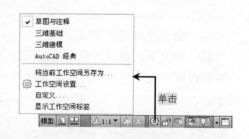

图 1-18　切换工作空间

本书中以最常用的"AutoCAD 经典"工作空间来进行讲解，因此，在后面的学习中，如果出现选择"… | …"菜单命令时，则表示当前的操作

提示 是在"AutoCAD 经典"空间中进行的。同样，如果出现在"……"工具栏中单击"……"按钮，则同样是在"AutoCAD 经典"空间中进行的。

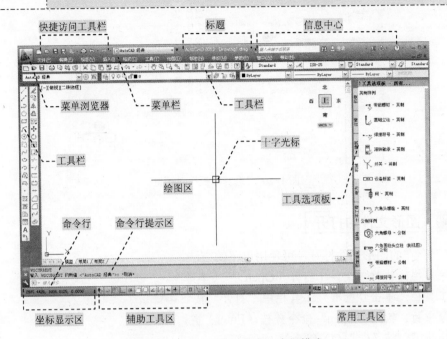

图 1-19 "AutoCAD 经典"空间模式

▶ 1.2 图形文件的管理

同许多应用软件一样，AutoCAD 2013 的图形文件管理包括文件的新建、打开、保存、加密、输入及输出等，下面将详细讲解。

⊃ 1.2.1 创建新的图形文件

通常用户在绘制图形之前，首先要创建新图的绘图环境和图形文件，可使用以下方法。

◆ 菜单栏：执行"文件 | 新建（New）"菜单命令。

◆ 工具栏：单击"标准"工具栏中"新建"按钮□。

◆ 命令行：输入"New"命令并按〈Enter〉键。

◆ 快捷键：按〈Ctrl+N〉组合键。

以上任意一种方法都可以创建新的图形文件，此时将打开"选择样板"对话框，单击"打开"按钮，从中选择相应的样板文件来创建新图形，此时在右侧的"预览框"将显示出该样板的预览图像，如图 1-20 所示。

利用样板来创建新图形，可以避免每次绘制新图时需要进行的有关绘图设置的重复操作，不仅提高了绘图效率，而且保证了图形的一致性。样板文件中通常含有与绘图相关的一些通用设置，如图层、线型、文字样式、尺寸标注样式、标题栏、图幅框等。

图 1-20 "选择样板"对话框

1.2.2　图形文件的打开

要将已存在的图形文件打开，可使用以下的方法。

◆ 菜单栏：执行"文件｜打开（Open）"菜单命令。

◆ 工具栏：单击"标准"工具栏中"打开"按钮 。

◆ 命令行：输入"Open"命令并按〈Enter〉键。

◆ 快捷键：按〈Ctrl+O〉组合键。

以上任意一种方法都可打开已保存的图形文件，将弹出"选择文件"对话框，选择指定路径下的指定文件，则在右侧的"预览"栏中显出该文件的预览图像，然后单击"打开"按钮，将所选择的图形文件打开，其步骤如图 1-21 所示。

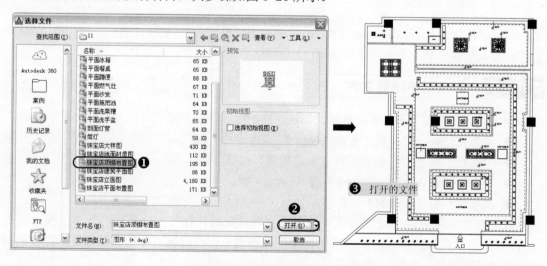

图 1-21　打开图形文件

在"选择文件"对话框的"打开"按钮右侧有一个倒三角按钮，单击它将显示出 4 种打开文件的方式，即"打开"、"以只读方式打开"、"局部打开"和"以只读方式局部打开"，如图 1-22 所示。

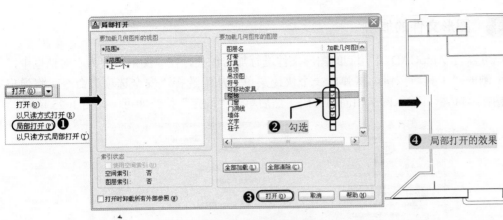

图 1-22　局部打开图形文件

> 提示　　　　若用户选择了"局部打开"选项，此时将弹出"局部打开"对话框，并在右侧列表框中勾选需要打开的图层对象，然后单击"打开"按钮，并勾选需要显示的图层对象，来加快文件装载的速度。特别是在大型工程项目中，可以减少屏幕上显示的实体数量，从而可以大大提高工作效率。

➲ 1.2.3　图形文件的保存

文件操作的时候，应当养成随时保存文件的好习惯，以便出现电源故障或发生其他意外情况时，防止图形文件及其数据丢失。

要将当前视图中的文件进行保存，可使用以下方法。

◆ 菜单栏：执行"文件 | 保存（Save）"菜单命令。

◆ 工具栏：单击"标准"工具栏中"保存"按钮 ▓ 。

◆ 命令行：输入"Save"命令并按〈Enter〉键。

◆ 快捷键：按〈Ctrl+S〉组合键。

通过以上任意一种方法，将以当前使用的文件名保存图形。如果选择"文件 | 另存为"命令，要求用户将当前图形文件以另外一个新的文件名进行保存，其步骤如图 1-23 所示。

图 1-23　"图形另存为"对话框

> 提示　　　　在绘制图形时，可以设置为自动定时来保存图形。选择"工具 | 选项"菜单命令，在打开的"选项"对话框中选择"打开和保存"选项卡，勾选"自动保存"复选框，然后在"保存间隔分钟数"文本框中输入一个定时保存的时间（分钟），如图 1-24 所示。

➔ **1.2.4** 图形文件的加密

　　用户可以将 AutoCAD 中绘制的图形文件进行加密保存，在"图形另存为"对话框中，单击右上侧的"工具"按钮，将弹出一个快捷菜单，从中选择"安全选项"命令，将弹出"安全选项"对话框，输入两次相同的密码，然后单击"确定"按钮即可，如图 1-25 所示。

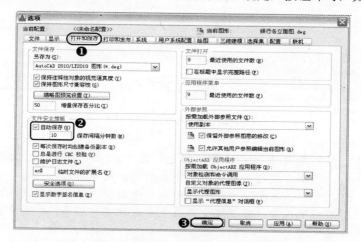

图 1-24　自动定时保存图形文件

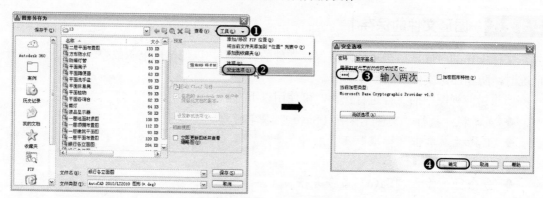

图 1-25　对图形文件加密

 提示　　当对文件进行加密保存后，下次再打开该图形文件时，系统将弹出"密码"对话框，并提示用户输入正确的密码才能打开，如图 1-26 所示。

➔ **1.2.5** 图形文件的关闭

　　要将当前视图中的文件进行关闭，可使用以下方法。

◆ 菜单栏：执行"文件 | 关闭（Close）"菜单命令。

◆ 工具栏：单击菜单栏右上角的"关闭"按钮 ✕ 。

◆ 命令行：输入"Quit"命令或"Exit"命令并按〈Enter〉键。

◆ 快捷键：按〈Ctrl+Q〉组合键。

通过以上任意一种方法，可对当前图形文件进行关闭操作。如果当前图形进行修改后而没有存盘，系统将打开"AutoCAD"警告对话框，询问是否保存图形文件，如图1-27所示。

单击"是（Y）"按钮或直接按〈Enter〉键，可以保存当前图形文件并将其关闭；单击"否（N）"按钮，可以关闭当前图形文件但不存盘；单击"取消"按钮，取消关闭当前图形文件操作，既不保存也不关闭。如果当前所编辑的图形文件没命名，那么单击"是"（Y）按钮后，AutoCAD会打开"图形另存为"的对话框，要求用户确定图形文件存放的位置和名称。

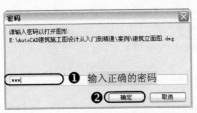

图1-26 "密码"对话框

图1-27 "AutoCAD"警告对话框

▶ 1.3 设置绘图环境

通常情况下，安装好AutoCAD 2013后就可以在其默认设置下绘制图形了，但有时为了规范绘图、提高绘图效率，应熟悉命令与系统变量以及绘图方法，掌握绘图环境的设置和坐标系统的使用方法等。

➲ 1.3.1 设置选项参数

在使用AutoCAD绘图前，经常需要对参数选项、绘图单位和绘图界限等进行必要的设置。AutoCAD通过"选项"对话框来设置系统环境，调用"选项"对话框有以下几种方式。

◆ 菜单栏：执行"工具(T)|选项(N)"菜单命令。
◆ 菜单栏：依次选择"工具(T)|草图设置(F)|选项(N)"菜单命令。
◆ 绘图区：单击鼠标右键，在弹出的快捷菜单中选择"选项"命令。
◆ 命令行：输入"Options"（快捷键"Op"）。

此时，系统将弹出如图1-28所示的"选项"对话框，在该对话框中有"文件"、"显示"、"打开和保存"、"打印和发布"、"系统"、"用户系统配置"、"绘图"、"三维建模""选择集"、"配置"、"联机"等11个选项卡。

➲ 1.3.2 设置图形单位

在AutoCAD中，用户可以采用1:1的比例绘图，也可以指定单位的显示格式。对绘图单位的设置一般包括长度单位和角度单位的设置。

在AutoCAD中，可以通过以下两种方法设置图形格式。

◆ 菜单栏：执行"格式(O)|单位(U)"菜单命令。
◆ 命令行：输入"Units"（快捷键"UN"）。

使用上面任何一种方法都可以打开"图形单位"对话框，在该对话框中可以对图形单位进行设置，如图 1-29 所示。

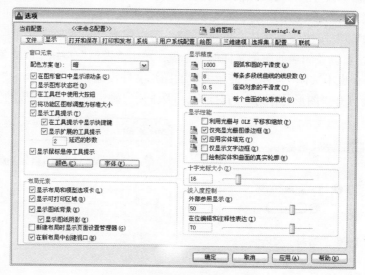

图 1-28 "选项"对话框

该"图形单位"对话框中，各主要选项的含义如下。

◆ "长度"选项组和"角度"选项组：可以通过下拉列表框来选择长度和角度的记数类型以及各自的精度。

◆ "顺时针"复选框：确定角度正方向是顺时针还是逆时针，默认的正角度方向是逆时针方向。

◆ "插入时的缩放单位"选项组：用于设置从设计中心将图块插入此图时的长度单位，若建图块时的单位与此处所选单位不同，系统将自动对图块进行缩放。

◆ "光源"选项组：用于设置当前图形中控制光源强度的测量单位，下拉列表框中提供了"国际"、"美国"和"常规"三种测量单位。

◆ "方向"按钮：单击"方向"按钮，弹出如图 1-30 所示的"方向控制"对话框，在对话框中可以设置起始角度（OB）的方向。在 AutoCAD 的默认设置中，OB 方向是指向右（亦即正东）的方向，逆时针方向为角度增加的正方向。在对话框中可以选中 5 个单选按钮中的任意一个来改变角度测量的起始位置。也可以通过选中"其他"单选按钮，并单击"拾取"按钮，在图形窗口中拾取两个点来确定在 AutoCAD 中 OB 的方向。

> **提示**　用于创建对象、测量距离以及显示坐标位置的单位格式与创建的标注单位设置是分开的；角度的测量可以使正值以顺时针测量或逆时针测量，0°角可以设置为任意位置。

⊃ 1.3.3　设置图形界限

图形界限就是绘图区域，也称为图限。图形界限是标明用户的工作区域和图纸边界。一般来说，如果用户不作任何设置，AutoCAD 系统对作图范围没有限制。用户可以将绘图区看做是一幅无穷大的图纸，但所绘图形的大小是有限的。因此，为了更好地绘图，需要设定作图的有效区域。

图 1-29 "图形单位"对话框

图 1-30 "方向控制"对话框

在 AutoCAD 中，可以通过以下方法设置图形界限。

◆ 菜单栏：执行"格式(O)｜图形界限(I)"菜单命令。

◆ 命令行：输入"Limits"。

执行"图形界限"命令后，其命令行的提示如下。

> 命令: Limits
> 重新设置模型空间界限:
> 指定左下角点或 [开(ON)/关(OFF)] <0.0000,0.0000>:
> 指定右上角点 <420.0000,297.0000>:

执行该命令后，各选项的含义如下。

◆ "开（ON）"：打开图形界限检查，防止拾取点超出图形界限。

◆ "关（OFF）"：关闭图形界限检查（默认设置），可以在图形界限之外拾取点。

◆ "指定左下角点"：设置图形界限左下角的坐标。

◆ "指定右上角点"：设置图形界限右上角的坐标。

⊃ 1.3.4　设置工作空间

工作空间是由分组的菜单、工具栏、选项板和功能区控制面板组成的集合，使用户可以在专门的、面向任务的绘图环境中工作。使用工作空间时，只会显示与任务相关的菜单、工具栏和选项板。此外，工作空间还可以自动显示功能区，即带有特定子任务的控制面板的特殊选项板。

在 AutoCAD 中可以使用自定义工作空间来创建绘图环境，以便显示用户需要的工具栏、菜单和可固定的窗口。

在 AutoCAD 中，可以通过以下方法设置工作空间。

◆ 菜单栏：单击"工具(T)｜工作空间(O)｜工作空间设置..."菜单命令。

◆ 命令行：输入"wssettings"。

◆ 工具区：单击底侧"常用工具区"中"切换工作空间"按钮 ，在弹出的快捷菜单中选择"工作空间设置..."菜单命令。

使用上面任何一种方法都可以打开如图 1-31 所示的"工作空间设置"对话框，在该对话框中可以对工作空间进行设置。

下面将介绍"工作空间设置"对话框中各选项的功能。

◆ "我的工作空间"下拉列表框：显示工作空间列表，从中可以选择要指定给"我的工作空间"工具栏按钮的工作空间。

◆ "菜单显示及顺序"选项组：控制要显示在"工作空间"工具栏和菜单中的工作空间的名称和顺

图 1-31 "工作空间设置"对话框

序，以及是否在工作空间名称之间添加分隔线。无论如何设置显示，此处以及"工作空间"工具栏和菜单中显示的工作空间均包括当前工作空间（在工具栏和菜单中显示有复选标记）以及在"我的工作空间"选项中定义的工作空间。

◆ "上移"按钮：在显示顺序中上移工作空间名称。

◆ "下移"按钮：在显示顺序中下移工作空间名称。

◆ "添加分隔符"按钮：在工作空间名称之间添加分隔符。

◆ "不保存工作空间修改"单选项：切换到另一个工作空间时，不要保存对工作空间所做的更改（WSAUTOSAVE 系统变量）

◆ "自动保存工作空间修改"单选项：切换到另一工作空间时，将保存对工作空间所做的更改（WSAUTOSAVE 系统变量）。

1.4 使用命令与系统变量

在 AutoCAD 中，菜单命令、工具按钮、命令和系统变量大部分是相互对应的。可以选择某一菜单命令，或单击某个工具按钮，或在命令行中输入命令和系统变量来执行相应的命令。

通过命令方式，是 AutoCAD 绘制与编辑图形的核心。例如，要执行"圆"命令，可以通过以下三种方式来完成。

◆ 菜单栏：执行"绘图 | 圆"命令。

◆ 工具栏：单击"绘图"工具样中的"圆"按钮 。

◆ 命令行：输入"Circle"（快捷键"C"）。

1.4.1 使用鼠标操作执行命令

在绘图窗口，光标通常显示为"+"字线形式。当光标移至菜单选项、工具或对话框内时，它会变成一个箭头" "。无论光标是"+"字线形式还是箭头" "形式，当单击或者按动鼠标键时，都会执行相应的命令或动作。在 AutoCAD 中，鼠标键按照下述规则来定义的。

◆ 拾取键：通常指鼠标左键，用于指定屏幕上的点，也可以用来选择 Windows 对象、AutoCAD 对象、工具栏按钮和菜单命令等。

◆ 回车键：指鼠标右键，相当于〈Enter〉键，用于结束当前使用的命令，此时系统会根据当前绘图状态而弹出不同的快捷菜单，如图 1-32 所示。

◆ 弹出菜单：当使用〈Shift〉键和鼠标右键组合时，系统将弹出一个快捷菜单，用于设置捕捉点的方法，如图 1-33 所示。对于三键鼠标，弹出按钮通常是使用鼠标的中间按钮。

图 1-32 右键快捷菜单

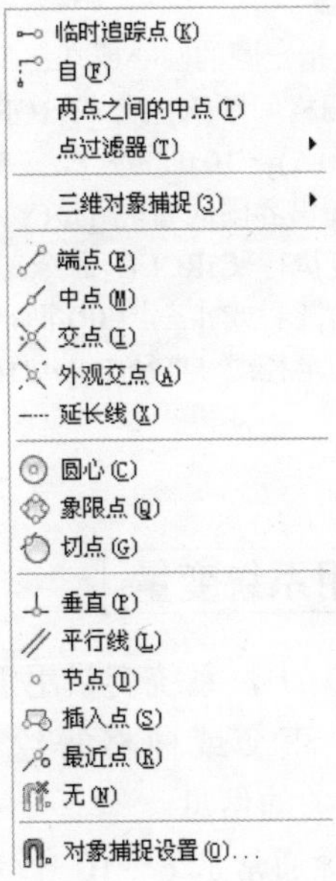

图 1-33 弹出菜单

◯ 1.4.2 使用"命令行"执行

在 AutoCAD 2013 中，默认情况下"命令行"是一个可固定窗口，可以在当前命令行提示下输入命令、对象参数等内容。在"命令行"窗口中单击鼠标右键，AutoCAD 将显示一个快捷菜单，如图 1-34 所示。

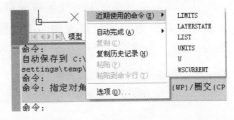

图 1-34 命令行的右键快捷菜单

在命令行中，还可以使用〈BackSpace〉或〈Delete〉键删除命令行中的文字，也可以选中命令历史，并执行"粘贴到命令行"命令，将其粘贴到命令行中。

 提示

如果用户在绘图过程中，觉得命令行窗口不能显示更多的内容，可以将鼠标置于命令行上侧，等鼠标呈⇕形状时上下拖动，即可改变命令行窗口的高度，显示更多的内容。如果发现 AutoCAD 的命令行没有显示出来，则可以按快捷键〈Ctrl+9〉对其命令行进行显示或隐藏。

⊃ 1.4.3　使用透明命令执行

在 AutoCAD 中，透明命令是指在执行其他命令的过程中可以执行的命令。通常使用的透明命令多为修改图形设置的命令或绘图辅助工具的命令，例如 Snap、Grid、Zoom 等命令。

要以透明方式使用命令，应在输入命令之前输入单引号（'）。命令行中，透明命令行的提示有一个双折符号（>>），当完成透明命令后，将继续执行原命令，如图 1-35 所示。

```
命令: c ❶
CIRCLE 指定圆的圆心或 [三点(3P)/两点(2P)/切点、切点、半径(T)]: 'grid     ❷
>>指定栅格间距(X) 或 [开(ON)/关(OFF)/捕捉(S)/主(M)/自适应(D)/界限(L)/跟随(F)/纵
横向间距(A)] <10.0000>: L     ❸
>>显示超出界限的栅格 [是(Y)/否(N)] <是>: y     ❹
正在恢复执行 CIRCLE 命令。
指定圆的圆心或 [三点(3P)/两点(2P)/切点、切点、半径(T)]:     ❺
指定圆的半径或 [直径(D)] <216.0237>:
```

图 1-35　使用透明命令

⊃ 1.4.4　使用系统变量

在 AutoCAD 中，系统变量用于控制某些功能和设计环境、命令的工作方式，它可以打开或关闭捕捉、正交或栅格等绘图模式，设置默认的填充图案，或存储当前图形和 AutoCAD 配置相关的信息。

系统变量名称通常是 6~10 个字符长度的缩写。许多系统变量有简单的开关设置。例如 GRIDMODE 系统变量用来显示或者关闭栅格，当命令行的"输入 GRIDMODE"新的信息 <1>提示下输入 0 时，可以关闭栅格显示；输入 1 时，可以打开栅格显示。有些系统变量则用来存储数值或文字，例如 DATE 系统变量来存储当前日期。

用户可以在对话框中修改系统变量，也可以直接在命令行中修改系统变量。例如，要使用 ISOLINES 系统变量修改曲面的线框密度，可在命令行提示下输入该系统变量名称并按〈Enter〉键，然后输入新的系统变量值并按〈Enter〉键即可，详细操作如图 1-36 所示。

```
命令: ISOLINES     ❶                    \\输入系统变量名称
输入 ISOLINES 的新值 <4>: 32     ❷      \\输入系统变量的新值
```

图 1-36　使用系统变量

⊃ 1.4.5　命令的终止、撤销与重做

在 AutoCAD 环境中绘制图形时，对所执行的操作可以进行终止、撤销以及重做操作。

1. 终止命令

在执行命令过程中，如果用户不准备执行正在进行的命令，则可以随时按〈Esc〉键终止执行的任何命令；或者右击鼠标，从弹出的快捷菜单中选择"取消"命令。

2．撤销命令

执行了错误的操作或放弃最近一个或多个操作有多种方法，都可使用 UDON 命令来放弃单个操作，也可以一次撤销前面进行的多步操作。在命令提示行中输入 UDON 命令，然后在命令行中输入要放弃的数目。用户可以在"标准"工具栏中单击"放弃"按钮；或者按快捷键〈Ctrl+Z〉撤销最近一次的操作。

3．重做命令

如果错误地撤销了正确的操作，可以通过"重做"命令进行还原。或者需要重复 AutoCAD 命令，都可以按〈Enter〉键或空格键，或者在绘图区域中右击，在弹出的快捷菜单中选择"重复"命令；在"标准"工具栏中单击"重做"按钮；或者按快捷键〈Ctrl+Y〉撤销最近一次操作。

第2章 AutoCAD 2013 绘图基础与控制

本章导读

安装好 AutoCAD 2013 软件后就可以绘制电子化的图形对象了，但为了更加灵活、方便、自如的在 AutoCAD 2013 环境中进行图形的绘制，应掌握 AutoCAD 2013 环境中图形的各种绘制方法、掌握坐标和图形的缩放控制、掌握图层的操作和捕捉设计等。

本章首先讲解了 AutoCAD 2013 环境中的各种绘图方法，再讲解了 AutoCAD 三种坐标系的表示与创建方法，讲解了图形的缩放与平移、视图的命名与平铺操作等，然后讲解了图层的创建、图层设置和控制操作，再讲解了 AutoCAD 中精确绘图的辅助设计方法，最后通过"新农村住宅设计轴线网的绘制实例"来初步讲解了图形的绘制方法。

学习目标

　　📖 掌握 AutoCAD 的绘图方法
　　📖 掌握使用坐标系与图形的显示控制
　　📖 掌握图层的规划与管理
　　📖 掌握绘图的辅助功能
　　📖 进行新农村住宅轴线网的实例绘制

预览效果

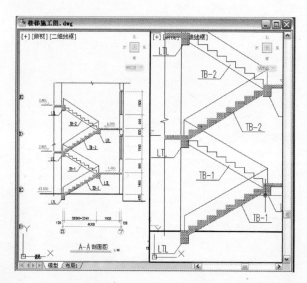

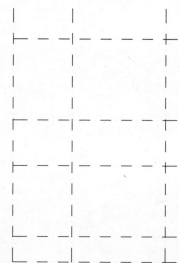

↘ 2.1 绘图方法

在 AutoCAD 环境中绘制图形，可以通过多种方法来进行绘制：使用菜单命令、使用工具按钮、使用"屏幕菜单"、使用绘图命令等。

➲ 2.1.1 使用菜单栏

AutoCAD 2013 的菜单栏提供了许多的命令，它是绘制图形最基本、最常用的方法。例如，选择"绘图"菜单中的命令或子命令，可绘制出相应的二维图形，如图 2-1 所示。

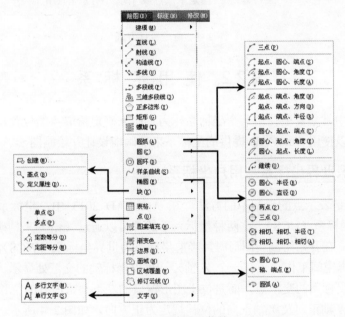

图 2-1 "绘图"菜单

➲ 2.1.2 使用工具栏

同样，"绘图"工具栏中的每个工具按钮都与"绘图"菜单中的绘图命令相对应，是图形化的绘图命令，如图 2-2 所示。

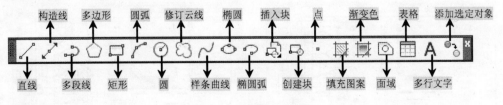

图 2-2 "绘图"工具栏

➲ 2.1.3 使用命令

在命令提示行中输入相应的绘图命令并按〈Enter〉键，然后根据命令行的提示信息进行绘图操作，这种方法快捷、准确，但要求掌握绘图命令及其选择项的具体用法。

例如：在命令行中输入"直线"命令"Line"（快捷键"L"）后按〈Enter〉键，并按照如下提示进行操作，如图 2-3 所示。

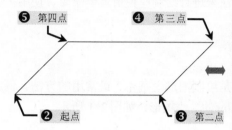

命令: line ❶	\\执行"直线"命令
指定第一点:	\\确定起点
指定下一点或 [放弃(U)]: @100,0	\\确定第二点
指定下一点或 [放弃(U)]: @50<45	\\确定第三点
指定下一点或 [闭合(C)/放弃(U)]: @-100,0	\\确定第四点
指定下一点或 [闭合(C)/放弃(U)]: c ❻	\\与起点闭合

图 2-3　命令执行方式

↘ 2.2　使 用 坐 标 系

在绘图过程中常常需要使用某个坐标系作为参照来确定拾取点的位置，以便精确定位某个对象，从而可以使用 AutoCAD 提供的坐标系来准确地设计并绘制图形。

⊃ 2.2.1　认识世界坐标系与用户坐标系

坐标 (x,y) 是表示点的最基本的方法。在 AutoCAD 2013 中，坐标系分为世界坐标系（WCS）和用户坐标系（UCS），这两种坐标系下的都可以通过 (x,y) 来精确定位点。

默认情况下，在开始绘制新图形时，当前坐标系为世界坐标系（WCS），它包括 X 轴和 Y 轴（如果在三维空间工作，还有一个 Z 轴）。WCS 坐标轴的交汇处显示"W"形标记，但坐标原点并不在坐标系的交汇点，而是位于图形窗口的左下角，所有的位移都是相对于原点计算的，并且沿 X 轴正向及 Y 轴正向的位移规定为正方向，如图 2-4 所示。

在 AutoCAD 中，为了能够更好地辅助绘图，经常需要修改坐标系的原点和方向，这时世界坐标系将变为用户坐标系（UCS），其坐标轴的交汇处并没有显示"W"形标记，如图 2-5 所示。UCS 的原点以及 X 轴、Y 轴和 Z 轴方向都可以移动及旋转，甚至可以依赖于图形中某个特定的对象。尽管用户坐标系中 3 个轴之间仍然互相垂直，但是在方向及位置上却更加灵活方便。

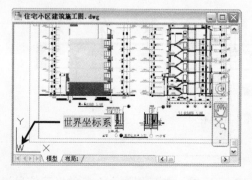

图 2-4　世界坐标系

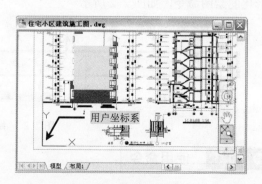

图 2-5　用户坐标系

用户可以选择"工具"菜单中的"命名 UCS"和"新建 UCS"命令及其子命令，或者在命令行中输入"UCS"来设置 UCS。例如，若当前为用户（UCS）坐标系，这时用户可以在命令行中输入"UCS"命令，然后选择"世界（W）"选项，这时将转换为世界（WCS）坐标系，位于窗口的左下角，且坐标轴的交汇处显示为"W"形标记。

➲ 2.2.2　坐标的表示方法

　　使用 AutoCAD 2013 绘图时，在二维平面上确定一个点有 4 种方法，分别是绝对笛卡儿坐标、相对笛卡儿坐标、绝对极坐标、相对极坐标。

　　笛卡儿坐标系有三个轴，即 x、y 和 z 轴。输入坐标值时，需要指示沿 x、y 和 z 轴相对于坐标系原点（0，0，0）的距离（以单位表示）及其方向（正或负）。在二维坐标中，只需在 xy 平面（也称为构造平面）上指定点。构造平面与平铺的绘图网格纸相似。笛卡儿坐标的 x 值指定水平距离，y 值指定垂直距离，原点（0，0）表示两轴相交的位置。极坐标使用距离和角度来定位点，使用笛卡儿坐标和极坐标，均可以基于原点（0，0）输入绝对坐标，或基于上一指定点输入相对坐标。

1. 笛卡儿坐标

　　使用笛卡儿坐标指定点时，以逗号分隔 x 值和 y 值即（x，y）。x 值是沿水平轴以单位表示的正或负的距离，y 值是沿垂直轴以单位表示的正或负的距离。绝对坐标基于 UCS 原点（0，0），这是 x 轴和 y 轴的交点。当点坐标的精确的 x 和 y 值为已知时，可以使用绝对坐标。在使用动态输入时，默认设置下要使用"#"前缀指定绝对坐标；如果在命令行而不是工具栏提示中输入绝对坐标，不需要使用"#"前缀。相对坐标是基于上一输入点的，如果知道了某点与前一点的位置关系，可以使用相对 x，y 坐标。要指定相对坐标，请在坐标前面添加"@"符号。例如，输入"@3，4"指定一点，此点沿 x 轴方向有 3 个单位，沿 y 轴方向距离上一指定点有 4 个单位。

2. 极坐标

　　使用极坐标指定一点时，输入距离和角度要以角括号"<"分隔开。绝对极坐标从 UCS 原点（0，0）开始测量，此原点是 x 轴和 y 轴的交点。同样，在使用动态输入时，默认情况下要使用"#"前缀指定绝对坐标。如果在命令行而不是工具栏提示中输入坐标，则不需使用"#"前缀。例如，输入"#3<45"指定一点时，此点距离原点有 3 个单位，并且与 x 轴成 45° 角。而相对坐标是基于上一输入点的，如果知道某点与前一点的位置关系，则同样可以使用相对坐标，在坐标前面添加一个"@"符号。例如，输入"@1<45"指定一点，此点距离上一指定点 1 个单位，并且与 x 轴成 45° 角。

　　系统默认情况下，角度按逆时针方向增大，按顺时针方向减小。如果想按照顺时针方向输入角度，可将角度值设为负值。例如，输入"1<315"和"1<-45"代表相同的点。可以执行"格式｜单位"命令，或者在命令行中输入"Units"命令打开"图形单位"对话框，从而改变当前图形的角度约定，如图 2-6 所示。勾选"顺时针"复选框后，角度将按顺时针方向增大。

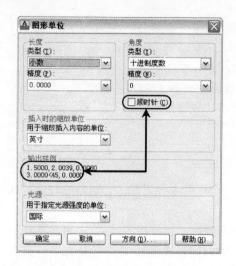 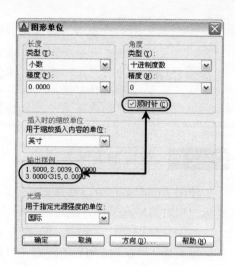

图 2-6　角度正方向设定

下面分别对 4 种坐标输入方式进行举例说明。

（1）用笛卡儿坐标绘制一条端点分别为（2，1）和（7，9）的线段，其绝对和相对坐标输入法绘制步骤如下。

1）绝对笛卡儿坐标。如果没有使用"动态输入"，则在命令行中输入命令及参数的步骤如下。

命令: line	//输入直线命令，按〈Enter〉键
指定第一点: 2,1	//输入第一点绝对坐标，按〈Enter〉键
指定下一点或 [放弃(U)]: 7,9	//输入第二点绝对坐标，按〈Enter〉键

如果使用了"动态输入"，输入绘图指令"Line"时，将会显示在工具栏提示窗口中，全部输入完按〈Enter〉键后才会显示在信息反馈区里。输入第二个点时，在默认设置下要想在工具栏提示中输入绝对笛卡儿坐标，需要在提示输入点时，先输入"#"，否则系统将视为相对坐标，步骤如下。

命令: line	//输入直线命令，按〈Enter〉键后反馈区显示
指定第一点: 2,1	//输入坐标，按〈Enter〉键后反馈区显示
指定下一点或 [放弃(U)]: 7,9	//输入#后输入坐标，按〈Enter〉键后反馈区显示

如果没有输入"#"，则信息反馈区提示如下。

命令: line	//输入直线命令，按〈Enter〉键后反馈区显示
指定第一点: 2,1	//输入坐标，按〈Enter〉键后反馈区显示
指定下一点或 [放弃(U)]: @7,9	//不输入#时，实际的坐标输入方式为相对坐标

两种绘图情形见如图 2-7 所示。

2）相对笛卡儿坐标。如果没有使用"动态输入"，在命令行中输入命令及参数的步骤如下。

命令: line	//输入直线命令，按〈Enter〉键
指定第一点: 2,1	//输入第一点坐标，按〈Enter〉键
指定下一点或 [放弃(U)]: @5,8	//输入第二点的相对坐标

如果使用了"动态输入",则输入绘图指令"Line"并按〈Enter〉键后,对于第一点可以直接输入坐标（2，1），当提示输入下一点时,默认设置下,可以直接输入相对坐标值（5，8）而不输入"#"，即可输入相对坐标值,按〈Enter〉键后信息反馈区同上。

(2) 用极坐标绘制一个锐角为 30° 的直角三角形,如图 2-8 所示,图中 A 点坐标为(2，2)。通过绝对和相对坐标输入法绘制步骤如下。

1) 绝对极坐标。此种情况下用绝对极坐标比较麻烦,需要确定每一个点相对于原点的极坐标。

命令: line	//输入绘图命令
指定第一点: 2.8284<45	//指定三角形第一点绝对极坐标
指定下一点或 [放弃(U)]: 12.7531<33	//输入第二点绝对极坐标
指定下一点或 [放弃(U)]: 10.8462<11	//输入第三点绝对极坐标
指定下一点或 [闭合(C)/放弃(U)]: 2.8284<45	//输入#然后输入坐标闭合
指定下一点或 [闭合(C)/放弃(U)]:	

2) 相对极坐标。此种情形用相对极坐标输入会很方便,步骤如下。

命令: line	//输入绘图命令
指定第一点: 2,2	//指定三角形第一点 A
指定下一点或 [放弃(U)]: @10<30	//第二点 C 相对极坐标
指定下一点或 [放弃(U)]: @5<270	//第三点 B 相对极坐标
指定下一点或 [闭合(C)/放弃(U)]: 2,2	//闭合
指定下一点或 [闭合(C)/放弃(U)]:	

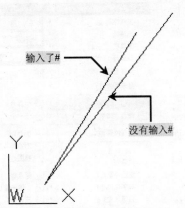

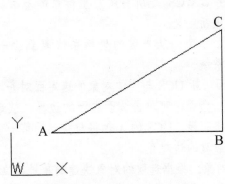

图 2-7 动态输入时不同输入方法导致的结果差别 　　图 2-8 用相对极坐标作图

提示

　　以上坐标输入过程中,如果打开了"动态输入",则输入第二个点以后的点的绝对坐标时,需要先输入"#"，而输入相对坐标时则无须输入"@"，系统默认设置下会自动当做相对极坐标,这一点与使用笛卡儿坐标时相同。

⊃ 2.2.3 控制坐标的显示

在 AutoCAD 2013 中,坐标的显示方式有 3 种,它取决于所选择的方式和程序中运行的命令，用户可使用鼠标单击状态栏的坐标显示区域，在这 3 种方式之间进行切换，如图 2-9 所示。

0.7330, −3.9760, 0.0000	0.7330, −3.9760, 0.0000	2.4359< 151 , 0.0000
模式 0：关	模式 1：绝对坐标	模式 2：相对极坐标

图 2-9 坐标的 3 种显示方式

◆ 模式 0：显示上一个拾取点的绝对坐标。此时，指针坐标不能动态更新，只有在拾取一个新点时，显示才会更新。但是，从键盘输入一个新点坐标时，不会改变该显示方式。

◆ 模式 1：显示光标的绝对坐标，该值是动态更新的，默认情况下，显示方式是打开的。

◆ 模式 2：显示一个相对极坐标。当选择该方式时，如果当前处在拾取点状态，则系统将显示光标所在位置相对于上一个点的距离和角度。当离开拾取点状态时，系统将恢复到模式 1。

2.2.4 创建坐标系

在 AutoCAD 2013 中，选择"工具 | 新建 UCS"命令，利用它的子命令可以方便地创建 UCS，包括世界和对象等，如图 2-10 所示。

其"新建 UCS"子菜单中，各命令的含义如下。

◆ 世界：从当前的用户坐标系恢复到世界坐标系。WCS 是所有用户坐标系的基准，不能被重新定义。

◆ 上一个：从当前的坐标系恢复到上一个坐标系。

◆ 面：新 UCS 与实体对象的选定面对齐。要选择一个面，可单击该面或面的边界，被选中的面将亮显，UCS 的 X 轴将与找到的第一个面上的最近的边对齐。

◆ 对象：根据选取的对象快速简单地建立 UCS，使对象位于新的 XY 平面，其中 X 轴和 Y 轴的方向取决于选择的对象类型。

◆ 视图：以垂直于观察方向（平行于屏幕）的平面为 XY 平面，建立新的坐标系，UCS 原点保持不变。常用于注释当前视图时使用文字以平面方式显示。

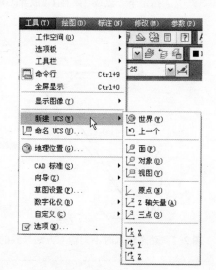

图 2-10 新建 UCS 命令

◆ 原点：通过移动当前 UCS 的原点，保持其 X 轴、Y 轴和 Z 轴方向不变，从而定义新的 UCS。可以在任何高度建立坐标系，如果没有给原点指定 Z 轴坐标值，则将使用当前标高。

◆ Z 轴矢量：用特定的 Z 轴正半轴定义 UCS。需要选择两点，第一点作为新的坐标系原点，第二点决定 Z 轴的正向，XY 平面垂直于新的 Z 轴。

◆ 三点：通过三维空间的任意位置指定 3 点，确定新 UCS 原点及其 X 轴和 Y 轴的正方向，Z 轴由右手定则确定。其中第 1 点定义了坐标系原点，第 2 点定义了 X 轴的正方向，第 3 点定义了 Y 轴的正方向。

◆ X | Y | Z：旋转当前的 UCS 轴来建立新的 UCS。在命令行提示信息中输入正或负的角度以旋转 UCS，用右手定则来确定绕该轴旋转的正方向。

↘ 2.3 图形的显示控制

用户所绘制的图形都是在 AutoCAD 的视图窗口中进行的。只有灵活地对图形进行显示与控制，才能更加精确地绘制所需要的图形。进行二维图形操作时，经常用到主视图、俯视图和侧视图，用户可同时将其三视图显示在一个窗口中，以便更加灵活地掌握控制。当进行三维图形操作时，还需要对其图形进行旋转，以便观察其三维图形视图效果。

➲ 2.3.1 缩放与平移视图

观察图形最常用的方法是"缩放"和"平移"视图。在 AutoCAD 中，进行缩放与平移有很多种方法。

◆ 执行"视图"菜单下的"缩放"和"平移"命令，将弹出相应的命令。

◆ 在"缩放"工具栏中也给出了相应的命令，如图 2-11 所示。

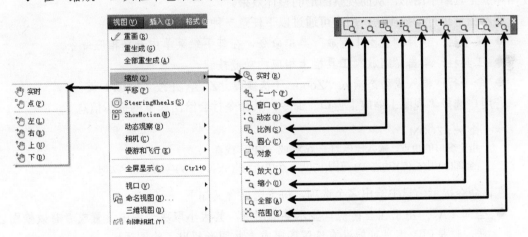

图 2-11 "缩放"与"平移"的命令

1．平移视图

用户可以通平移视图来重新确定图形在绘图区域中的位置。要对图形进行平移操作，用户可通过以下任意一种方法。

◆ 菜单栏：执行"视图 | 平移 | 实时"命令。

◆ 工具栏：单击"标准"工具栏中"实时平移"按钮 🖑。

◆ 命令行：输入或动态输入"Pan"（快捷键"P"），然后按〈Enter〉键。

◆ 鼠标键：按住鼠标中键不放。

在执行平移命令的时候，鼠标形状将变为，按住鼠标左键可以对图形对象进行上下、左右移动，此时所拖动的图形对象大小不会改变。

例如：打开"楼梯施工图.dwg"文件，然后执行"实时平移"命令，即可对图形进行平移操作，如图 2-12 所示。

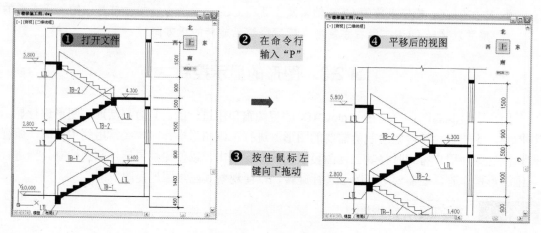

图 2-12　平移的视图

2．缩放视图

通常在绘制图形的局部细节时，需要使用缩放工具放大该绘图区域，当绘制完成后，再使用缩放工具缩小图形，从而观察图形的整体效果。

要对图形进行缩放操作，用户可通过以下任意一种方法。

◆ 菜单栏：选择"视图 | 缩放"菜单命令，在其下级菜单中选择相应命令。

◆ 工具栏：单击"缩放"工具栏上相应的功能按钮。

◆ 命令行：输入或动态输入"Zoom"（快捷键"Z"），并按〈Enter〉键。

若用户选择"视图 | 缩放 | 窗口"命令，其命令行会给出如下的提示信息。

> 命令: z ZOOM
> 指定窗口的角点，输入比例因子 (nX 或 nXP)，或者
> [全部(A)/中心(C)/动态(D)/范围(E)/上一个(P)/比例(S)/窗口(W)/对象(O)] <实时>:

在该命令提示信息中给出多个选项，每个选项含义如下。

◆ 全部（A）：用于在当前视口显示整个图形，其大小取决于图限设置或者有效绘图区域，这是因为用户可能没有设置图限或有些图形超出了绘图区域。

◆ 中心（C）：该选项要求确定一个中心点，然后绘出缩放系数（后跟字母 X）或一个高度值。之后，AutoCAD 就缩放中心点区域的图形，并按缩放系数或高度值显示图形，所选的中心点将成为视口的中心点。如果保持中心点不变，而只想改变缩放系数或高度值，则在新的"指定中心点:"提示符下按〈Enter〉键即可。

◆ 动态（D）：该选项集成了"平移"命令或"缩放"命令中的"全部"和"窗口"选项的功能。能使用时，系统将显示一个平移观察框，拖动它至适当位置并单击，将显示缩放观察框，并能够调整观察框的尺寸。随后，如果单击鼠标，则系统将再次显示平移观察框。如果按〈Enter〉键或单击鼠标，则系统将利用该观察框中的

内容填充视口。

◆ **范围（E）**：用于将图形的视口内最大限度地显示出来。

◆ **上一个（P）**：用于恢复当前视口中上一次显示的图形，最多可以恢复10次。

◆ **窗口（W）**：用于缩放一个由两个角点所确定的矩形区域。

◆ **比例（S）**：将当前窗口中心作为中心点，并且依据输入的相关数值进行缩放。

例如：打开"楼梯施工图.dwg"文件，执行"视图丨缩放丨窗口"命令，然后利用鼠标的十字光标将需要的区域框选住，即可以最大窗口显示所框选的区域，如图2-13所示。

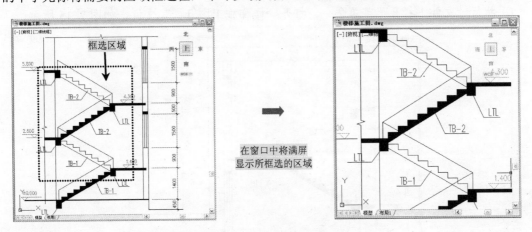

图 2-13　窗口缩放操作

执行"视图丨缩放丨实时"菜单命令，或者单击"标准"工具栏上的"实时缩放"按钮 🔍，则鼠标在视图中呈 🔍 形状，按住鼠标左键向上或向下拖动，可以进行放大或缩小操作。

例如：打开"楼梯施工图.dwg"文件，在命令行输入"Z"命令，在提示信息下选择"中心（C）"选项，然后在视图中确定一个位置点并输入"5"，则视图将以指定点为中心进行缩放，如图2-14所示。

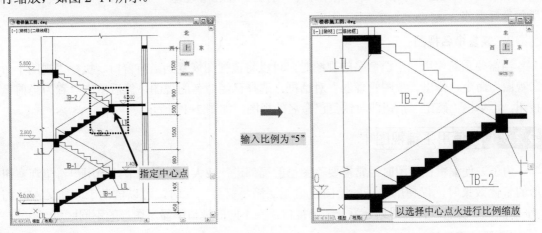

图 2-14　从选择点进行比例缩放

➲ **2.3.2 使用命名视图**

命名视图是指某一视图的状态以某种名称保存起来，然后在需要时将其恢复为当前显示，以提高绘图效率。

1. 命名视图

在 AutoCAD 环境中，可以通过命名视图将视图的区域、缩放比例、透视设置等信息保存起来。若要命名视图，可按如下操作步骤进行。

1）执行"文件 | 打开"菜单命令，打开"楼梯施工图.dwg"文件，如图 2-15 所示。

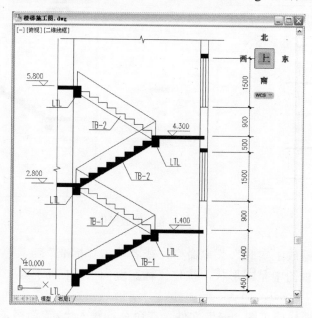

图 2-15 打开的文件视图

2）执行"视图 | 命名视图"菜单命令，打开"视图管理器"对话框，然后按照图 2-16 所示进行操作。

2. 恢复命名视图

当需要重新使用一个已命名的视图时，可以将该视图恢复到当前窗口。执行"视图 | 命名视图"命令，弹出"视图管理器"对话框，选择已经命名的视图，然后单击"置为当前"按钮，再单击"确定"按钮即可恢复已命名的视图，如图 2-17 所示。

➲ **2.3.3 使用平铺视图**

为了方便编辑在绘图时经常需要将图形的局部进行放大来显示细节。当用户希望观察图形的整体效果时，仅使用单一的绘图视口无法满足需要。此时，可以借助于 AutoCAD 的"平铺视口"功能，将视图划分为若干个视口，在不同的视口中显示图形的不同区域。

1. 平铺视口的特点

当打开一个新的图形时，默认情况下将用一个单独的视口填满模型空间的整个绘图区域。而当系统变量 TILEMODE 被设置为 1 后（即在模型空间模型下），就可以将屏幕的绘图区域分割成多个平铺视口。在 AutoCAD 2013 中，平铺视口具有以下特点。

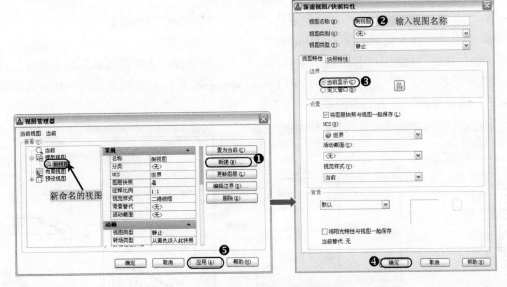

图 2-16　新命名视图

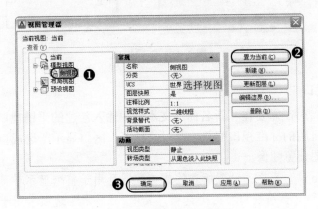

图 2-17　恢复命名视图

- 每个视口都可以平移和缩放，设置捕捉、栅格和用户坐标系等，且每个视口都可以有独立的坐标系统。
- 在命令执行期间，可以切换视口以便在不同的视口中绘图。
- 可以命名视口中的配置，以便在模型空间中恢复视口或者应用到布局。
- 只有在当前视口中指针才显示为"+"字形状，指针移除当前视口后变成为箭头形状。
- 当在平铺视口中工作时，可全局控制所有视口图层的可见性。如果在某一个视口中关闭了某一个图层，系统将关闭所有视口中的相应图层。

2．创建平铺视口

平铺视口是指将绘图窗口分成多个矩形视口区域，从而可得到多个相邻又不同的绘图区域，其中的每一个区域都可用来查看图形对象的不同部分。

要创建平铺视口，用户可以通过以下几种方式。

◆ 菜单栏：执行"视图｜视口｜新建视口"命令。

◆ 工具栏：单击"视口"工具栏中的"显示视口对话框"按钮 。

◆ 命令行：输入或动态输入"Vpoints"。

例如：打开"楼梯施工图.dwg"文件，执行"视图｜视口｜新建视口"菜单命令，打开"视口"对话框，使用"新建视口"选项卡可以显示标准视口配置列表以及创建并设置新平铺视口，操作步骤如图 2-18 所示。

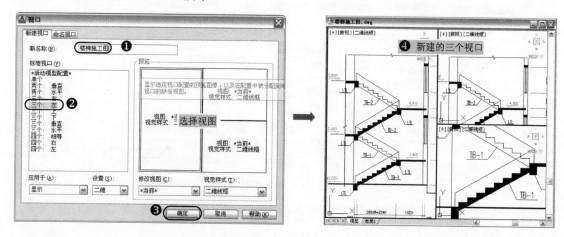

图 2-18   新建视口

3. 设置平铺视口

在创建平铺视口时，需要在"新名称"文本框中输入新建的平铺视口名称，在"标准视口"列表框中选择可用的标准视口配置，此时"预览"区将显示所选视口配置以及已经赋予每个视口的默认视图预览图像。

◆ "应用于"下拉列表框：设置所选的视口配置是用于整个显示屏幕还是当前视口，包括"显示"和"当前视口"两个选项。其中，"显示"选项卡用于设置所选视口配置用于模型空间的整个显示区域为默认选项；"当前视口"选项卡用于设置将所选的视口配置用于当前的视口。

◆ "设置"下拉列表框：指定二维或三维设置。如果选择"二维"选项，则使用视口中的当前视口来初始化视口配置；如果选择"三维"选项，则使用正交的视图来配置视口。

◆ "修改视图"下拉列表框：选择一个视口配置代替已选择的视口配置。

◆ "视觉样式"下拉列表框：可以从中选择一种视觉样式代替当前的视觉样式。

在"视觉"对话框中，使用"命名视口"选项卡可以显示图形中已命名的视口配置。当选择一个视口配置后，配置的布局将显示在预览窗口中，如图 2-19 所示。

提示　　如果需要设置每个窗口，首先在"预览"窗口中选择需要设置的视口，然后在下侧依次设置视口的视图、视觉样式等。

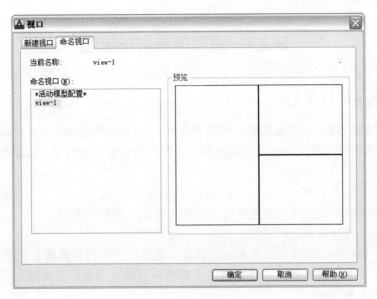

图 2-19　"命名视口"选项卡

4．分割与合并视口

在 AutoCAD 2013 中，执行"视图|视口"子菜单命令中，可以在改变视口显示的情况下分割或合并当前视口。

例如：打开"楼梯施工图.dwg"文件，执行"视图|视口|四个视口"菜单命令，即可将打开的图形文件分成 3 个窗口进行显示，如图 2-20 所示。

如果执行"视图|视口|合并"菜单命令，系统将要求选择一个视口作为主视口，再选择一个相邻的视口，即可以将所选择的两个视口进行合并，如图 2-21 所示。

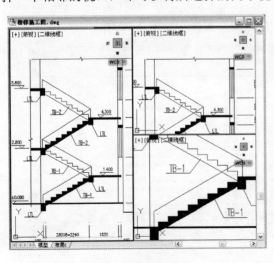

图 2-20　分割视口

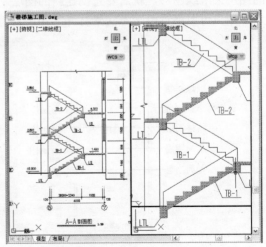

图 2-21　合并视口

提示　　　　在多个视口中，有粗边框的为当前视口。

↳ 2.4 图层的规划与管理

⊃ 2.4.1 图层的特点

在 AutoCAD 2013 绘图过程中，使用图层是一种最基本的操作，也是最重要的工作之一，它对图形文件中各类实体的分类管理和综合控制具有重要的意义。归纳起来主要有以下特点。

◆ 大大节省存储空间。
◆ 能够统一控制同一图层对象的颜色、线条宽度、线型等属性。
◆ 能够统一控制同类图形实体的显示、冻结等特性。
◆ 在同一图形中可以建立任意数量的图层，且同一图层的实体数量也没有限制。
◆ 各图层具有相同的性质、绘图界限及显示时的缩放倍数，可同时对不同图层上的对象进行编辑操作。

 提示 每个图形都包括名为 "0" 的图层，该图层不能删除或者重命名。它有两个用途：一是确保每个图形中至少包括一个图层；二是提供与块中的控制颜色相关的特殊图层。

⊃ 2.4.2 图层的创建

默认情况下，图层 "0" 将被指定使用 7 号颜色（白色或黑色，由背景色决定）、CONTINUOUS 线型、"默认" 线宽及 NORMAL 打印样式。在绘图过程中，如果要使用更多的图层来组织图形，就需要先创建新的图层。

用户可以通过以下方法来打开 "图层特性管理器" 面板，如图 2-22 所示。

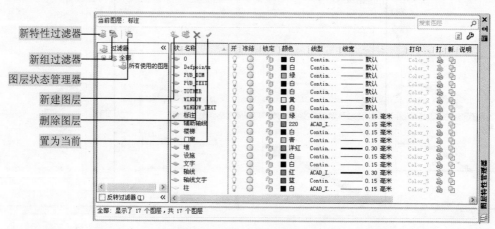

图 2-22 "图层特性管理器" 面板

◆ 菜单栏：选择 "格式 | 图层" 菜单命令。
◆ 工具栏：单击 "图层" 工具栏的 "图层" 按钮 。

◆ 命令行：在命令行输入或动态输入"Layer"命令（快捷键"LA"）。

在"图层特性管理器"面板中单击"新建图层"按钮 ，在图层的列表中将出现一个名称为"图层 1"的新图层。默认情况下，新建图层与当前图层的状态、颜色、线型及线宽等设置相同。如果要更改图层名称，可单击该图层名，或者按〈F2〉键，然后输入一个新的图层名并按〈Enter〉键即可。

要快速创建多个图层，可以选择用于编辑的图层名并用逗号隔开输入多个图层名。但在输入图层名时，图层名最长可达255个字符，可以是数字、字母或其他字符，但不能允许有>、<、|、\、""、:、|、=等，否则系统将弹出如图2-23所示的"图层"警告对话框。

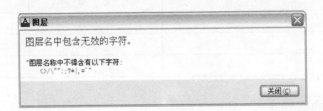

图2-23 "图层"警告对话框

在进行建筑与室内装饰设计过程中，为了便于各专业信息的交换，图层名应采用中文或西文命名，编码之间用西文连接符"-"连接，如图2-24所示。

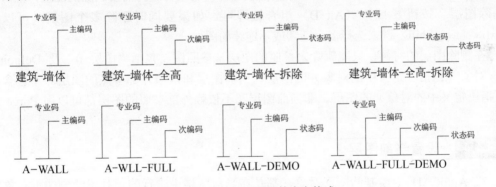

图2-24 中、西文图层的命名格式

◆ 专业码：由两个汉字组成，用于说明专业类别（如建筑、结构等）。
◆ 主编码：由两个汉字组成，用于详细说明专业特征，可以和任意专业码组合（如墙体）。
◆ 次编码：由两个汉字组成，用于进一步区分主编码类型，是可选项，用户可以自定义次编码（如全高）。
◆ 状态码：由两个汉字组成，用于区分改建、加固房屋中该层实体的状态（如新建、拆迁、保留和临时等），是可选项。

而对于西文命名的图层名，其专业码由一个字符组成，主编码、次编码、状态码均由四个字符组成。如表2-1所示中给出了建筑设计中的专业码和状态码的中、西文名对照。

表2-1 专业码与状态码的对照表

专 业 码		状 态 码	
中 文 名	英 文 名	中 文 名	英 文 名
建　筑	A	新　建	NEW
电　气	E	保　留	EXST
总　图	G	拆　除	DEMO
室　内	I	拟　建	FUIR
暖　通	M	临　时	TEMP
给　排	P	搬　迁	MOVE
设　备	Q	改　建	RELO
结　构	S	契　外	NICN
通　信	T	阶　段	PHSI
其　他	X		

⊃ 2.4.3　图层的删除

用户在绘制图形过程中，若发现有一些多余图层，可以通过"图层特性管理器"面板来删除图层。

要删除图层，在"图层特性管理器"面板中，使用鼠标选择需要删除的图层，然后单击"删除图层"按钮✕或按〈Alt+D〉组合键即可。如果要同时删除多个图层，可以配合〈Ctrl〉键或〈Shift〉键来选择多个连续或不连续的图层。

在删除图层的时候，只能删除未参照的图层。参照图层包括"图层 0"及 Defpoints、包含对象（包括块定义中的对象）的图层、当前图层和依赖外部参照的图层。不包含对象（包括块定义中的对象）的图层、非当前图层和不依赖外部参照的图层都可以用 Purge 命令删除。

⊃ 2.4.4　设置当前图层

在 AutoCAD 中绘制的图形对象，都是在当前图层中进行的，且所绘制图形对象的属性也将继承当前图层的属性。在"图层特性管理器"面板中选择一个图层，并单击"置为当前"按钮✔，即可将该图层置为当前图层，并在图层名称前面显示✔标记，如图 2-25 所示。

另外，在"图层"工具栏中单击按钮，然后使用鼠标选择指定的对象，即可将选择的图形对象置为当前图层，如图 2-26 所示。

图 2-25 当前图层　　　　　　　　　　　　　图 2-26 "图层"工具栏

○ 2.4.5　设置图层颜色

颜色在图形中具有非常重要的作用，可用来表示不同的组件、功能和区域。图层的颜色实际上是图层中图形对象的颜色。每个图层都拥有自己的颜色，对不同的图层可以设置相同的颜色，也可以设置不同的颜色，绘制复杂图形时就可以很容易区分图形的各部分。

在"图层特性管理器"面板中，在某个图层名称的"颜色"列中单击，即可弹出"选择颜色"对话框，从而可以根据需要选择不同的颜色，然后单击"确定"按钮即可，如图2-27所示。

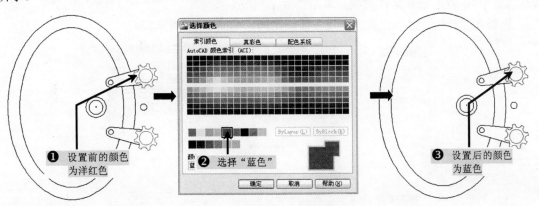

图2-27　设置图层颜色

○ 2.4.6　设置图层线型

线型是指图形基本元素中线条的组成和显示方式，如虚线和实线等。在 AutoCAD 中既有简单线型，也有由一些特殊符号组成的复杂线型，以满足不同国家或行业标准的要求。

在"图层特性管理器"面板中，在某个图层名称的"线型"列中单击，即可弹出"选择线型"对话框，从中选择相应的线型，然后单击"确定"按钮即可，如图2-28所示。

图2-28　设置图层线型

用户可在"选择线型"对话框中单击"加载"按钮，将打开"加载或重载线型"对话框，从而可以将更多的线型加载到"选择线型"对话框中，以便用户设置图层的线型，如图2-29所示。

在 AutoCAD 中所提供的线型库文件有 acad.lin 和 acadiso.lin。在英制测量系统下使用 acad.lin 线型库文件中的线型；在公制测量系统下使用 acadiso.lin 线型库文件中的线型。

图 2-29 加载 CAD 线型

⊃ 2.4.7 设置线型比例

用户选择"格式 | 线型"菜单命令，将弹出"线型管理器"对话框，选择某种线型，单击"显示细节"按钮，可以在"详细信息"设置区中设置线型比例，如图 2-30 所示。

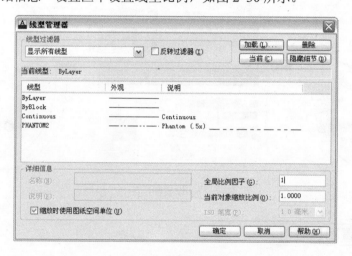

图 2-30 线型管理器

线型比例分为三种："全局比例因子"、"当前对象缩放比例"和"图纸空间的线型缩放比例"。"全局比例因子"控制所有新的和现有的线型比例因子；"当前对象缩放比例"控制新建对象的线型比例；"图纸空间的线型缩放比例"作用为当"缩放时使用图纸空间单位"复选框被勾选时，AutoCAD 自动调整不同图纸空间视窗中线型的缩放比例。这三种线型比例分别由 LTSCALE、CELTSCALE 和 PSLTSCALE 三个系统变量控制。如图 2-31 所示分别设置"辅助线"对象的不同线型比例效果。

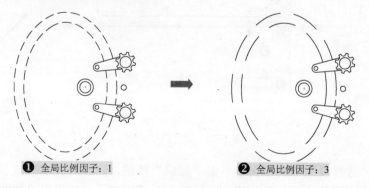

❶ 全局比例因子：1　　❷ 全局比例因子：3

图 2-31 不同比例因子的比较

◆ "全局比例因子": 控制着所有线型的比例因子, 通常值越小, 每个绘图单位中画出的重复图案就越多。在默认情况下, AutoCAD 的全局线型缩放比例为 1.0, 该比例等于一个绘图单位。在"线型管理器"中"详细信息"下, 可以直接输入"全局比例因子"的数值, 也可以在命令行中输入"ltscale"命令进行设置。

◆ "当前对象缩放比例": 控制新建对象的线型比例, 其最终的比例是全局比例因子与该对象比例因子的乘积, 设置方法和"全局比例因子"基本相同。所有线型最终的缩放比例是对象比例因子与全局比例因子的乘积, 所以在 CeltScale=2 的图形中绘制的是点画线, 如果将 LtScale 设为 0.5, 其效果与在 CeltScale=1 的图形中绘制 LtScale=1 的点画线时的效果相同。

⊃ 2.4.8 设置图层线宽

用户在绘制图形过程中, 应根据不同对象绘制不同的线条宽度, 以区分不同对象的特性。在"图层特性管理器"面板中, 在某个图层名称的"线宽"列中单击, 将弹出"线宽设置"对话框, 如图 2-32 所示, 在其中选择相应的线宽, 然后单击"确定"按钮即可。

当设置了线型的线宽后, 应在状态栏中激活"线宽"按钮➕, 才能在视图中显示出所设置的线宽。如果在"线宽设置"对话框中, 调整了不同的线宽显示比例, 则视图中显示的线宽效果也将不同, 如图 2-33 所示。

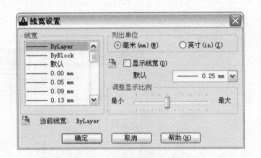

图 2-32 "线宽"对话框

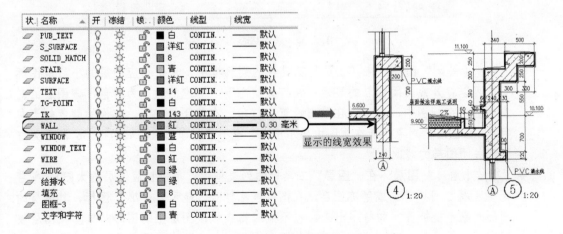

图 2-33 设置线型宽度

用户选择"格式|线宽"菜单命令, 将弹出"线宽设置"对话框, 从而可以通过调整线宽的比例, 使图形中的线宽显示得更宽或更窄, 如图 2-34 所示。

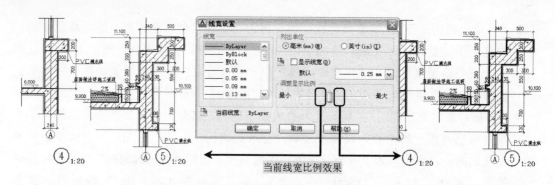

图 2-34　显示不同的线宽比例效果

🔾 2.4.9　控制图层状态

在"图层特性管理器"面板中，其图层状态包括图层的打开∣关闭、冻结∣解冻、锁定∣解锁等；同样，在"图层"工具栏中，用户也可能够设置并管理各图层的特性，如图 2-35 所示。

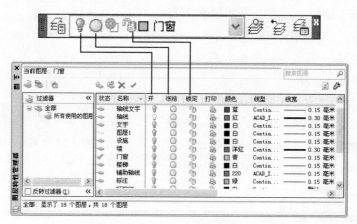

图 2-35　图层状态

◆ "打开∣关闭"图层：在"图层"工具栏的列表框中，单击相应图层的小灯泡图标 💡，可以打开或关闭图层的显示。在打开状态下，灯泡的颜色为黄色，该图层的对象将显示在视图中，也可以在输出设置上打印；在关闭状态下，灯泡的颜色转为灰色 💡，该图层的对象不能在视图中显示出来，也不能打印出来，如图 2-36 所示为打开或关闭图层的对比效果。

◆ "冻结∣解冻"图层：在"图层"工具栏的列表框中，单击相应图层的太阳 ◯ 或雪花 ❄ 图标，可以冻结或解冻图层。在图层被冻结时，显示为雪花 ❄ 图标，其图层的图形对象不能被显示和打印出来，也不能编辑或修改图层上的图形对象；在图层被解冻时，显示为太阳 ◯ 图标，此时的图层上的对象可以被编辑或修改。

◆ "锁定∣解锁"图层：在"图层"工具栏的列表框中，单击相应图层的小锁图标 🔒，可以锁定或解锁图层。在图层被锁定时，显示为图标 🔒，此时不能编辑锁定图层上的对象，但仍然可以在锁定的图层上绘制新的图形对象。

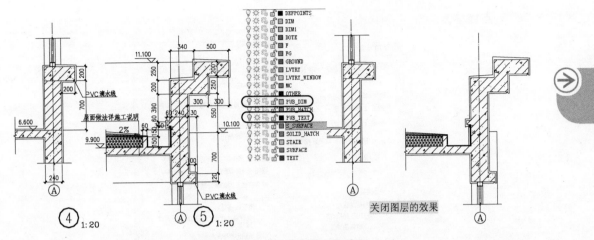

图2-36　显示与关闭图层的比较效果

 　关闭图层与冻结图层的区别：冻结图层可以减少系统重新生成图形的计算时间。若用户的计算机性能较好，且所绘制的图形较为简单，则一般不会感觉到图层冻结的优越性。

↳ 2.5　设置绘图辅助功能

在实际绘图中用鼠标定位虽然方便快捷，但精度不高，绘制的图形很不精确，远不能够满足制图的要求，这时可以使用系统提供的绘图辅助功能。

用户可采用以下的方法来打开"草图设置"对话框。

◆ 菜单栏：执行"工具 | 绘图设置"菜单命令。

◆ 命令行：在命令行输入或动态输入"Dsetting"（快捷键"SE"）。

⊃ 2.5.1　设置捕捉和栅格

"捕捉"用于设置鼠标光标移动的间距，"栅格"是一些标定位的位置小点，使用它可以提供直观的距离和位置参照。

在"草图设置"对话框的"捕捉和栅格"选项卡中，可以启动或关闭"捕捉"和"栅格"功能，并设置"捕捉"和"栅格"的间距与类型，如图2-37所示。

 　在状态栏中右击"捕捉模式"按钮 或"栅格显示"按钮 ，在弹出的快捷菜单中选择"设置"命令，也可以打开"草图设置"对话框。

在"捕捉和栅格"选项卡中，各选项的含义如下。

◆ "启用捕捉"复选框：用于打开或关闭捕捉方式。

◆ "捕捉间距"选项组：用于设置 X 轴和 Y 轴的捕捉间距。

◆ "启用栅格"复选框：用于打开或关闭栅格的显示。

◆ "栅格样式"选项组：用于设置在二维模型空间、块编辑器、图纸/布局位置中显示点栅格。

图 2-37 "捕捉和栅格"选项卡

◆ "栅格间距"选项组：用于设置 X 轴和 Y 轴的栅格间距，以及每条主线之间的栅格数量。

◆ "栅格行为"选项组：设置栅格的相应规则。

● "自适应栅格"复选框：用于限制缩放时栅格的密度。缩小时，限制栅格的密度。

● "允许以小于栅格间距的间距再拆分"复选框：放大时，生成更多间距更小的栅格线。主栅格线的频率确定这些栅格线的频率。只有当勾选了"自适应栅格"复选框，此选项才有效。

● "显示超出界限的栅格"复选框：用于确定是否显示图形界限之外的栅格。

● "遵循动态 UCS"复选框：随着动态 UCS 的 XY 平面而改变栅格平面。

➲ 2.5.2 设置自动与极轴追踪

自动追踪实质上也是一种精确定位的方法，当要求输入的点在一定的角度线上，或者输入的点与其他的对象有一定关系时，可以利用自动追踪功能来确定位置。

自动追踪包括两种追踪方式：极轴追踪和对象捕捉追踪。极轴追踪是按事先给定的角度增加追踪点；对象捕捉追踪是按与已绘图形对象的某种特定关系来追踪的，这种特定关系可以确定一个用户事先并不知道的角度。

如果用户事先知道要追踪的角度（方向），即可以用极轴追踪；如果事先不知道具体的追踪角度（方向），但知道与其他对象的某种关系，则用对象捕捉追踪，如图 2-38 所示。

要设置极轴追踪的角度或方向，在"草图设置"对话框中选择"极轴追踪"选项卡，然后启用极轴追踪并设置极轴的角度即可，如图 2-39 所示。

在"极轴追踪"选项卡中，各选项的含义如下。

◆ "极轴角设置"选项组：用于设置极轴追踪的角度。默认的极轴追踪角度是 90，用户可以在"增量角"下拉列表框中选择角度增加量。若该下拉列表框中的角度不能满足用户的要求,可将下侧的"附加角"复选框勾选。用户也可以单击"新建"按钮并输入一个新的角度值,将其添加到附加角的列表框中。

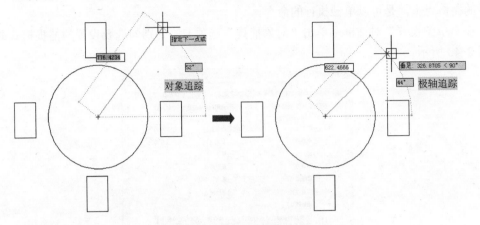

图 2-38 对象追踪与极轴追踪

图 2-39 "极轴追踪"选项卡

◆ "对象捕捉追踪设置"选项组:若选择"仅正交追踪"单选按钮,可在启用对象捕捉追踪的同时,显示获取的对象捕捉的正交对象捕捉追踪路径;若选择"用所有极轴角设置追踪"单选按钮,可以将极轴追踪设置应用到对象捕捉追踪,此时可以将极轴追踪设置应用到对象捕捉追踪上。

◆ "极轴角测量"选项组:用于设置极轴追踪对其角度的测量基准。若选择"绝对"单选按钮,表示以当用户坐标 UCS 和 X 轴正方向为 0 时计算极轴追踪角;若选择"相对上一段"单选按钮,可以基于最后绘制的线段确定极轴追踪角度。

⊃ 2.5.3 设置对象的捕捉方式

在实际绘图过程中,有时经常需要找到已有图形的特殊点,如圆心点、切点、中点、象限点等,这时可以启动对象捕捉功能。

"对象捕捉"与"捕捉"的区别:"对象捕捉"是把光标锁定在已有图形的特殊点上,它不是独立的命令,是在执行命令过程中结合使用的模式;"捕捉"是将光标锁定在可见或不可见的栅格点上,是可以单独执行的命令。

在"草图设置"对话框中单击"对象捕捉"选项卡,分别勾选要设置的捕捉模式即可,如图 2-40 所示。

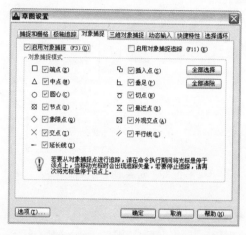

图 2-40 "对象捕捉"对话框

设置好捕捉选项后,在状态栏激活"对象捕捉"按钮■,或按〈F3〉键,或者按〈Ctrl+F〉组合键都可在绘图过程中启用捕捉选项。

启用对象捕捉后,将光标放在一个对象上,系统自动捕捉到对象上所有符合条件的几何特征点,并显示出相应的标记。如果光标放在捕捉点达 3s 以上,则系统将显示捕捉对象的提示文字信息。

在 AutoCAD 2013 中,也可以使用"对象捕捉"工具栏中的工具按钮随时打开捕捉,另外,按住〈Ctrl〉键或〈Shift〉键,并单击鼠标右键,将弹出对象捕捉快捷菜单,如图 2-41 所示。

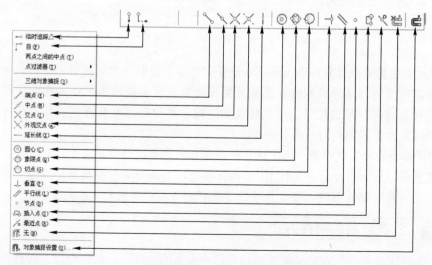

图 2-41 "对象捕捉"工具栏

提示　　　　"捕捉自（F）"工具 并不是对象捕捉模式，但它却经常与对象捕捉一起使用。在使用相对坐标指定下一个应用点时，"捕捉自"工具可以提示用户输入基点，并将该点作为临时参考点，这与通过输入前辍"@"使用最后一个点作为参考点类似。

通过调整对象捕捉靶框，可以只对落在靶框内的对象使用对象捕捉。靶框大小应根据选择的对象、图形的缩放设置、显示分辨率和图形的密度进行设置。此外，还可以设置确定是否显示捕捉标记、自动捕捉标记框的大小和颜色、是否显示自动捕捉靶框等。

执行"工具 | 选项"菜单命令，或者单击"草图设置"对话框中的"选项"按钮，打开"选项"对话框，选择"绘图"选项卡，即可进行对象捕捉的参数设置，如图2-42所示。

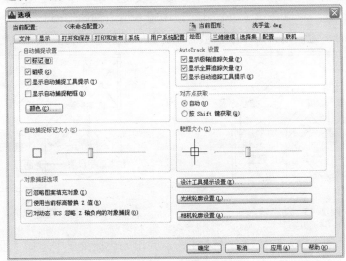

图2-42 "绘图"选项卡

在"绘图"选项卡中，各主要选项的含义如下。

◆ "标记"复选框：当光标移到对象上或接近对象时，将显示对象捕捉位置。标记的形状取决于它所标记的捕捉。

◆ "磁吸"复选框：吸引并将光标锁定到检测到的最接近的捕捉点。提供一个形象化设置，与捕捉栅格类似。

◆ "显示自动捕捉工具提示"复选框：在光标位置用一个小标志指示正在捕捉对象的部分。

◆ "显示自动捕捉靶框"复选框：围绕十字光标并定义从中计算那个对象捕捉的区域。可以选择显示或不显示靶框，也可以改变靶框的大小。

2.5.4　设置正交模式

"正交"是指在绘制图形时指定第一个点后，连接光标和起点的直线总是平行于 X 轴或 Y 轴。若捕捉设置为等轴测模式时，"正交"还迫使直线平行于第三个轴中的一个。在"正交"模式下，使用光标只能绘制水平直线或垂直直线，此时只要输入直线的长度就可。

用户可通过以下的方法来打开或关闭"正交"模式。

◆ 状态栏：单击"正交"按钮 。

◆快捷键：按〈F8〉键。

◆命令行：在命令行输入或动态输入"Ortho"命令，然后按〈Enter〉键。

● 2.5.5　动态输入

在 AutoCAD 2013 中，使用动态输入功能可以在指针位置处显示标注输入和命令提示等信息，从而极大地方便了绘图。

在状态栏上单击按钮 来打开或关闭"动态输入"功能，若按〈F12〉键可以临时将其关闭。当用户启动"动态输入"功能后，其工具栏提示将在光标附近显示信息，该信息会随着光标的移动而动态更新，如图 2-43 所示。

在输入字段中输入值并按〈Tab〉键后，该字段将显示一个锁定图标，并且光标会受用户输入值的约束，随后可以在第二个输入字段中输入值，如图 2-44 所示。另外，如果用户输入值后按〈Enter〉键，则第二个字段被忽略，且该值将被视为直接距离输入。

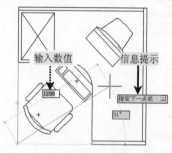

图 2-43　动态输入

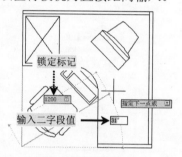

图 2-44　锁定标记

在状态栏的"动态输入"按钮 上右击，从弹出的快捷菜单中选择"设置"命令，将弹出"草图设置"对话框的"动态输入"选项卡。当勾选"启用指针输入"复选框，且有命令在执行时，十字光标的位置将在光标附近的工具栏提示中显示为坐标。

在"指针输入"和"标注输入"选项组中分别单击"设置"按钮，将弹出"指针输入设置"和"标注输入的设置"对话框，可以设置坐标的默认格式，以及控制指针输入工具栏提示的可见性等，如图 2-45 所示。

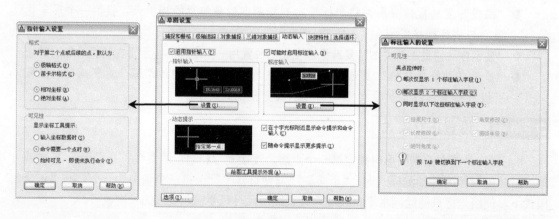

图 2-45　"动态输入"选项卡

↘2.6 新农村住宅轴线网的绘制实例

素材 视频\02\新农村住宅轴线网的绘制.avi
案例\02\新农村住宅轴线网.dwg

　　首先启动 AutoCAD 2013 软件，并将其保存为所需的名称，根据需要设置绘图的环境、规划图层，然后执行"直线"命令绘制垂直和水平的轴线对象，再执行"偏移"命令将其轴线进行偏移，其最终效果如图 2-46 所示。

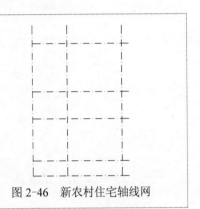

图 2-46　新农村住宅轴线网

　　首先启动 AutoCAD 2013 软件，并将其保存为所需的名称，然后根据需要设置绘图环境等，在此要设置图层对象，然后执行"直线"命令绘制垂直和水平的轴线对象，再执行"偏移"命令对其轴线进行偏移，使之符合所需的轴线环境。其具体操作步骤如下。

　　1）选择"开始｜程序｜Autodesk｜Auto CAD 2013-简体中文（Simplified Chinese）｜AutoCAD 2013 简体中文（Simplified Chinese）"命令，正常启动 AutoCAD 2013 软件，如图 2-47 所示。

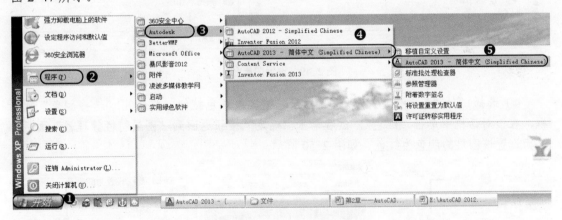

图 2-47　启动 AutoCAD 2013

　　2）软件将自动新建一个 "Drawing1.dwg" 文件，选择"文件｜保存"菜单命令，系统将弹出"另存为"对话框，在"保存于"下拉列表框中选择"案例\02"，在"文件名"文本框中输入"新农村住宅轴线网"，然后单击"保存"按钮，从而将文件保存为"案例\02\新农村住宅轴线网.dwg"，如图 2-48 所示。

　　3）选择"格式｜图层"菜单命令，将弹出"图层特性管理器"面板，单击"新建图层"按钮 5 次，在"名称"列中将依次显示"图层 1"～"图层 5"，此时使用鼠标选择"图层 1"，并按〈F2〉键使之成为编辑状态，再输入图层名称"轴线"；再按照同样的方法，分别将其他图层重新命名为"墙体"、"门窗"、"柱子"和"标注"，如图 2-49 所示。

图 2-48　保存文件

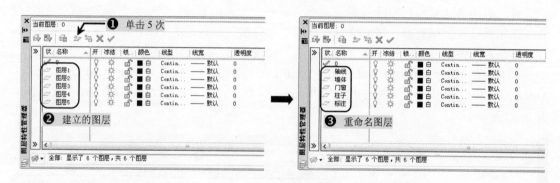

图 2-49　设置图层名称

4）选择"轴线"图层，在"颜色"列中单击该颜色按钮，将弹出"选择颜色"对话框，在该对话框中单击"红色"，然后单击"确定"按钮返回到"图层特性管理器"面板，从而设置该图层的颜色为红色，如图 2-50 所示。

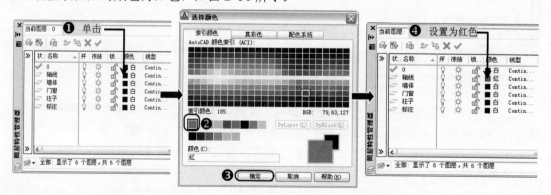

图 2-50　设置颜色

5）在"线型"列中单击该按钮，将弹出"选择线型"对话框，选择"DASHDOT"线型后单击"确定"按钮，从而设置该图层的线型对象为"DASHDOT"，如图 2-51 所示。

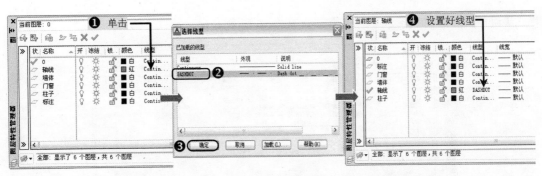

图 2-51　设置线型

提示
　　　　如果在"选择线型"对话框中找不到所需要的线型对象，此时用户可单击"加载"按钮，在弹出的"加载或重载线型"对话框选择所需的线型对象，然后单击"确定"按钮即可将其加载到"选择线型"对话框中，如图 2-52 所示。

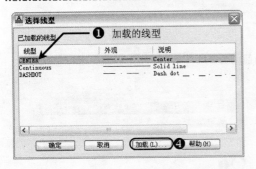
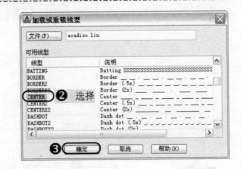

图 2-52　加载线型

　　6）按照前面的方法，分别将"墙体"、"门窗"、"柱子"和"标注"图层的对象按照如表 2-2 所示进行设置，其设置的效果如图 2-53 所示。

表 2-2　设置图层

图 层 名 称	颜 色	线 型	宽 度
墙　体	黑　色	Continuous	0.30mm
门　窗	蓝　色	Continuous	默认
柱　子	黄　色	Continuous	0.30mm
标　注	绿　色	Continuous	默认

　　7）在"图层"工具栏的"图层控制"下拉列表框中选择"轴线"图层，使之成为当前图层对象，如图 2-54 所示。

　　8）在"绘图"工具栏中单击"直线"按钮，在命令行的"指定第一点:"提示下输入"0，0"，再在"指定下一点或<放弃(U)>:"提示下输入"@0,15000"，然后按〈Enter〉键结束，从而自原点绘制一条垂直的线段，如图 2-55 所示。

　　9）在"绘图"工具栏中单击"直线"按钮，在命令行的"指定第一点:"提示下输入"0，0"，再在"指定下一点或<放弃(U)>:"提示下输入"@10000,0"，然后按〈Enter〉键结束，从而自原点绘制一条水平的线段，如图 2-56 所示。

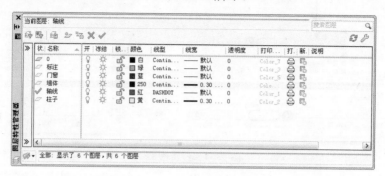

图 2-53　设置其他图层参数

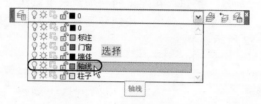

图 2-54　设置当前图层

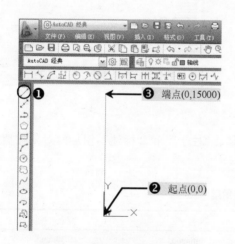

图 2-55　绘制的垂直线段

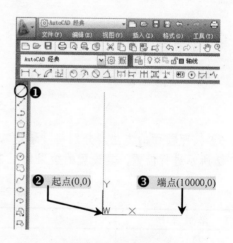

图 2-56　绘制的水平线段

10）在"修改"工具栏中单击"偏移"按钮，在命令行的"指定偏移距离："提示下输入"3600"并按〈Enter〉键，在"选择要偏移的对象："提示下选择垂直线段，在"指定要偏移的那一侧上的点"提示上在选择垂直线段的右侧，从而将垂直线段向右偏移3600mm，如图 2-57 所示。

11）按照上面的方法将偏移的线段向右侧偏移 5700mm，将下侧的线段分别向上偏移1500mm、4200mm、2700mm 和 4800mm，如图 2-58 所示。

12）从当前图形对象可以看出，由于选择的"轴线"图层，而"轴线"图层所使用线型为"DASHDOT"，是虚线，但当前观察并非虚线，而是实线，这时用户可选择"格式｜线型"命令,将弹出"线型管理器"对话框,在"全局比例因子"文本框中输入"100",再单击"确定"按钮,则视图中的轴线将呈点画线状,如图2-59所示。

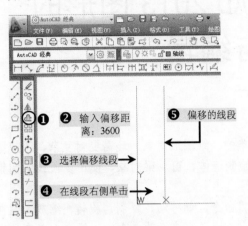

图 2-57 偏移的垂直线段

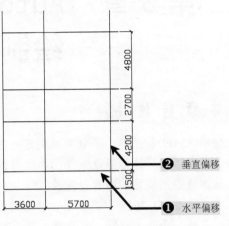

图 2-58 偏移其他线段

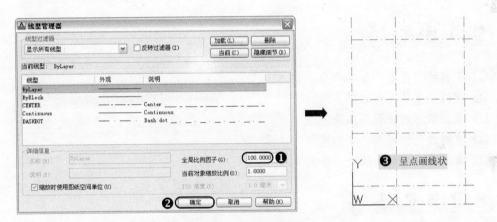

图 2-59 改变比例因子

13)至此,该新农村住宅轴线网已经绘制完成,用户可按〈Ctrl+S〉组合键对其进行保存。

第3章 AutoCAD 2013 图形的绘制与编辑

本章导读

使用 CAD 绘图时，不仅需要创建一些简单的二维图形对象，还需要对复杂、不规则的图形使用编辑工具进行修改操作，如使用多线绘制墙体、窗、梁对象，使用多段线绘制钢筋等，从而使图形能更加准确与完善。

在 AutoCAD 2013 中提供了一些常用的编辑命令，如移动、复制、旋转、缩放、延伸、阵列、偏移、合并、打断、圆角等，只要熟练地掌握了这些修改命令，不管多么复杂的图形对象都能够进行灵活绘制。

学习目标

📖 掌握绘制图形的基本命令
📖 掌握图案填充和绘制多线
📖 掌握图形的修改与编辑方法
📖 掌握改变位置类命令的运用
📖 掌握改变几何特性类命令的运用

预览效果图

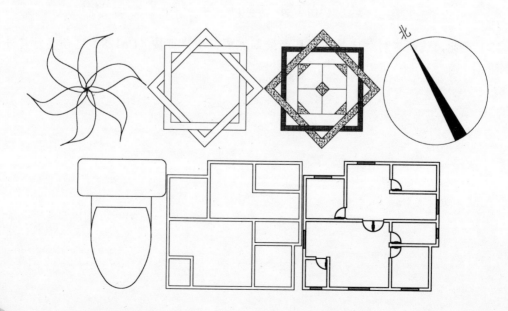

↘ 3.1　绘制基本图形

在绘制土木工程图形时，都是通过绘制一些最基本的图形组合而成的，如点、直线、圆弧、圆、矩形、多边形、多线等对象组合而成，只有熟练地掌握了这些基本图形的绘制方法，才能够更加方便、快捷、灵活自如的绘制出复杂的图形。

➲ 3.1.1　绘制直线对象

直线对象可以是一条线段，也可以是一系列相连的线段，但每条线段都是独立的直线对象。通过调用 Line 命令及选择正确的终点顺序，可以绘制一系列首尾相接的直线段。

要绘制直线对象，用户可以通过以下三种方法。

◆ 菜单栏：选择"绘图｜直线"命令。

◆ 工具栏：在"绘图"工具栏上单击"直线"按钮 ✐。

◆ 命令行：在命令行中输入或动态输入"Line"命令（快捷键"L"）。

当执行"直线"命令，并根据命令行提示进行操作，即可绘制一系列首尾相连的直线段所构成的对象（梯形），如图 3-1 所示。

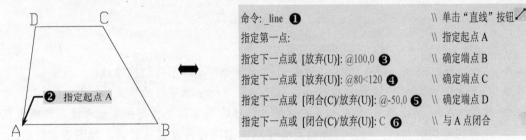

图 3-1　绘制的由直线对象构成的梯形

在绘制直线的过程中，各选项的含义如下。

◆ 指定第一点：通过键盘输入或者鼠标确定直线的起点位置。

◆ 闭合（U）：如果绘制了多条线段，最后要形成一个封闭的图形时，选择该选项并按〈Enter〉键，即可将最后确定的端点与第1个起点重合。

◆ 放弃（U）：选择该选项将撤销最近绘制的直线而不退出直线 Line 命令。

在 AutoCAD 2013 中，当命令操作有多个选项时，单击鼠标右键将弹出类似于如图 3-2 所示的快捷菜单，虽然命令选项会因命令的不同而不同，但基本选项大同小异。

图 3-2　快捷菜单

提示　用"直线"命令绘制的直线在默认状态下是没有宽度的，但可以通过不同的图层定义直线的线宽和颜色，在打印输出时，可以打印粗细不同的直线。

3.1.2 绘制构造线对象

构造线是两端无限长的直线，没有起点和终点，可以放置在三维空间的任何地方，它们不像直线、圆、圆弧、椭圆、正多边形等作为图形的构成元素，仅仅作为绘图过程中的辅助参考线。

要绘制构造线对象，用户可以通过以下三种方法。

◆ 菜单栏：选择"绘图｜构造线"命令。

◆ 工具栏：在"绘图"工具栏上单击"构造线"按钮 ✗。

◆ 命令行：在命令行中输入或动态输入"Xline"命令（快捷键"XL"）。

执行"构造线"命令，并根据命令行提示进行操作，即可绘制垂直和指定角度的构造线，如图3-3所示。

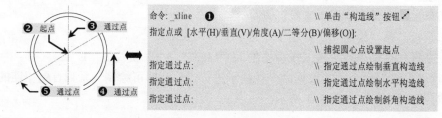

图3-3　绘制的构造段

在绘制构造线的过程中，各选项的含义如下。

◆ 水平（H）：创建一条经过指定点并且与当前坐标 x 轴平行的构造线。

◆ 垂直（V）：创建一条经过指定点并且与当前坐标 y 轴平行的构造线。

◆ 角度（A）：创建与 x 轴成指定角度的构造线；也可以先指定一条参考线，再指定直线与构造线的角度；还可以先指定构造线的角度，再设置通过点，如图3-4所示。

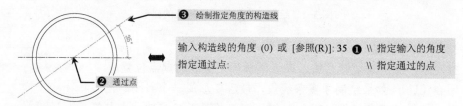

图3-4　绘制指定角度的构造线

◆ 二等分（B）：创建二等分指定的构造线，即角平分线，要指定等分角的顶点、起点和端点，如图3-5所示。

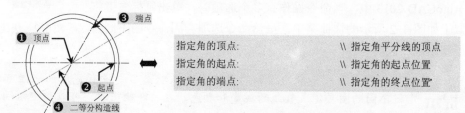

图3-5　绘制角平分线

◆ 偏移（O）：创建平行指定基线的构造线，需要先指定偏移距离，选择基线，然后指明构造线位于基线的哪一侧，如图3-6所示。

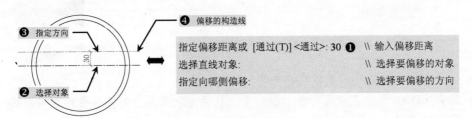

图 3-6 偏移的构造线

提示 在绘制构造线时，若没有指定构造线的类型，用户可在视图中指定任意的两点来绘制一条构造线。

➲ 3.1.3 绘制多段线对象

多段线是作为单个对象创建的相互连接的线段序列。可以创建直线段、圆弧段或两者的组合线段。它可适用于地形、等压和其他科学应用的轮廓素线、布线图和电路印刷板布局、流程图和布管图、三维实体建模的拉伸轮廓和拉伸路径等。

要绘制多段线对象，用户可以通过以下三种方法。

◆ 菜单栏：选择"绘图 | 多段线"命令。

◆ 工具栏：在"绘图"工具栏上单击"多段线"按钮 。

◆ 命令行：在命令行中输入或动态输入"Pline"命令（快捷键"PL"）。

执行"多段线"命令，并根据命令行提示进行操作，即可绘制带箭头的构造线，如图3-7所示。

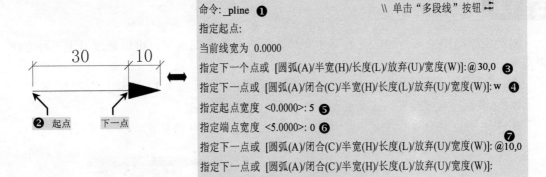

图 3-7 绘制带箭头的构造线

在绘制多段线的过程中，其各选项含义如下。

◆ 圆弧（A）：从绘制的直线方式切换到绘制圆弧方式，如图3-8所示。

◆ 半宽（H）：设置多段线的1/2宽度，用户可分别指定多段线的起点半宽和终点半宽，如图3-9所示。

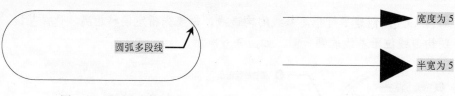

图 3-8　圆弧多段线　　　　　　　　　　　　图 3-9　半宽多段线

◆ 长度（L）：指定绘制直线段的长度。

◆ 放弃（U）：删除多段线的前一段对象，从而方便用户及时修改在绘制多段线过程中
出现的错误。

◆ 宽度（W）：设置多段线的不同起点和端点宽度，如图 3-10 所示。

　　　当用户设置了多段线的宽度时，可通过 FILL 变量来设置是否对多段
线进行填充。如果设置为"开（ON）"，则表示填充，若设置为"关
（OFF），则表示不填充，如图 3-11 所示。

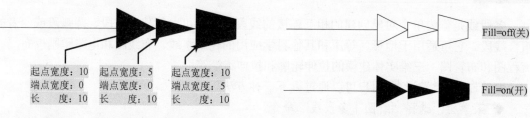

图 3-10　绘制不同宽度的多段线　　　　　　　图 3-11　是否填充的效果

◆ 闭合（C）：与起点闭合，并结束命令。当多段线的宽度大于 0 时，若想绘制闭合的
多段线，一定要选择"闭合（C）"选项，这样才能使其完全闭合，否则即使起点与
终点重合，也会出现缺口现象，如图 3-12 所示。

⊃ 3.1.4　绘制圆对象

圆是工程制图中另一种常见的基本实体，用户要绘制圆对象，可以通过以下三种方法
来实现。

◆ 菜单栏：选择"绘图 | 圆"子菜单下的相关命令，如图 3-13 所示。

◆ 工具栏：在"绘图"工具栏上单击"圆"按钮 ⊘。

◆ 命令行：在命令行中输入或动态输入"Circle"命令（快捷键"C"）。

图 3-12　起点与终点是否闭合　　　　图 3-13　"圆"子菜单的相关命令

在 AutoCAD 2013 中，可以使用 6 种方法来绘制圆对象，如图 3-14 所示。

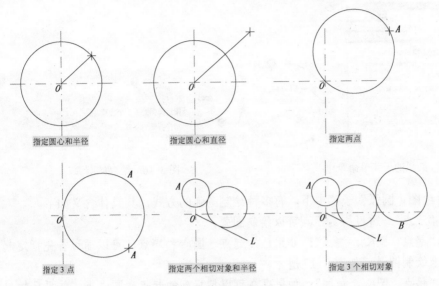

图 3-14   圆的 6 种绘制方法

在"绘图 | 圆"命令的子菜单中各命令的功能如下。

◆ "绘图 | 圆 | 圆心、半径"命令：指定圆的圆心和半径绘制圆。

◆ "绘图 | 圆 | 圆心、直径"命令：指定圆的圆心和直径绘制圆。

◆ "绘图 | 圆 | 两点"命令：指定两个点，并以两个点之间的距离为直径来绘制圆。

◆ "绘图 | 圆 | 三点"命令：指定 3 个点来绘制圆。

◆ "绘图 | 圆 | 相切、相切、半径"命令：以指定的值为半径，绘制一个与两个对象相切的圆。在绘制时，需要先指定与圆相切的两个对象，然后指定圆的半径。

◆ "绘图 | 圆 | 相切、相切、相切"命令：依次指定与圆相切的 3 个对象来绘制圆。

如果在命令提示要求输入半径或者直径时所输入的值无效，如英文字母、负值等，系统将显示"需要数值距离或第二点"、"值必须为正且非零"等信息，并提示重新输入值或者退出。

提示

在"指定圆的半径或〈直径(D)〉:"提示下，也可移动十字光标至合适位置单击，系统将自动把圆心和十字光标确定的点之间的距离作为圆的半径，绘制出一个圆。

➲ 3.1.5 绘制圆弧对象

在 AutoCAD 中，提供了多种不同的画弧方式，可以指定圆心、端点、起点、半径、角度、弦长和方向值的各种组合形式。

要绘制圆弧对象，用户可以通过以下 3 种方法。

◆ 菜单栏：选择"绘图 | 圆弧"子菜单下的相关命令，如图 3-15 所示。

◆ 工具栏：在"绘图"工具栏上单击"圆弧"按钮。

◆ 命令行：在命令行中输入或动态输入"Arc"命令（快捷键"A"）。

执行圆弧命令后，并根据提示进行操作，即可绘制一个圆弧，如图 3-16 所示。

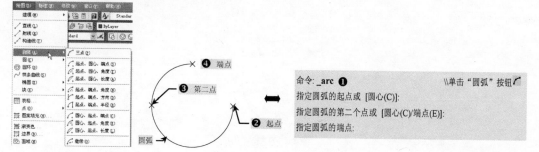

图 3-15　圆弧的子菜单命令　　　　　　　　　图 3-16　绘制的圆弧

在"绘图|圆弧"子菜单下，有多种绘制圆弧的方式，其具体含义如下。

◆ "三点"：通过指定三点可以绘制圆弧。

◆ "起点、圆心、端点"：如果已知起点、圆心和端点，可以通过首先指定起点或圆心来绘制圆弧，如图 3-17 所示。

◆ "起点、圆心、角度"：如果存在可以捕捉到的起点和圆心点，并且已知包含角度，请使用"起点、圆心、角度"或"圆心、起点、角度"选项，如图 3-18 所示。

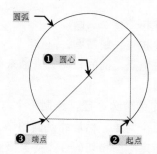

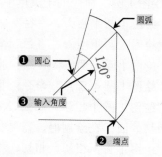

图 3-17　"起点、圆心、端点"画圆弧　　　　图 3-18　"起点、圆心、角度"画圆弧

◆ "起点、圆心、长度"：如果存在可以捕捉到的起点和圆心，并且已知弦长，此时可执行"起点、圆心、长度"或"圆心、起点、长度"选项，如图 3-19 所示。

◆ "起点、端点、方向/半径"：如果存在起点和端点，此时可执行"起点、端点、方向"或"起点、端点、半径"选项，如图 3-20 所示。

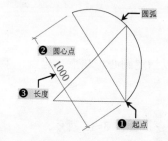

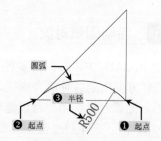

图 3-19　"起点、圆心、长度"画圆弧　　　　图 3-20　"起点、圆心、方向/半径"画圆弧

提示

完成圆弧的绘制后，启动直线命令"Line"，在"指定第一点:"提示下直接按〈Enter〉键，再输入直线的长度数值，可以立即绘制一端与该圆弧相切的直线。其提示及视图效果如图 3-21 所示。

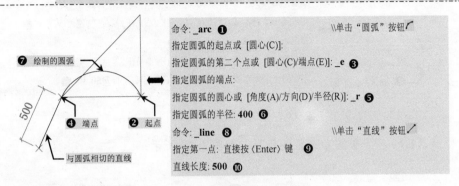

命令: _arc ❶   \\单击"圆弧"按钮
指定圆弧的起点或 [圆心(C)]:
指定圆弧的第二个点或 [圆心(C)/端点(E)]: _e ❸
指定圆弧的端点:
指定圆弧的圆心或 [角度(A)/方向(D)/半径(R)]: _r ❺
指定圆弧的半径: 400 ❻
命令: _line ❽   \\单击"直线"按钮
指定第一点: 直接按〈Enter〉键 ❾
直线长度: 500 ❿

图 3-21　绘制与圆弧相切的直线段

⊃ 3.1.6　绘制矩形对象

矩形命令是 AutoCAD 最基本的平面绘图命令，用户在绘制矩形时仅需提供两个对角的坐标即可。在 AutoCAD 2013 中，用户绘制矩形时可以进行多种设置，使用该命令创建的矩形是由封闭的多段线作为矩形的 4 条边。

要绘制矩形对象，用户可以通过以下三种方法。

◆ 菜单栏：选择"绘图 | 矩形"命令。
◆ 工具栏：在"绘图"工具栏上单击"矩形"按钮 □。
◆ 命令行：在命令行中输入或动态输入"Rectang"命令（快捷键"REC"）。

当执行"矩形"命令，并根据命令行提示进行操作，即可绘制一个矩形，如图 3-22 所示。

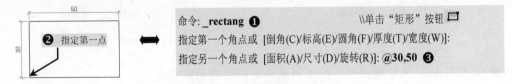

命令: _rectang ❶   \\单击"矩形"按钮 □
指定第一个角点或 [倒角(C)/标高(E)/圆角(F)/厚度(T)/宽度(W)]:
指定另一个角点或 [面积(A)/尺寸(D)/旋转(R)]: @30,50 ❸

图 3-22　绘制的矩形

在绘制矩形的过程中，各选项含义如下。

◆ 倒角（C）：指定矩形的第一个与第二个倒角的距离，如图 3-23 所示。

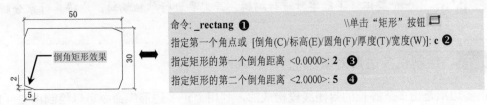

命令: _rectang ❶   \\单击"矩形"按钮 □
指定第一个角点或 [倒角(C)/标高(E)/圆角(F)/厚度(T)/宽度(W)]: c ❷
指定矩形的第一个倒角距离 <0.0000>: 2 ❸
指定矩形的第二个倒角距离 <2.0000>: 5 ❹

图 3-23　绘制的倒角矩形

◆ 标高（E）：指定矩形距 xy 平面的高度，如图 3-24 所示。

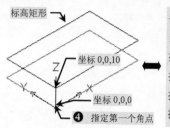

命令: _rectang ❶   \\单击"矩形"按钮 ▭
当前矩形模式: 标高=0.0000
指定第一个角点或 [倒角(C)/标高(E)/圆角(F)/厚度(T)/宽度(W)]: e ❷
指定矩形的标高 <0.0000>: 10 ❸
指定第一个角点或 [倒角(C)/标高(E)/圆角(F)/厚度(T)/宽度(W)]:
指定另一个角点或 [面积(A)/尺寸(D)/旋转(R)]: @50,30 ❺

图 3-24 绘制的标高矩形

◆ 圆角（F）：指定带圆角半径的矩形，如图 3-25 所示。

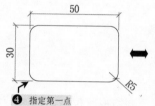

命令: _rectang ❶   \\单击"矩形"按钮 ▭
指定第一个角点或 [倒角(C)/标高(E)/圆角(F)/厚度(T)/宽度(W)]: f ❷
指定矩形的圆角半径 <0.0000>: 5 ❸
指定第一个角点或 [倒角(C)/标高(E)/圆角(F)/厚度(T)/宽度(W)]:
指定另一个角点或 [面积(A)/尺寸(D)/旋转(R)]: @30,50 ❺

图 3-25 绘制的圆角矩形

◆ 厚度（T）：指定矩形的厚度，如图 3-26 所示。
◆ 宽度（W）：指定矩形的线宽，如图 3-27 所示。

厚度为 5 的矩形

图 3-26 绘制的厚度矩形

宽度为 2 的矩形

图 3-27 绘制的宽度矩形

◆ 面积（A）：通过指定矩形的面积来确定矩形的长或宽。
◆ 尺寸（D）：通过指定矩形的宽度、高度和矩形另一角点的方向来确定矩形。
◆ 旋转（R）：通过指定矩形旋转的角度来绘制矩形。

提示   在 AutoCAD 中，执行"矩形"命令（rectang）所绘制的矩形对象是一个整体，不能单独进行编辑。若需要进行单独编辑，应将其对象分解后再操作。

➲ 3.1.7   绘制正多边形对象

正多边形是由多条等长的封闭线段构成的，利用"正多边形"命令可以绘制由 3～1024 条边组成的正多边形。

要绘制正多边形对象，用户可以通过以下 3 种方法。

◆ 菜单栏：选择"绘图 | 正多边形"命令。

◆ 工具栏：在"绘图"工具栏上单击"正多边形"按钮。

◆ 命令行：在命令行中输入或动态输入"Polygon"命令（快捷键"POL"）。

执行"正多边形"命令，并根据提示进行操作，即可绘制一个正多边形，如图 3-28 所示。

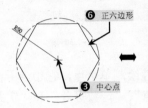

```
命令: _polygon ❶                                 \\单击"正多边形"按钮
输入边的数目 <4>: 6 ❷                             \\指定多边形的边数
指定正多边形的中心点或 [边(E)]:                    \\指定中心点
输入选项 [内接于圆(I)/外切于圆(C)] <I>: i ❹
指定圆的半径: 50 ❺
```

图 3-28　绘制内接正六边形

用户可以在"输入选项[内接于圆(I)/外切于圆(C)]"提示下输入"C"，绘制外切正六边形，如图 3-29 所示。

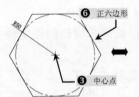

```
命令: _polygon ❶                                 \\单击"正多边形"按钮
输入边的数目 <4>: 6 ❷                             \\指定多边形的边数
指定正多边形的中心点或 [边(E)]:                    \\指定中心点
输入选项 [内接于圆(I)/外切于圆(C)] <I>: C ❹
指定圆的半径: 50 ❺
```

图 3-29　绘制外切正六边形

在绘制正多边形的过程中，各选项含义如下。

◆ 中心点：通过指定一个点来确定正多边形的中心点。

◆ 边（E）：通过指定正多边形的边长和数量来绘制正多边形，如图 3-30 所示。

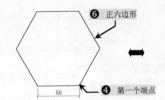

```
命令: _polygon ❶                                 \\单击"正多边形"按钮
输入边的数目 <4>: 6 ❷
指定正多边形的中心点或 [边(E)]: e ❸
指定边的第一个端点:                               \\确定第一个端点
指定边的第二个端点: @-50,0 ❺
```

图 3-30　指定边长及角度

◆ 内接于圆（I）：以指定多边形内接圆半径的方式来绘制正多边形，如图 3-31 所示。

◆ 外切于圆（C）：以指定多边形外接圆半径的方式来绘制正多边形，如图 3-32 所示。

图 3-31　内接于圆

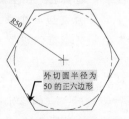

图 3-32　外切于圆

> 1）执行"正多边形"命令时，绘制的正多边形是一个整体，不能单独进行编辑，如需进行单独的编辑，应将其对象分解后操作。
>
> 2）利用边长绘制出正多边形时，用户确定的两个点之间的距离即为多边形的边长，两个点可通过捕捉栅格或相对坐标方式确定。
>
> 3）利用边长绘制正多边形时，绘制出的正多边形的位置和方向与用户确定的两个端点的相对位置有关。

➲ 3.1.8　绘制点对象

在 AutoCAD 中，可以一次绘制多个点，也可以一次性绘制单个点，它相当于在图样的指定位置旋转一个特定的点符号。可以通过"单点"、"多点"、"定数等分"和"定距等分" 4 种方式来创建点对象。

要绘制点对象，用户可以通过以下 3 种方法。

◆ 菜单栏：选择"绘图 | 点"子菜单下的相关命令，如图 3-33 所示。

◆ 工具栏：单击"绘图"工具栏的"点"按钮 。

◆ 命令行：在命令行输入或动态输入"Point"命令（快捷键"PO"）。

执行"点"命令，在命令行"指定点："的提示下使用鼠标在窗口的指定位置单击即可绘制点对象。

在 AutoCAD 可以设置点的不同样式和大小，用户可选择"格式 | 点样式"命令，或者在命令行中输入"ddptype"，即可弹出"点样式"对话框，从而设置不同点样式和大小，如图 3-34 所示。

图 3-33　绘制点的几种方式

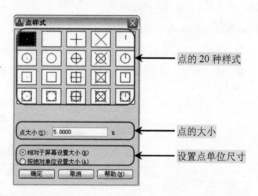

图 3-34　"点样式"对话框

在"点样式"对话框中，各选项的含义如下。

◆ "点样式"选项组：在上侧的多个点样式中，列出来 AutoCAD 2013 提供的所有点样式，且每个点对应一个系统变量（PDMODE）值。

◆ "点大小"文本框：设置点的显示大小，可以相对于屏幕设置点的大小，也可以设置绝对单位点的大小，用户可在命令行中输入系统变量（PDSIZE）来重新设置。

◆ "相对于屏幕设置大小（R）"单选按钮：按屏幕尺寸的百分比设置点的显示大小，当进行缩放时，点的显示大小并不改变。

◆ "按绝对单位设置大小（A）"单选按钮：按照"点大小"文本框中值的实际单位来

设置点显示大小。当进行缩放时，AutoCAD 显示点的大小会随之改变。

1. 等分点

"等分点"命令的功能是以相等的长度设置点在图块的位置，被等分的对象可以是线段、圆、圆弧以及多段线等实体。选择"绘图｜点｜定数等分"菜单命令，或者在命令行中输入"Divide"命令，然后按照命令行提示进行操作，则等分的效果如图 3-35 所示。

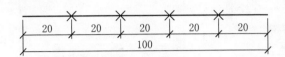

選择要定数等分的对象：　　　　　\\选择要等分的对象
输入线段数目或 [块(B)]: 5　　　\\输入线段的等分数

图 3-35　五等分后的线段

 提示　在输入等分对象的数量时，其输入值为 2～32767。

2. 等距点

"等距点"命令用于在选择的实体上按给定的距离放置点或图块。选择"绘图｜点｜定距等分"命令，或者在命令行输入"Measure"命令，然后按照命令行提示进行操作，则等分的效果如图 3-36 所示。

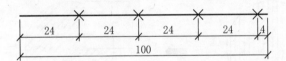

選择要定距等分的对象：　　　　\\选择要定距等分的对象
指定线段长度或 [块(B)]: 24　\\输入线段的长度

图 3-36　以 24mm 为单位定距等分线段

➲ 3.1.9　图案填充对象

图案填充就是当需要用一个重复的图案填充某个区域时，可以使用其命令建立一个相关联的填充阴影对象。

用户可以通过以下几种方法来执行图案填充命令。

◆ 菜单栏：选择"绘图｜图案填充"菜单命令。

◆ 工具栏：在"绘图"工具栏中单击"图案填充"按钮 ▨。

◆ 命令行：在命令行中输入或动态输入"Bhatch"（快捷键"H"）。

执行"图案填充"命令后，将弹出"图案填充和渐变色"对话框，根据要求选择一封闭的图形区域，并设置填充的图案、比例、填充原点等，即可对其进行图案填充，如图 3-37 所示。

在"图案填充"选项卡中，其主要选项按钮及复选框的含义如下：

◆ "类型"下拉列表框：用户可以选择图案的类型，包括预定义、用户定义、自定义三个选项。

◆ "图案"下拉列表框：可以选择填充的图案，单击其后的按钮 ▭。将打开"填充图案选项板"对话框，如图 3-38 所示，用户可以打开不同的选项卡，从中选择适合的图案。

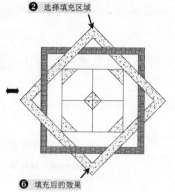

图 3-37　图案填充　　　　　　　　　图 3-38　"填充图案选项板"对话框

◆ "颜色"下拉列表框：指定填充图案的颜色及背景颜色。

◆ "样例"下拉列表框：显示当前所选的填充图案。单击该图案，也可打开"填充图案选项板"。

◆ "自定义图案"下拉列表框：为自定义图案选项，当填充的图案类型为"自定义"时，该选项才可用。

◆ "角度"下拉列表框：可设置图案填充时的角度，如图 3-39 所示。

图 3-39　不同的填充角度

◆ "比例"下拉列表框：可设置图案填充的比例，如图 3-40 所示。

图 3-40　不同的填充比例

◆ "双向"复选框：当"类型"设置为自定义选项时，勾选该复选框，可以使相互垂直的两组平行线封图案，不勾选，则只有一组平行线填充。

◆ "相对图纸空间"复选框：勾选该复选框，设置的比例因子为相对于图纸空间的比例。

◆ "间距"文本框：用户可以设置填充线段之间的距离，当填充的图案类型为"自定义"时，该选项才可用。

◆ "ISO 笔宽"下拉列表框：当填充图案 ISO 图案时，该选项才可用，用户可在其下拉列表框中设置线的宽度。

◆ "使用当前原点"单选项：选择该单项，则图案填充时使用当前 UCS 的原点作为原点。

◆ "指定的原点"单选项：选择该单项，可以设置图案填充的原点。

◆ "单击以设置新原点"单选项：选择该单项，并单击其前的按钮，可用鼠标在绘图区指定原点。

◆ "默认为边界范围"复选框：勾选该复选框，可在其后的下拉列表框中选择原点为图案边界"左上"、"左下"、"右上"、"右下"中的任意一项。

◆ "存储为默认原点"复选框：勾选该复选框，将重新设置的新原点，保存为默认原点。

◆ "添加：拾取点"按钮：以拾取点的形式来指定填充区域的边界，单击按钮，系统自动切换至绘图区，在需要填充的区域内任意指定一点即可，如图 3-41 所示。

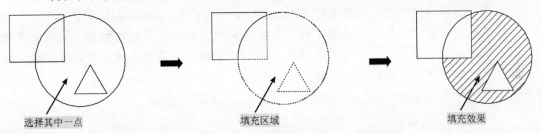

图 3-41　边界的确定

◆ "添加：选择对象"按钮：单击按钮，系统自动切换至绘图区，在需要填充的对象上单击即可，如图 3-42 所示。

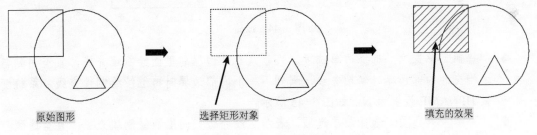

图 3-42　选择边界对象

◆ "删除边界"按钮：单击该按钮可以取消系统自动计算或用户指定的边界，如图 3-43 所示。

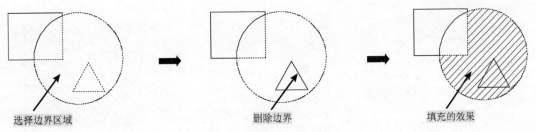

图 3-43　删除边界后的填充图形

◆ "重新创建边界"按钮：重新设置图案填充边界。
◆ "查看选择集"按钮：查看已定义的填充边界。单击该按钮后，绘图区会亮显共边线。
◆ "注释性"复选框：勾选该复选框，则填充图案为可注释的。
◆ "关联"复选框：勾选该复选框，则其创建边界时将随之更新图案和填充。
◆ "创建独立的图案填充"复选框：勾选该复选框，则创建的填充图案为独立的。
◆ "绘图次序"下拉列表框：其下拉列表框中，用户可以选择图案填充的绘图顺序。即可放在图案填充边界及所有其他对象之后或之前。
◆ "透明度"下拉列表框：用户可设置其填充图案的透明度。
◆ "继承特性"按钮：单击该按钮，可将现有的图案填充或填充对象的特性应用到其他图案填充或填充对象中。
◆ "孤岛检测"按钮：在进行图案填充时，将位于总填充区域内的封闭区域称为孤岛，如图 3-44 所示。在使用"Bhatch"命令填充时，AutoCAD 系统允许用户以拾取点的方式确定填充边界，即在希望填充的区域内任意拾取一点，系统会自动确定出填充边界，同时也确定该边界内的岛。如果用户以选择对象的方式填充边界，则必须确切地选取这些岛。

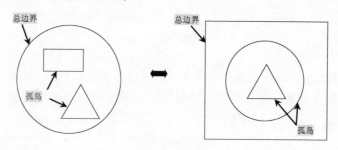

图 3-44 孤岛

◆ "普通"单选项：选择该单选项，表示从最外边界向里面绘制填充线，直至遇到与之相交的内部边界时断填充线，遇到下一个内部边界时再继续绘制填充线。系统变量 HPNAME 设置为 N，如图 3-45 所示。
◆ "外部"单选项：选择该单选项，表示从最外边界向里面绘制填充线，直至遇到与之相交的内部边界时断开填充线，不再继续往里绘制填充线，其系统变量 HPNAME 设置为 0，如图 3-46 所示。
◆ "忽略"单选项：如图 3-47 所示，该方式忽略边界内的对象，所有内部结构都被剖面符号覆盖。

 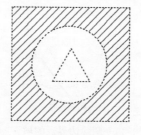 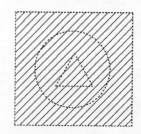

图 3-45 普通　　　　　图 3-46 外部　　　　　图 3-47 忽略

◆ "保留边界"复选框：勾选该复选框，可将填充边界以对象的形式保留，并可以从"对象类型"下拉列表框中选择填充边界的保留类型。

◆ "边界集"下拉列表框：在其下拉列表框中，用户可以定义填充边界的对象集，默认"当前视口"中所有可见对象确定其填充边界，也可以单击"新建"按钮，在绘图区重新指定对象类定义边界集。之后，"边界集"其下拉列表中会显示为"现在集合"选项。

◆ "公差"文本框：用户可以在其后的文本框内设置允许间隙大小，默认值为 0 时，这时对象是完全封闭的区域。在该参数范围内，可以将一个几乎封闭的区域看作是一个闭合的填充边界。

◆ "使用当前源点"单选项：选择该单选项，在用户使用"继承特性"创建的图案填充时继承图案填充原点。

◆ "用原图案填充原点"单选项：选择该单选项，在用户使用"继承特性"创建的图案填充时继承原图案填充原点。

⊃ 3.1.10　绘制多线对象

多线是由多条平行线组成的图形对象。用户可以通过以下几种方法来执行多线命令。

◆ 菜单栏：选择"绘图 | 多线"菜单命令。

◆ 工具栏：在"绘图"工具栏中单击"多线"按钮 。

◆ 命令行：在命令行中输入或动态输入"Mline"（快捷键"ML"）。

当执行"多线"命令后，系统将显示当前的设置（如对正方式、比例和多样样式），用户可以根据如下命令行提示进行设置，然后依次确定多线起点和下一点，从而绘制多线，其操作步骤如图 3-48 所示。

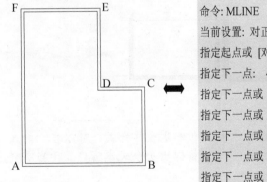

命令: MLINE　　　　　　　　　　　　　　\\执行"多线"命令
当前设置: 对正 = 上, 比例 = 100.00, 样式 = STANDARD
指定起点或 [对正(J)/比例(S)/样式(ST)]:　　\\确定起点 A
指定下一点: 4000　　　　　　　　　　　\\确定 B 点
指定下一点或 [放弃(U)]: 2400　　　　　\\确定 C 点
指定下一点或 [闭合(C)/放弃(U)]: 1500　\\确定 D 点
指定下一点或 [闭合(C)/放弃(U)]: 2600　\\确定 E 点
指定下一点或 [闭合(C)/放弃(U)]: 2500　\\确定 F 点
指定下一点或 [闭合(C)/放弃(U)]: C　　　\\与 A 点闭合

图 3-48　绘制的多线

 提示　　　用户在绘制多线确定下一点时，可按〈F8〉键切换到正交模式，使用鼠标水平或垂直指向绘制的方向，然后在键盘上输入该多线的长度值即可。

执行"多线"命令后，命令行中各选项的含义如下。

◆ 对正（J）：指定多线的对正方式。选择该项后，将显示如下提示，每种对正方式的示意图如图 3-49 所示。

输入对正类型 [上(T)/无(Z)/下(B)] <上>:   \\ 选择多线的样式

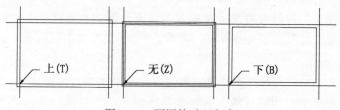

图 3-49　不同的对正方式

◆ 比例（S）：可以控制多线绘制时的比例。选择该项后，将显示如下提示，不同比例因子的示意图如图 3-50 所示。

输入多线比例 <20.00>:   \\ 输入多线的比例因子

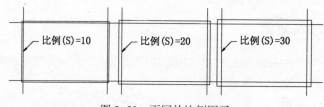

图 3-50　不同的比例因子

◆ 样式（ST）：用于设置多线的线型样式，其默认为标准型（STANDARD）。选择该项后，将显示如下提示，不同多线样式的示意图如图 3-51 所示。

输入多线样式名或 [?]:   \\ 输入多样的样式名称

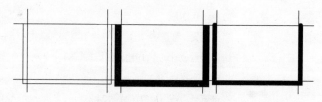

图 3-51　不同的多样样式

提示　　如果用户不知道当前文档中设置了有哪些多样样式，可以在"输入多线样式名或 [?]:"提示下输入"?"，将弹出一个文本窗口显示当前样式的名称，如图 3-52 所示。

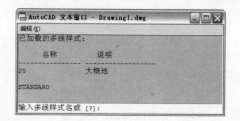

图 3-52　显示当前已有的多线样式

◗ 3.1.11　设置多线样式

执行"多线"命令时，命令行显示"输入多线样式名或[？]"提示信息，当输入"？"时，命令行会显示已被定义的多线样式。用户可以直接用已存在的多线样式，也可以使用"多线样式"的对话框来新建多线样式。

用户可以通过以下几种方法来新建多线样式。

- ◆ 菜单栏：选择"格式 | 多线样式"菜单命令。
- ◆ 命令行：在命令行中输入或动态输入"mlstyle"。

执行"多线样式"命令后，将弹出"多线样式"对话框，如图 3-53 所示。下面将"多线样式"对话框中各功能按钮的含义说明如下。

- ◆ "样式"列表框：显示已经设置好或加载的多线样式。
- ◆ "置为当前"按钮：将"样式"列表框中所选择的多线样式设置为当前模式。
- ◆ "新建"按钮：单击该按钮，将弹出"创建新的多线样式"对话框，从而可以创建新的多线样式，如图 3-54 所示。

图 3-53　"多线样式"对话框

图 3-54　"创建新的多线样式"对话框

- ◆ "修改"按钮：在"样式"列表框中选择样式并单击该按钮，将弹出"修改多线样式：XX"对话框，即可修改多线的样式，如图 3-55 所示。

图 3-55　"修改多线样式：XX"对话框

┌───┐
│ 提示   若当前文档中已经绘制了多线样式，那么就不能对该多线样式进行
│   修改。
└───┘

◆ "重命名"按钮：将"样式"列表框中所选择的样式重新命名。

◆ "删除"按钮：将"样式"列表框中所选择的样式删除。

◆ "加载"按钮：单击该按钮，将弹出如图 3-56 所示的"加载多线样式"对话框，从而可以将更多的多线样式加载到当前文档中。

◆ "保存"按钮：单击该按钮，将弹出如图 3-57 所示的"保存多线样式"对话框，将当前的多线样式保存为一个多线文件（*.mln）。

在"修改多线样式：XX"对话框中，各选项的含义说明如下。

◆ "说明"文本框：对新建的多线样式的补充说明。

◆ "起点"、"端点"复选框：勾选该复选框，则绘制的多线首尾相连接。

◆ "角度"文本框：设置平行线之间端点的连线的角度偏移。

◆ "填充颜色"下拉列表框：设置多线中平等线之间是否填充颜色。

◆ "显示连接"复选框：勾选该复选框，则绘制的多线是互相连接的。

◆ "图元"列表框：单击白色显示框中的偏移、颜色、线型下的各个数据或样式名，可在下面相应的各选项中修改其特性。"添加"与"删除"两个按钮用于添加和删除多线中的某一单个平行线。

图 3-56 "加载多线样式"对话框

图 3-57 "保存多线样式"对话框

⊃ 3.1.12 编辑多线

在 AutoCAD 2013 中，所绘制的多线对象可通过编辑多线不同交点的方式来修改，以完成对各种绘制的需要。

用户可以通过以下几种方法来修改多线样式。

◆ 菜单栏：选择"修改 | 对象 | 多线"命令。

◆ 命令行：在命令行中输入或动态输入"mledit"。

执行上述操作后，将弹出"多线编辑工具"对话框，如图 3-58 所示。用户可直接选择相应的按钮返回绘图区，再单击需要修改的多线即可。

在"多线编辑工具"对话框中，各工具选项的含义及编辑的效果如下。

图 3-58 "多线编辑工具"对话框

◆ "十字闭合"按钮：表示相交两多线的十字封闭状态，AB 分别代表选择多线的次序，垂直多线为 A，水平多线为 B。

◆ "十字打开"按钮：表示相交两多线的十字开放状态，将两线的相交部分全部断开，第一条多线的轴线在相交部分也要断开。

◆ "十字合并"按钮：表示相交两多线的十字合并状态，将两线的相交部分全部断开，但两条多线的轴线在相交部分相交，如图 3-59 所示。

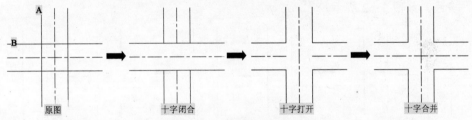

图 3-59 十字编辑的效果

◆ "T 形闭合"按钮：表示相交两多线的 T 形封闭状态，将选择的第一条多线与第二条多线相交部分的修剪去掉，而第二条多线保持原样连通。

◆ "T 形打开"按钮：表示相交两多线的 T 形开放状态，将两线的相交部分全部断开，但第一条多线的轴线在相交部分也断开。

◆ "T 形合并"按钮：表示相交两多线的 T 形合并状态，将两线的相交部分全部断开，但第一条与第二条多线的轴线在相交部分相交，如图 3-60 所示。

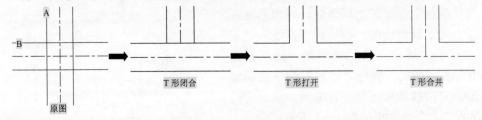

图 3-60 T 形编辑的效果

提示　　　在处理十字相交和 T 形相交多线时，用户应当注意选择多线的顺序，如果选择顺序不恰当，可能得到的结果也不会切合实际需要。

◆ "角点结合"按钮：表示修剪或延长两条多线直到它们接触形成一相交角，将第一条和第二条多线的拾取部分保留，并将其相交部分全部断开剪去。
◆ "添加顶点"按钮：表示在多线上产生一个顶点并显示出来，相当于打开显示连接开关，显示交点一样。
◆ "删除顶点"按钮：表示删除多线转折处的交点，使其变为直线形多线。删除某顶点后，系统会将该顶点两边的另外两顶点连接成一条多线线段。如图 3-61 所示。

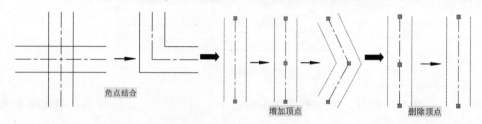

图 3-61　角点编辑的效果

◆ "单个剪切"按钮：表示在多线中的某条线上拾取两个点从而断开此线。
◆ "全部剪切"按钮：表示在多线上拾取两个点从而将此多线全部切断一截。
◆ "全部接合"按钮：表示连接多线中的所有可见间断，但不能用来连接两条单独的多线。如图 3-62 所示。

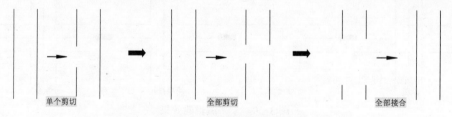

图 3-62　多线的剪切与结合

▶ 3.2　绘制住宅平面图轴线和墙体

 视频\03\住宅平面图轴线和墙体的绘制.avi
案例\03\住宅平面图轴线和墙体.dwg

　　在绘制住宅平面图的墙体时，首先新建四个图层，用于辅助绘图；再执行"直线"、"偏移"、"修剪"等命令绘制轴网线；然后新建"Q240"多线样式，执行"多线"命令绘制墙体，最后对多线墙体对象进行编辑，从而完成图形的绘制，最终效果如图 3-63 所示。

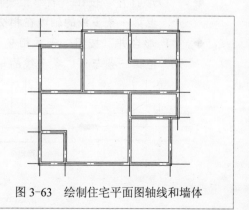

图 3-63　绘制住宅平面图轴线和墙体

1）启动 AutoCAD2013 软件，执行"文件｜保存"菜单命令，将打开的空白文件保存为"案例\03\住宅平面图轴线和墙体.dwg"文件。

2）执行"格式｜图形界限"菜单命令，依照提示设定图形界限的左下角为（0，0），右上角为（42000，29700）。

3）在命令行输入<Z>→<空格>→<A>，使输入的图形界限区域全部显示在图形窗口内。

4）执行"格式｜图层"菜单命令，打开"图层特性管理器"对话框，然后按照表 3-1所示来建立图层，所建立的图层效果如图 3-64 所示。

表3-1 图层设置

序 号	图层名	线 宽	线 型	颜 色	打印属性	描述内容
1	轴 线	默 认	ACAD_ISOO4W100	红 色	不打印	轴网线
2	墙 体	0.30mm	实线（CONTINUOUS）	黑 色	打 印	墙 体
3	门 窗	默 认	实线（CONTINUOUS）	绿 色	打 印	门 窗
4	标 注	默 认	实线（CONTINUOUS）	蓝 色	打 印	尺寸、文字标注

5）单击"图层"工具栏上的"图层控制"下拉列表框，将"轴线"置为当前图层，如图 3-65 所示。

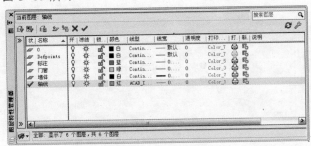

图 3-64 新建图层　　　　　图 3-65 选择"轴线"图层

6）按〈F8〉键打开正交模式。执行"直线"（L）命令，绘制高 12500mm 的垂直线段；再执行"偏移"命令（O），将绘制的垂直线段向右各偏移 2100mm、1400mm、3900mm、3400mm 和 600mm，如图 3-66 所示。

7）执行"直线"（L）命令，绘制长 13400mm 的水平线段；再执行"偏移"命令（O），将绘制的水平线段向上各偏移 2500mm、1200mm、2000mm、2400mm、1200mm 和1200mm，如图 3-67 所示。

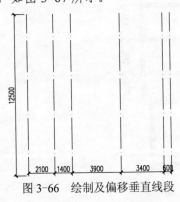
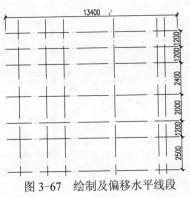

图 3-66 绘制及偏移垂直线段　　　　图 3-67 绘制及偏移水平线段

> 提示　　如果用户觉得绘制的轴线 ACAD_ISOO4W100 线型并非点画线，可以按〈Ctrl+1〉组合键打开"特性"面板，在"线型比例"处输入比例值"2"，如图 3-68 所示，此时所绘制的轴线呈点画线。

8）执行"修剪"（TR）命令，修剪掉多余的线段，结果如图 3-69 所示。

图 3-68　"特性"面板

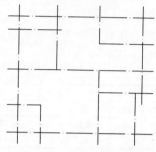

图 3-69　修剪掉多余线段

9）执行"格式 | 多线样式"菜单命令，打开"多线样式"对话框，设置"Q240"多线样式，并设置其偏移的图元分别为 120 和-120，如图 3-70 所示。

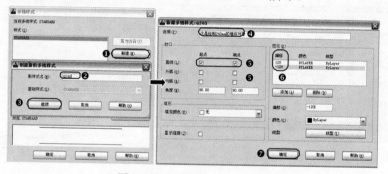

图 3-70　"多线样式"的创建

10）单击"图层"工具栏上的"图层控制"下拉列表框，将"墙体"置为当前图层。

11）执行"多线"命令（ML），设置多线的比例为 1，对正方式为"无（Z）"，多线样式为"Q240"，然后捕捉相应的轴线交点来绘制墙体对象，效果如图 3-71 所示。

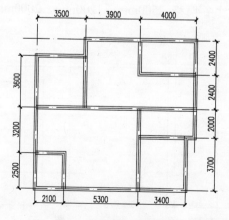

图 3-71　墙体线的绘制

12）执行"修改 | 对象 | 多线"菜单命令，打开"多线编辑工具"对话框，如图3-72所示。

13）单击"角点结合"按钮 L，并在绘图区点击左上角未结合的角点使其结合；单击"T形打开"按钮，并在绘图区先后点击内墙与边墙的交点处的多线，使其内墙对外墙 T 形打开，其结果如图3-73所示。

14）至此，住宅平面图的轴线和墙体对象已绘制完毕，用户可按〈Ctrl＋S〉组合键将文件进行保存。

图3-72　"多线编辑工具"对话框

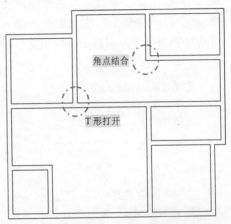

图3-73　修改多线的效果

 提示　此处为了观察多线编辑后的效果，故关闭了"轴线"图层。用户可对一些难以编辑的多线进行"分解"操作，从而更加方便地编辑多线对象。

3.3　图形的编辑与修改

除了绘制一些基本的图形外，还需要对图形进行编辑与修改，从而才能使图形能够表达更多的意义，如复制、镜像、偏移、旋转、修剪、延伸、分解等。二维图形的编辑命令菜单主要集中在"修改"菜单，其工具栏主要集中在"修改"工具栏，如图3-74所示。

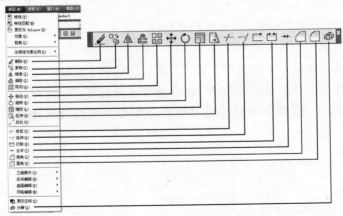

图3-74　"修改"菜单和工具栏

⊃ 3.3.1　删除对象

在绘制图形对象时，对一些出现失误及不需要的图形对象或辅助对象，可以执行"删除"命令，删除多余的图形对象。

用户可以通过以下任意一种方式来执行删除命令。

◆ 菜单栏：选择"修改 | 删除"命令。

◆ 工具栏：在"修改"工具栏中单击"删除"按钮 ✎ 。

◆ 命令行：在命令行输入或动态输入"Erase"（快捷键"E"）。

启动复制命令后，根据如下提示进行操作，即可删除选择的图形对象，如图 3-75 所示。

命令: ERASE	\\ 启动删除命令
选择对象: 找到 1 个	\\ 选择对象 1
选择对象: 找到 1 个，总计 2 个	\\ 选择对象 2
选择对象:	\\ 按下〈Enter〉键，结束命令

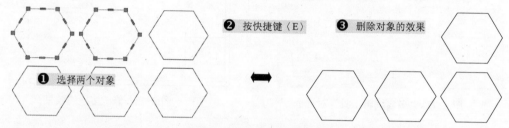

❶ 选择两个对象　　❷ 按快捷键〈E〉　　❸ 删除对象的效果

图 3-75　删除图形对象

提示　　在 AutoCAD 中，用 Erase 命令删除对象过后，这些对象只是临时性的删除，只要不退出当前图形和没有存盘，用户还可以用 Oops 或 Undo 命令将删除的对象恢复。

⊃ 3.3.2　复制对象

复制是对当前选中的图形对象的一种重复，对于需要在许多同一种图形对象的用户来说，基点复制命令能快速、便捷地生成相同形状的图形对象并且能达到再次绘制的目的。

用户可以通过以下任意一种方式来执行"复制"命令。

◆ 菜单栏：选择"修改 | 复制"命令。

◆ 工具栏：在"修改"工具栏中单击"复制"按钮 ⅓ 。

◆ 命令行：在命令行或动态输入"Copy"命令（快捷键"CO"）。

启动复制命令后，根据如下提示进行操作，即可复制选择的图形对象，如图 3-76 所示。

命令: COPY	\\ 启动复制命令
选择对象: 找到 1 个	\\ 选择圆对象
选择对象:	
当前设置：复制模式 = 多个	
指定基点或 [位移(D)/模式(O)] <位移>:	\\ 确定基点 A（圆心）

指定第二个点或 [阵列(A)] <使用第一个点作为位移>: \\ 确定基点 B
指定第二个点或 [阵列(A)/退出(E)/放弃(U)] <退出>: \\ 确定基点 C
指定第二个点或 [阵列(A)/退出(E)/放弃(U)] <退出>: \\ 确定基点 D
指定第二个点或 [阵列(A)/退出(E)/放弃(U)] <退出>: \\ 按下〈Enter〉键，结束命令

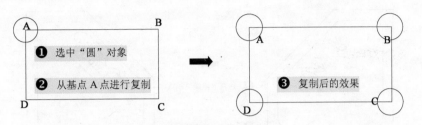

图 3-76　带基点多次复制

执行命令后，各选项的含义如下。

◆ 指定基点：指定复制的基点。

◆ 位移（D）：通过与绝对坐标或相对坐标的 X、Y 轴的偏移来确定复制到新位置。

◆ 模式（O）：设置多次或单次复制。输入"O"命令行提示"复制模式选项 [单个(S)/多个(M)]:"时输入"S"只能执行一次复制命令；输入"M"能执行多次复制命令。

3.3.3　镜像对象

镜像是复制的一种，其生成的图形对象与源对象以一条基线相对称，也是在绘图时会经常使用的命令，执行该命令后，可以保留源对象，也可以对其执行删除命令。

用户可以通过以下几种方法来执行"镜像"命令。

◆ 菜单栏：选择"修改 | 镜像"命令。

◆ 工具栏：在"修改"工具栏中单击"镜像"按钮 ▲。

◆ 命令行：在命令行输入或动态输入"Mirror"命令（快捷键"MI"）。

启动镜像命令后，根据如下提示进行操作，即可镜像选择的对象，如图 3-77 所示。

命令: MIRROR \\ 执行"镜像"命令
选择对象: 指定对角点: 找到 1 个 \\ 选择需要镜像的对象
选择对象: 指定镜像线的第一点: 指定镜像线的第二点: \\ 选择镜像线的第一点、第二点
要删除源对象吗? [是(Y)/否(N)] <N>: **n** \\ 不需要删除源对象

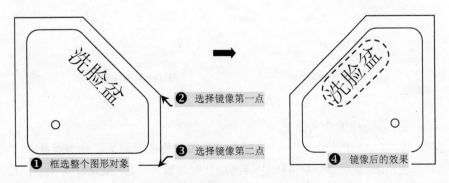

图 3-77　镜像操作（属性值=0）

> **提示**　在 AutoCAD 2013 中，使用系统变量 MirrText 可以控制其文字镜像，当其值设置为 0 时，文字方向则不会镜像；当其值设置为 1 时，文字会和图形对象一起完全镜像，变为不可读，如图 3-78 所示。

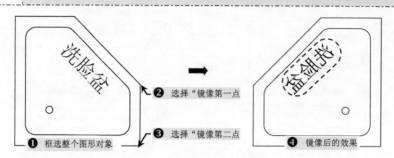

图 3-78　镜像操作（属性值=1）

➲ 3.3.4　偏移对象

偏移是以指定的方位及距离来生成与源对象性质相同的图形对象，通常会用来绘制平行线或等距离分布图形对象等。

用户可以通过以下几种方法来执行偏移命令。

◆ 菜单栏：选择"修改｜偏移"命令。

◆ 工具栏：在"修改"工具栏中单击"偏移"按钮 ，

◆ 命令行：在命令行输入或动态输入"Oppset"命令（快捷键"O"）。

执行"偏移"命令后，根据命令行的提示进行操作，如图 3-79 所示。

```
命令: OFFSET                                           \\ 执行"偏移"命令
当前设置: 删除源=否    图层=源   OFFSETGAPTYPE=0
指定偏移距离或 [通过(T)/删除(E)/图层(L)] <1.0000>:  5    \\ 输入偏移的距离
选择要偏移的对象，或 [退出(E)/放弃(U)] <退出>:          \\ 选择圆对象
指定要偏移的那一侧上的点，或 [退出(E)/多个(M)/放弃(U)] <退出>:
选择要偏移的对象，或 [退出(E)/放弃(U)] <退出>:
```

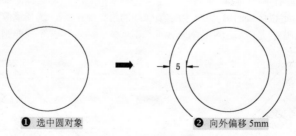

图 3-79　偏移操作

执行命令后，各选项的含义如下。

◆ 通过(T)：在命令行输入"T"，选择其需要偏移的图形对象，命令行提示"指定通过点或 [退出(E)/多个(M)/放弃(U)] <退出>"时：输入"E"则退后该命令；输入"U"则退回到上一步操作之前；输入"M"可以一次性实行多次指定位置的偏移复制，

或不输入任何数据按〈Enter〉键，则可以进行多次以源对象为准的指定位置的偏移复制。

◆ 删除（E）：在命令行输入"E"，命令行提示"要在偏移后删除源对象"时：输入"Y"则删除该源对象；输入"N"则保留源对象。

◆ 图层（L）：在命令行输入"L"，选择要偏移的图层。

 提示　　在执行"偏移"命令时，对圆（弧）类对象所偏移生成的图形对象，会与源对象有所差异，其弧长或轴长会发生改变，并且所有的"偏移"命令时所偏移的距离都必须大于0，如图 3-80 所示。

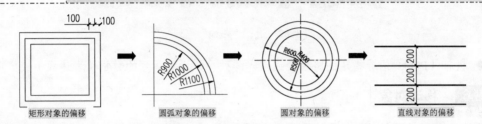

图 3-80　不同对象的偏移效果

3.3.5　阵列对象

阵列是指以矩形或环形路径来复制指定数量的，与选择的图形对象性质相同的图形对象。

用户可以通过以下几种方法来执行阵列命令。

◆ 菜单栏：选择"修改 | 阵列"命令。

◆ 工具栏：在"修改"工具栏中单击相应的"阵列"按钮。

◆ 命令行：在命令行输入或动态输入"Array"命令（快捷键"AR"）。

启动阵列命令后，其命令提示行如下。

```
命令: ARRAY                              \\ 执行"阵形"命令
选择对象: 找到 1 个                       \\ 选择需要阵列的对象
选择对象:
输入阵列类型 [矩形(R)/路径(PA)/极轴(PO)]   \\ 选择阵列的类型
```

执行命令后，各选项的含义如下。

◆ 矩形（R）：以矩形方式来复制多个相同的对象，并设置阵列的行数及行间距、列数及列间距，如图 3-81 所示。

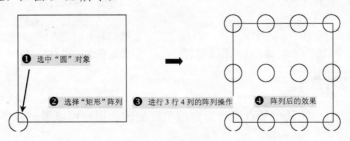

图 3-81　进行"矩形"阵列

◆ 路径（PA）：以指定的中心点或路径对象进行阵列，并设置形阵列的数量及填充角度，如图 3-82 所示。

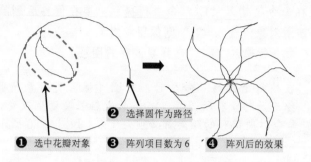

图 3-82 进行"路径"阵列

◆ 极轴（PO）：沿着指定的路径曲线创建阵列，并设置阵列的数量（表达式）或方向。

➲ 3.3.6 移动对象

移动是指改变原有图形对象的位置，而不改变对象的方向、大小和性质等。

用户可以通过以下几种方法来执行移动命令。

◆ 菜单栏：选择"修改 | 移动"命令。
◆ 工具栏：在"修改"工具栏中单击"移动"按钮 ✛。
◆ 命令行：在命令行输入或动态输入"Move"命令（快捷键"M"）。

执行"移动"命令后，根据命令行的提示即可移动正多边形对象，如图 3-83 所示。

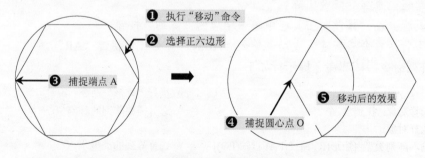

图 3-83 移动操作

命令: MOVE	\\ 执行移动命令
选择对象: 找到 1 个	\\ 选择需要移动的对象 1
选择对象:	
指定基点或 [位移(D)] <位移>:	\\ 选择对象的端点 A
指定第二个点或 <使用第一个点作为位移>:	\\ 确定移动的点 O

➲ 3.3.7 旋转对象

对图形对象以指定的某一基点进行指定的角度旋转。用户可以通过以下几种方法来执行旋转命令。

◆ 菜单栏: 选择"修改 | 旋转"命令。

◆ 工具栏: 在"修改"工具栏中单击"旋转"按钮 ↻。

◆ 命令行: 在命令行输入或动态输入"Rotate"命令(快捷键"RO")。

执行"旋转"命令后,根据如下提示进行操作,即可使用其命令旋转其图形对象,如图 3-84 所示。

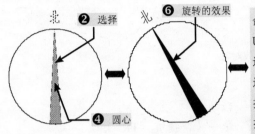

命令:_rotate ❶   \\单击"旋转"按钮 ↻

UCS 当前的正角方向: ANGDIR=逆时针 ANGBASE=0

选择对象:找到 2 个   \\选择要旋转的对象

选择对象: ❸   \\按〈Enter〉键结束选择

指定基点:

指定旋转角度,或 [复制(C)/参照(R)] <0>: 30 ❺

图 3-84 旋转对象

执行命令后,各选项的含义如下。

◆ 复制(C): 旋转并保留源图形对象。

◆ 参照(R): 以某一指定角度为基准,再进行旋转。

◆ 点(P): 在绘图区用鼠标指定新角度的起点与终点。

提示   在执行"旋转"命令时,以逆时针为正,顺时针为负。

⊃ 3.3.8 缩放对象

执行"缩放"命令可以将选定的图形对象进行等比例放大或缩小操作。

要缩放对象,用户可以通过以下 3 种方法。

◆ 菜单栏: 选择"修改 | 缩放"命令。

◆ 工具栏: 在"修改"工具栏上单击"缩放"按钮 □。

◆ 命令行: 在命令行输入或动态输入"scale"命令(快捷键"SC")。

当执行"缩放"命令后,根据如下命令行提示,首先选择要缩放的对象,再选择缩放的中心点,然后输入缩放的比例因子即可,如图 3-85 所示。

命令: SCALE   \\ 启动缩放命令

选择对象: \\ 选择需要缩放的对象

选择对象: \\ 按〈Enter〉键结束选择

指定基点: \\ 指定缩放的中心点

指定比例因子或 [复制(C)/参照(R)]:0.5   \\ 设置缩放的比例

⊃ 3.3.9 修剪对象

修剪是对图形对象不需要的部分进行剪切。用户可以通过以下几种方法来执行"修剪"命令:

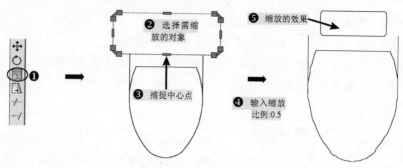

图 3-85　缩放对象

◆ 菜单栏：选择"修改 | 修剪"命令。

◆ 工具栏：在"修改"工具栏中单击"修剪"按钮 -/-- 。

◆ 命令行：在命令行输入或动态输入"Trim"命令（快捷键"TR"）。

执行"修剪"命令后，根据如下提示进行操作，即可使用其命令修剪其图形对象。其操作步骤如图 3-86 所示。

```
命令: TRIM                                      \\ 启动修剪命令
当前设置:投影=UCS，边=延伸
选择剪切边...
选择对象或 <全部选择>: 指定对角点: 找到 4 个     \\ 框选所有的图形对象
选择对象:
选择要修剪的对象，或按住〈Shift〉键选择要延伸的对象，或
[栏选(F)/窗交(C)/投影(P)/边(E)/删除(R)/放弃(U)]:
```

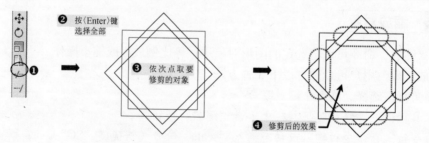

图 3-86　修剪对象

执行"修剪"命令后，各选项的含义如下。

◆ 全部选择：可快速选择视图中所有可见的图形，从而用做剪切边或边界的边。

◆ 栏选（F）：指定栏线的起点与终点，可修剪所有与栏线相交的图形对象。

◆ 窗交（C）：指定矩形区域，修剪其区域内或与之相交的所有图形对象，如果要修剪的对象交叉选择不正确，则将沿着矩形交叉窗口从第一个点以顺时针选择遇到的第一个对象。

◆ 投影（P）：主要运用于三维空间中两个对象的修剪，可将对象投影到某一平面上执行修剪。

◆ 边（E）：该项中"输入隐含边延伸模式[延伸(E)/不延伸(N)]<不延伸>:"提示下输入"E"表示当剪切边太短而且没有与被修剪的对象相交时，会自动延伸至修剪边，然

后进行修剪，输入"N"时，只有当剪切边与被修剪边对象真正相交时才能执行修剪命令。

> **提示**
> 　　在进行修剪操作时按住〈Shift〉键，可转换执行延伸 Extend 命令。当选择要修剪的对象时，若某条线段未与修剪边界相交，则按住〈Shift〉键后单击该线段，可将其延伸到最近的边界。

➲ 3.3.10　拉伸对象

拉伸是对图形对象的拉伸、缩短和移动。用户可以通过以下几种方法来执行"拉伸"命令。

◆ 菜单栏：选择"修改｜拉伸"命令。

◆ 工具栏：在"修改"工具栏中单击"拉伸"按钮 。

◆ 命令行：在命令行输入或动态输入"Stretch"命令（快捷键"S"）。

执行"拉伸"命令后，按图 3-87 所示进行操作，即可完成对象的拉伸。

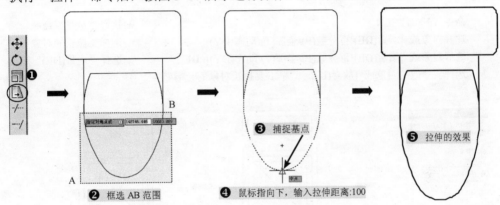

图 3-87　拉伸对象

> **提示**
> 　　通过拉伸对象的操作，可以非常方便快捷地修改图形对象。例如，当绘制了一个 2000×1000 的矩形时，发现这个矩形的高度为 1500，这时用户可以执行"拉伸"命令来进行操作。首先执行"拉伸"命令，再使用鼠标从左至右框选矩形的上半部分，再指定左上角点作为拉伸基点，然后输入拉伸的距离为 500，从而将 2000×1000 的矩形快速修改为 2000×1500 的矩形，如图 3-88 所示。

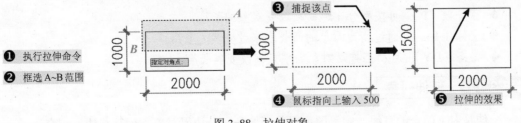

图 3-88　拉伸对象

➜ 3.3.11   拉长对象

拉长可以改变一些非闭合直线、圆弧、非闭合多段线、椭圆弧以及非闭合的线条曲线等的长度，它还可以改变圆弧的角度。

要拉长对象，用户可以通过以下 3 种方法。

◆ 菜单栏：选择"修改 | 拉长"命令。

◆ 工具栏：在"修改"工具栏上单击"拉长"按钮 。

◆ 命令行：在命令行输入或动态输入"Lengther"命令（快捷键"LEN"）。

> **提示**   在默认情况下，其"修改"工具栏中并没有"拉长"按钮 ✎ ，用户可以通过自定义工具栏的方法将其添加到该工具栏中。

执行"拉长"命令后，根据如下命令行的提示选择拉长选项，如"全部(T)"，再指定总长度值，再选择拉长的对象，并指定拉长对象的端点方向，从而将指定对象进行拉长，如图 3-89 所示。

命令: LENGTHEN	\\ 执行"拉长"命令
选择对象或 [增量(DE)/百分数(P)/全部(T)/动态(DY)]:	\\ 选择要拉长的对象
选择对象或 [增量(DE)/百分数(P)/全部(T)/动态(DY)]: DE	\\ 选择"增量(DE)"选项
选择要修改的对象或 [放弃(U)]: \\ 单击要拉长对象的一端	

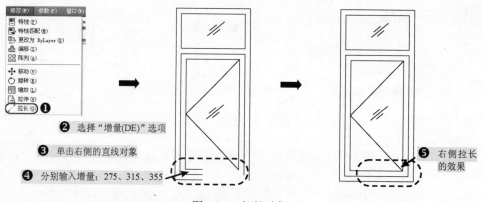

图 3-89   拉长对象

执行命令后，各选项的含义如下。

◆ 增量（DE）：指定以增量方式来修改对象的长度，该增量从距离选择点最近的端点处开始测量。

◆ 百分数（P）：可按百分比形式来改变对象的长度。

◆ 全部（T）：可通过指定对象的新长度来改变其总长度。

◆ 动态（DY）：可动态拖动对象的端点来改变其长度。

➜ 3.3.12   延伸对象

延伸是对未闭合的直线、圆等图形对象延伸到一个边界对象，使其与边界相交。

用户可以通过以下几种方法来执行"延伸"命令。

◆ 菜单栏：选择"修改 | 延伸"命令。

◆ 工具栏：在"修改"工具栏中单击"延伸"按钮 ━/ 。

◆ 命令行：在命令行输入或动态输入"Extend"命令（快捷键"EX"）。

执行上述操作执行"延伸"命令后，根据图 3-90 所示进行操作，即可使用其命令延伸其图形对象。

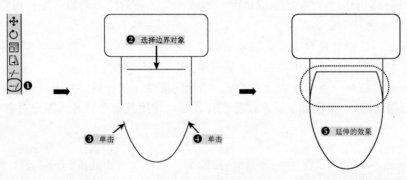

图 3-90 延伸对象

> 提示　用户在选择要延伸的对象时，一定选择靠近延伸的端点位置处单击。

3.3.13　打断对象

打断是将图形对象在指定两点间的部分删除，或将一个对象打断成两个具有同一端点的对象。用户可以通过以下几种方法来执行"打断"命令。

◆ 菜单栏：选择"修改 | 打断"菜单命令。

◆ 工具栏：在"修改"工具栏中单击"打断"按钮，或者"打断一点"按钮。

◆ 命令行：在命令行输入或动态输入"Break"命令（快捷键"BR"）。

执行上述操作执行"打断"命令后，根据图 3-91 所示进行操作，即可使用该命令打断图形对象。

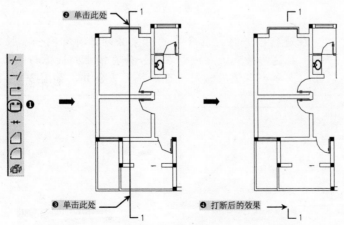

图 3-91 打断对象

> **提示**　在"修改"工具栏上还一个与"打断"相似的命令——"打断于点"（⊡）。它与"打断"命令的区别是，前者是将指定两点间的部分删除，而后者只是将图形对象从指定的某点上断开，并不删除任何一部分图形对象。

⊃ 3.3.14　合并对象

合并是将相似的图形对象延长或延伸，形成一个完整的图形对象。用户可以通过以下几种方法来执行"合并"命令。

◆ 菜单栏：选择"修改 | 合并"命令。

◆ 工具栏：在"修改"工具栏中单击"合并"按钮 ⊷。

◆ 命令行：在命令行输入或动态输入"Join"命令（快捷键"J"）。

执行上述操作后，根据如下提示进行操作，即可使用其命令合并其图形对象，如图 3-92 所示。

```
命令: _join                                    \\ 执行合并命令
选择源对象或要一次合并的多个对象: 找到 1 个     \\ 选择要合并的源对象
选择要合并的对象: 找到 1 个, 总计 2 个          \\ 选择要合并的对象
选择要合并的对象:                              \\ 按〈Enter〉键结束选择
2 条直线已合并为 1 条直线                       \\ 显示所合并的效果
```

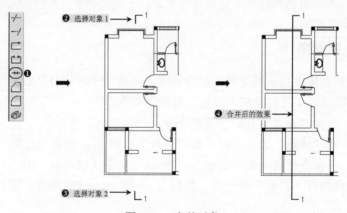

图 3-92　合并对象

> **提示**　在进行合并时，其合并的对象必须是具有同一属性，如直线与直线合并，且这两条直线应该是在同一条直线上；圆弧与圆弧合并时，其圆弧的圆心点和半径值应相同，否则将无法合并，如图 3-93 所示。

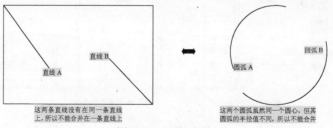

图 3-93　不能合并

➦ 3.3.15 倒角对象

倒角是将两个不平行线型对象用斜角边连接起来，可进行该操作的对象有直线、多段线、射线等。

用户可以通过以下几种方法来执行"倒角"命令。

◆ 菜单栏：选择"修改 | 倒角"命令。

◆ 工具栏：在"修改"工具栏中单击"倒角"按钮 ⬜。

◆ 命令行：在命令行输入或动态输入"Chamfer"命令（快捷键"CHA"）。

执行上述操作后，根据如下提示进行操作，即可使用该命令倒角图形对象，如图 3-94 所示。

命令: _chamfer   \\ 执行倒角操作
（"修剪"模式）当前倒角距离 1 = 0.0000，距离 2 = 0.0000
选择第一条直线或 [放弃(U)/多段线(P)/距离(D)/角度(A)/修剪(T)/方式(E)/多个(M)]:D
                                                                        \\ 选择"距离(D)"
指定 第一个 倒角距离 <0.0000>: 5   \\ 设置第一个倒角距离
指定 第二个 倒角距离 <30.0000>:5   \\ 设置第一个倒角距离
选择第一条直线或 [放弃(U)/多段线(P)/距离(D)/角度(A)/修剪(T)/方式(E)/多个(M)]:
                                                                        \\ 选择倒角边 1
选择第二条直线，或按住〈Shift〉键选择直线以应用角点或 [距离(D)/角度(A)/方法(M)]:
                                                                        \\ 选择倒角边 2

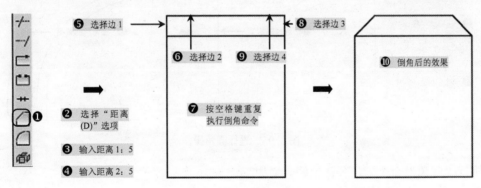

图 3-94　进行倒角操作

执行"倒角"命令后，各选项的含义如下。

◆ 放弃（U）：取消倒角命令。

◆ 多段线（P）：以当前设置的倒角大小来对多段线执行"倒角"命令。

◆ 距离（D）：设置倒角的距离尺寸。

◆ 角度（A）：设置倒角的角度。

◆ 修剪（T）：倒角后是否保留原拐角边。在"输入修剪模式选项 [修剪(T)/不修剪(N)] <修剪>:"的提示下，输入"N"表示不进行修剪；输入"T"表示进行修剪。

◆ 方式（E）：设置倒角的模式，在命令行的"输入修剪方法 [距离(D)/角度(A)] <距离>:"的提示下，输入"D"时，将以两条边的倒角距离来倒角；输入"A"时，将以一条边的距离以及相应的角度来倒角。

◆ 多个（M）：对多个图形对象进行倒角。

⇨ 3.3.16 圆角对象

圆角是指将两个图形对象以指定半径的圆弧平滑地相连接。用户可以通过以下几种方法来执行"圆角"命令。

◆ 菜单栏：选择"修改｜圆角"命令。

◆ 工具栏：在"修改"工具栏中单击"圆角"按钮 ◯。

◆ 命令行：在命令行输入或动态输入"Fillet"命令（快捷键"F"）。

执行上述操作后，根据如下提示进行操作，即可使用其命令圆角其图形对象，如图 3-95 所示。

```
命令: _fillet                                                      \\ 执行"圆角"命令
当前设置: 模式 = 修剪，半径 = 0.0000
选择第一个对象或 [放弃(U)/多段线(P)/半径(R)/修剪(T)/多个(M)]: R    \\ 选择"半径(R)"选项
指定圆角半径 <0.0000>: 5                                            \\ 设置圆角半径为 5
选择第一个对象或 [放弃(U)/多段线(P)/半径(R)/修剪(T)/多个(M)]:       \\ 选择要圆角对象 1
选择第二个对象，或按住 Shift 键选择对象以应用角点或 [半径(R)]:      \\ 选择要圆角对象 2
```

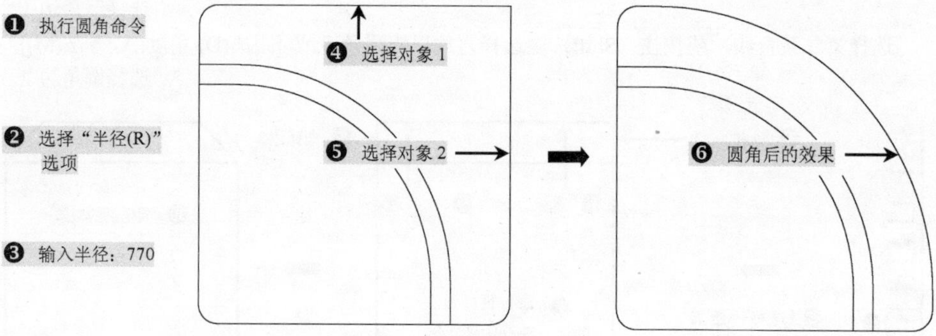

图 3-95　进行圆角操作

执行"圆角"命令后，各选项的含义如下。

◆ 放弃（U）：取消圆角命令。

◆ 多段线（P）：以当前设置的圆角大小来对多段线执行"圆角"命令。

◆ 半径（R）：设置圆角命令的半径。

◆ 修剪（T）：圆角后是否保留原拐角边。在"输入修剪模式选项 [修剪(T)/不修剪(N)] <修剪>:"的提示下，输入"N"表示不进行修剪，输入"T"表示进行修剪。

◆ 多个（M）：对多个图形对象进行圆角。

⇨ 3.3.17 分解对象

若要对一些由多个对象组合而成的图形对象的某单个对象进行编辑，就需要使用分解命令将其先解体。这时便需要执行"分解"命令。

用户可以通过以下几种方法来执行分解命令。

◆ 菜单栏：选择"修改｜分解"命令。

◆ **工具栏:** 在"修改"工具栏中单击"分解"按钮 。
◆ **命令行:** 在命令行输入或动态输入"Explode"命令（快捷键"X"）。

执行"分解"命令后，选择需要进行分解的对象，即可进行分解操作，如图3-96所示。

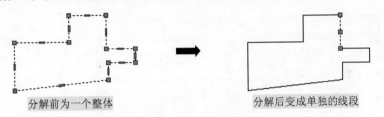

图3-96　分解前后的对比

↘ 3.4　绘制住宅平面图的门窗

<table>
<tr><td>素
材</td><td>视频\03\住宅平面图门窗的绘制.avi
案例\03\住宅平面图门窗.dwg</td></tr>
</table>

　　调用"住宅平面图轴线和墙体.dwg"文件，将其另存为"住宅平面图门窗.dwg"；然后绘制门、窗对象，再将门、窗对象移动到相应的门窗洞口，从而完成图形的绘制，最终效果如图3-97所示。

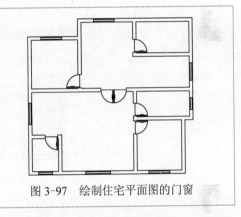

图3-97　绘制住宅平面图的门窗

　　1）执行"文件 | 打开"菜单命令，打开光盘中"案例\03"文件夹下的"住宅平面图轴线和墙体.dwg"，如图3-98所示。

　　2）执行"文件 | 另存为"菜单命令，将该文件另存为"案例\03\住宅平面图门窗.dwg"文件。

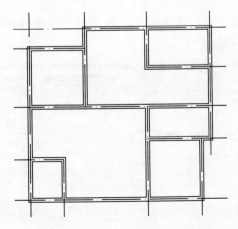

图3-98　打开的"住宅平面图轴线和墙体.dwg"文件

3）执行"偏移"命令（O），将图形上侧左垂直轴线向右各偏移 800mm 和 1500mm、1000mm 和 1500mm，如图 3-99 所示。

4）执行"修剪"命令（TR），修剪掉多余的线段，从而形成窗洞口，如图 3-100 所示。

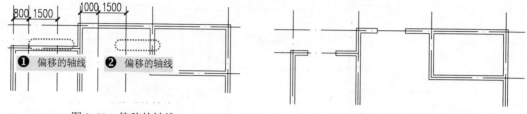

图 3-99　偏移的轴线

图 3-100　形成的窗洞口

 提示　　由于修剪后窗洞口处垂直线段是轴线，所以应将部分线段转换为"墙体"图层。

5）执行"偏移"（O）和"修剪"（TR）命令，将垂直和水平轴线进行偏移操作；再将偏移的垂直和水平轴线与周围的墙线进行修剪操作，使之形成门、窗洞口，如图 3-101 所示。

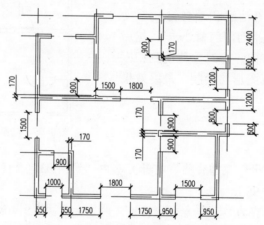

图 3-101　修剪后形成的门窗洞口

6）执行"格式｜多线样式"菜单命令，将弹出"多线样式"对话框，按照要求设置"C"窗多线样式，如图 3-102 所示。

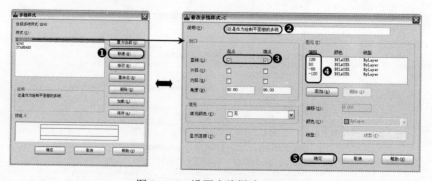

图 3-102　设置多线样式"C"

7）单击"图层"工具栏上的"图层控制"下拉列表框，将"门窗"置为当前图层。

8）执行"多线"命令（ML），对图形的①～⑧处的窗洞口位置绘制多线样式"C"，从而完成该图形的平面窗效果，如图3-103所示。

9）执行"矩形"（REC）、"直线"（L）、"圆弧"（A）、"修剪"（TR）等命令，按照如图3-104所示绘制平面门。

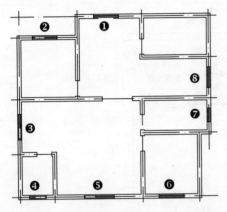

图3-103 绘制多线样式"C"作为平面窗　　　图3-104 绘制的平面门对象

10）执行"编组"（G）命令，将上一步绘制的平面门对象组合成一个名称"M900"的整体。

11）执行"移动"（M）、"旋转"（RO）、"镜像"（MI）命令，将编组的平面门对象"M900"旋转90°后，再左右镜像操作，移动至图形的右上侧门洞口，结果如图3-105所示。

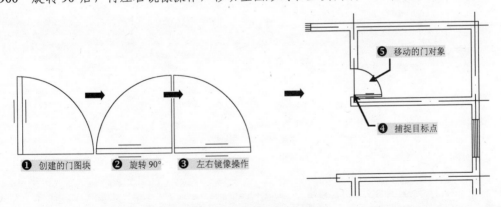

图3-105 移动的平面门对象

> 提示　　由于该图形中所开启的门洞口的宽度均为900mm，所以用户可绘制一个平面门图形，再执行"块（B）"命令将该平面门保存为一个整体，然后通过移动、复制、镜像等操作将组合的平面门对象"插入（I）"到相应的位置。

12）执行"移动"（M）、"旋转"（RO）、"镜像"（MI）命令，将平面门对象"M900"相应的操作，移动至图形的门洞口，结果如图3-106所示。

13）至此，住宅平面图的门窗已绘制完毕，用户可按〈Ctrl＋S〉快捷键将文件进行保存。

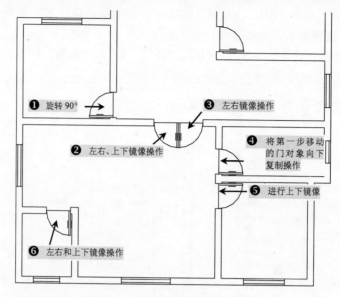

图 3-106　安装的平面门对象

第**4**章 图形的尺寸、文字标注与表格

本 章 导 读

进行建筑施工图的设计时，总是需要对图形对象进行一些数据说明及细节描述，从而让施工人员能够正确无误、高效快捷地按照设计人员的要求进行施工操作，包括尺寸的描述、材料的规格属性描述等。

本章中主要讲解了尺寸标注样式的创建与设置、图形对象的尺寸标注与编辑、多重引线的标注与编辑、文字标注的创建与编辑、表格的创建与管理、图形对象的参数化几何约束、自动约束、标注约束等，通过以上的讲解使用户能够快速掌握对图形对象的尺寸、文字、约束标注等操作。

学 习 目 标

📖 掌握尺寸标注样式的创建和设置
📖 掌握文字的创建与编辑
📖 掌握多重引线的创建和编辑
📖 掌握表格的创建和管理
📖 掌握楼梯对象的尺寸和文字标注

预 览 效 果 图

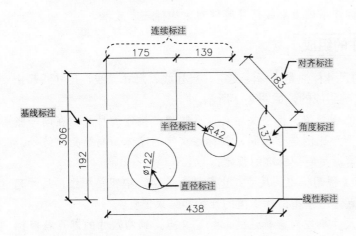

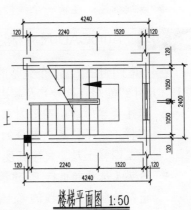

楼梯平面图 1:50

➥ 4.1　尺寸样式的概述

在使用 AutoCAD 进行尺寸标注时，首先应掌握尺寸标注的类型和尺寸标注的组成，然后应掌握尺寸标注的步骤。

➲ 4.1.1　AutoCAD 尺寸标注的类型

AutoCAD 提供了十余种标注工具用以标注图形对象，分别位于"标注"菜单或"标注"工具栏中，常用的尺寸标注方式如图 4-1 所示，使用它们可以进行角度、直径、半径、线性、对齐、连续、圆心及基线等标注。

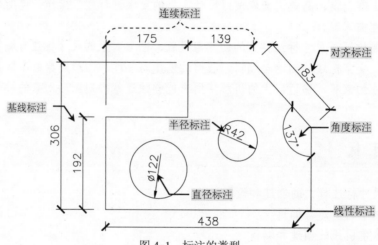

图 4-1　标注的类型

◆ 线性标注：通过确定标注对象的起始和终止位置，依照其起止位置的水平或竖直投影来标注的尺寸叫线性标注。

◆ 对齐标注：尺寸线与标注起止点组成的线段平行，能更直观地反映标注对象的实际长度。

◆ 连续标注：在前一个线性标注基础上继续标注其他对象的标注方式。

➲ 4.1.2　AutoCAD 尺寸标注的组成

在建筑工程图中，一个完整的尺寸标注是由标注文字、尺寸线、尺寸界线、尺寸线起止符号（尺寸线的端点符号）及起点等组成的，如图 4-2 所示。

◆ 标注文字：表明图形对象的标识值。标注文字可以反映建筑构件的尺寸。在同一张图样上，不论各个部分的图形比例是否相同，其标注文字的字体、高度必须统一。施工图样上尺寸文字高度需满足制图标准的规定。

◆ 箭头（尺寸起止符）：建筑工程图样中，尺寸起止符必须是 45° 中粗斜短线。尺寸起止符绘制在尺寸线的起止点，用于指出标识值的开始和结束位置。

◆ 起点：尺寸标注的起点是尺寸标注对象标注的起始定义点。通常尺寸的起点与被标注图形对象的起止点重合（图 4-2 所示尺寸起点离开矩形的下边界，是为了表述起点的含义）。

◆ 尺寸界线：从标注起点引出的表明标注范围的直线，可以从图形的轮廓、轴线、对称中心线等引出。尺寸界线是用细实线绘制的。

◆ 超出尺寸界线值：尺寸界线超出尺寸线的大小。

◆ 起点偏移量：尺寸界线离开尺寸线起点的距离。

◆ 基线距离：使用 AutoCAD 的"基线标注"时，基线尺寸线与前一个基线对象尺寸线之间的距离。

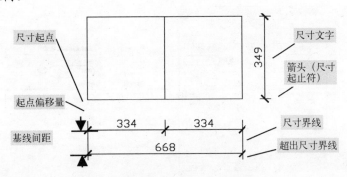

图 4-2 AutoCAD 尺寸标注的组成

⊃ 4.1.3 AutoCAD 尺寸标注的基本步骤

AutoCAD 2013 的尺寸标注命令都被归类在"标注"菜单下，进入 AutoCAD 2013 后任意绘制一些线段或图形，然后单击"标注"工具栏下的"尺寸标注"按钮，就可进行标注。

尺寸标注的尺寸线是由多个尺寸线元素组成的匿名块，该匿名块具有一定的"智能"，当标注对象被缩放或移动时，标注该对象的尺寸线也会自动缩放或移动，且除了尺寸文字内容会随标注对象图形大小变化而变化之外，还能自动控制尺寸线的其他外观保持不变。

在 AutoCAD 中对图形进行尺寸标注的基本步骤如下。

1）确定打印比例或视口比例。

2）创建一个专门用于尺寸标注的文字样式。

3）创建标注样式，依照是否采用注释标注及尺寸标注操作类型设置标注参数。

4）进行尺寸标注。

↘ 4.2 设置尺寸标注样式

在对图形对象进行尺寸标注样式设置后，因为不同的需求进行修改，只要通过设置不同的尺寸标注样式，就可以根据需要来进行设置，用户只需对其标注样式的格式和外观进行修改，即可改变图形对象的标注。

⊃ 4.2.1 创建标注样式

在 AutoCAD 中，使用"标注样式"可以控制标注的格式和外观，建立强制执行的绘图标准，并有利于对标注格式及用途进行修改。

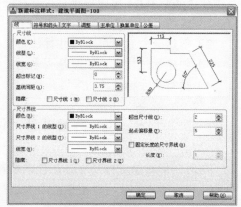

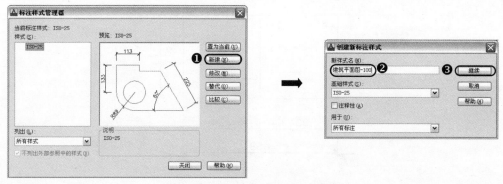

要创建尺寸标注样式，用户可以通过以下3种方式。

◆ 菜单栏：选择"标注 | 标注样式"命令。

◆ 工具栏：在"标注"工具栏上单击"标注样式"按钮。

◆ 命令行：输入或动态输入"dimstyle"（快捷键"D"）。

执行"标注样式"命令后，系统将弹出"标注样式管理器"对话框，单击"新建"按钮，将弹出"创建新标注样式"对话框，然后在"新样式名"文本框中输入样式的名称，最后单击"继续"按钮，如图4-3所示。

图4-3 创建标注样式

> **提示** 标注样式的命名要遵守"有意义，易识别"的原则，如"1-100 平面"表示该标注样式是用于标注 1：100 绘图比例的平面图，又如"1-50 大样图"表示该标注样式是用于标注大样图的尺寸。

⊃ 4.2.2 编辑并修改标注样式

当用户在新建并命名标注样式后，单击"继续"按钮将弹出"新建标注样式：XXX"对话框，从而可以根据需要来设置标注样式线、箭头和符号、文字、调整、主单位等，如图4-4所示。下面就针对各选项卡的设置参数进行讲解。

1. 设置尺寸线

在"线"选项卡中，可设置尺寸线、尺寸界线、超出尺寸线长度值、起点偏移量等。

◆ 线的颜色、线型、线宽：在 AutoCAD 中，每个图形实体都有自己的颜色、线型、线宽。颜色、线型、线宽可以设置具体的真实参数，以颜色为例，可以把某个图形实体的颜色设置为红、蓝或绿等物理色。另外，为了实现绘图的一些特定要

图4-4 设置标注样式

求，AutoCAD 还允许对图形对象的颜色、线型、线宽设置成 BYLOCK（随块）和 BYLAYER（随层）两种逻辑值；BYLAYER（随层）是指与图层的颜色设置一致，而 BYLOCK（随块）是指随图块定义的图层。

→

> **提示**　通常情况下，对尺寸标注线的颜色、线型、线宽，无需进行特别的设置，采用 AutoCAD 默认的 BYLOCK（随块）即可。

◆ 超出标记：当用户采用"建筑符号"作为箭头符号时，该选项即可激活，从而确定尺寸线超出尺寸界线的长度，如图 4-5 所示。

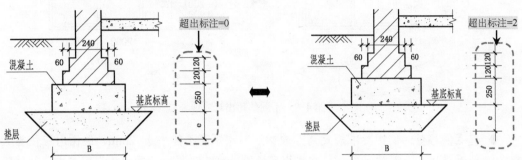

图 4-5　不同的超出标注

◆ 基线间距：用于限定"基线"标注命令标注的尺寸线离开基础尺寸标注的距离，在建筑图标注多道尺寸线时有用，其他情况下也可以不进行特别设置，如图 4-6 所示。如果要设置，则应设置在 7~10mm 之内。

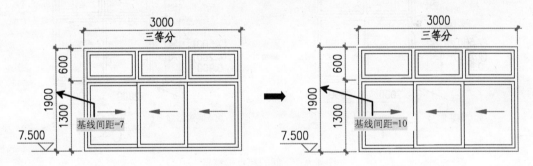

图 4-6　不同的基线间距

◆ "隐藏"尺寸线：用来控制标注的尺寸线是否隐藏，如图 4-7 所示。

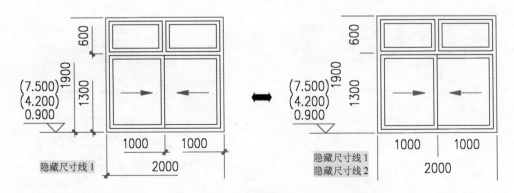

图 4-7　隐藏的尺寸线

◆ 超出尺寸线：制图规范规定输出到图样上的值为 2~3mm，如图 4-8 所示。

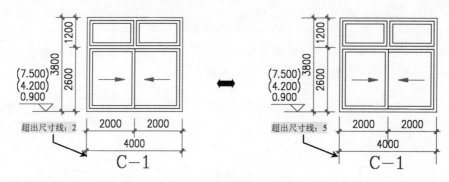

图 4-8　不同的超出尺寸线

◆ 起点偏移量：制图标准规定离开被标注对象距离不能小于 2mm。绘图时应依据具体情况设定，一般情况下，尺寸界线应该离开标注对象一定距离，以使图面表达清晰易懂，如图 4-9 所示。例如，在平面图中有轴线和柱子，标注轴线尺寸时一般是通过单击轴线交点确定尺寸线的起止点，为了使标注的轴线不和柱子平面轮廓冲突，应根据柱子的截面尺寸设置足够大的"起点偏移量"，从而使尺寸界线离开柱子一定距离。

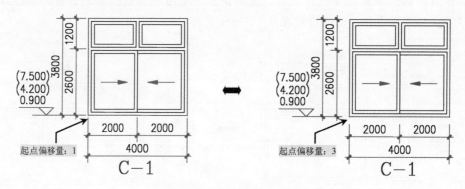

图 4-9　不同的起点偏移量

◆ 固定长度的尺寸界线：当勾选该复选框后，可在下面的"长度"文本框中输入尺寸界线的固定长度值，如图 4-10 所示。

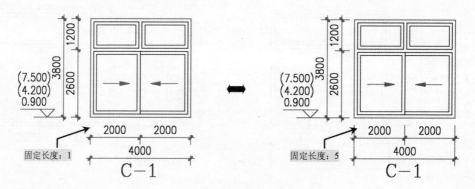

图 4-10　不同的固定长度

◆ "隐藏"延伸线：用来控制标注的尺寸延伸线是否隐藏，如图 4-11 所示。

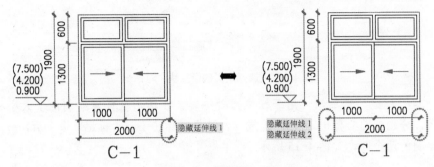

图 4-11　隐藏的尺寸线

2. 设置符号和箭头

在如图 4-12 所示的"符号和箭头"选项卡中，用户可以设置箭头的类型、大小、引线类型、圆心标记、折断标注等。

◆ "箭头"选项组：为了适用于不同类型的图形标注需要，AutoCAD 设置了 20 多种箭头样式。在 AutoCAD 中，其"箭头"标记就是建筑制图标准里的尺寸线起止符，制图标准规定尺寸线起止符应该选用中粗 45° 角斜短线，短线的图样长度为 2～3mm。其"箭头大小"定义的值指箭头的水平或竖直投影长度，如值为 1.5 时，实际绘制的斜短线总长度为 2.12，如图 4-13 所示。"引线"标注在建筑绘图中也时常用到，制图规范规定引线标注无需箭头。

图 4-12　"符号和箭头"选项卡

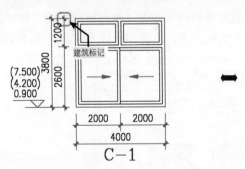

图 4-13　箭头符号

提示　　用户也可以使用自定义箭头，此时可在下拉列表框中选择"用户箭头"选项，打开"选择自定义箭头块"对话框，在"从图形块中选择"文本框内输入当前图形中已有的块名，然后单击"确定"按钮，AutoCAD 将以该块作为尺寸线的箭头样式，此时块的插入基点与尺寸线的端点重合，如图 4-14 所示。

图 4-14 "选择定义的箭头块"对话框

◆ "圆心标记"选项组：用于标注圆心位置。在图形区任意绘制两个大小相同的圆后，分别把圆心标记定义为 2 或 4，选择"标注 | 圆心标记"命令后，分别标记刚绘制的两个圆，如图 4-15 所示。

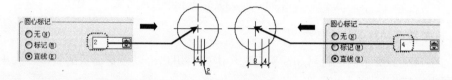

图 4-15 圆心标记设置

◆ "折断标注"选项组：是尺寸线在所遇到的其他图元处被打断后，其尺寸界线的断开距离。"线性弯折标注"是把一个标注尺寸线进行折断时绘制的折断符高度与尺寸文字高度的比值。"折断标注"和"折弯线性"都是属于 AutoCAD 中"标注"菜单下的标注命令，执行这两个命令后，被打断和弯折的尺寸标注效果如图 4-16 所示。

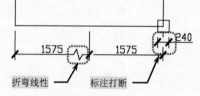

图 4-16 折断标注或线性弯折标注设置

◆ "半径折弯标注"选项组：用于设置标注圆弧半径时标注线的折变角度大小。

3. 设置标注文字

尺寸文字设置是标注样式定义的一个很重要的内容。在"修改标注样式：×××"对话框中，可以使用"文字"选项卡设置标注文字的外观、位置和对齐方式，如图 4-17 所示。

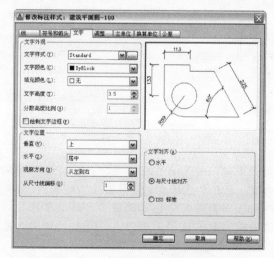

图 4-17 "文字"选项卡

◆ "文字样式"下拉列表框：应使用仅供尺寸标注的文字样式，如果没有，可单击按钮 ![], 打开"文字样式"对话框新建尺寸标注专用的文字样式，之后回到"新建标注样式"对话框的"文字"选项卡选用这个文字样式。

提示　　　在进行"文字"参数设置中，标注用的文字样式中文字高度必须设置为 0，而在"标注样式"对话框中设置尺寸文字的高度为图纸高度，否则容易导致尺寸标注设置混乱。其他参数可以直接选用 AutoCAD 默认设置。

◆ "文字高度"下拉列表框：是指定标注文字的大小，也可以使用变量 DIMTXT 来设置，如图 4-18 所示。

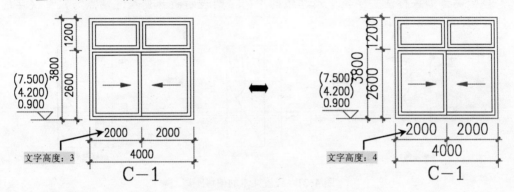

图 4-18　设置文字高度

◆ "分数高度比例"下拉列表框：建筑制图不用分数主单位。
◆ "绘制文字边框"复选框：设置是否给标注文字加边框，建筑制图一般不用。
◆ "文字位置"选项组：用于设置尺寸文本相对于尺寸线和尺寸界线的放置位置，如图 4-19 所示。

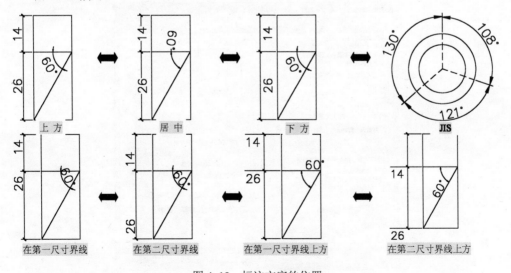

图 4-19　标注文字的位置

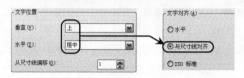

图4-20　标注样式文字位置

◆ "从尺寸线偏移"文本框：可以设置一个数值以确定尺寸文本和尺寸线之间的偏移距离；如果标注文字位于尺寸线的中间，则表示断开处尺寸端点与尺寸文字的间距，如图4-21所示。

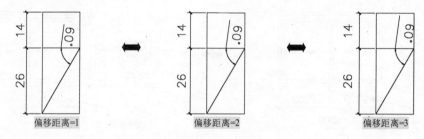

图4-21　设置文本的偏移距离

4．对标注进行调整

若对"调整"选项卡上的参数进行设置，即可以对标注文字、尺寸线、尺寸箭头等进行调整，如图4-22所示，在"标注特征比例"选项组是标注样式设置过程中的一个很重要的参数。

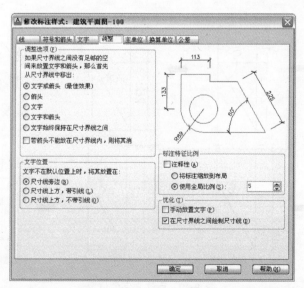

图4-22　"调整"选项卡

◆ "调整选项"选项组：当尺寸界线之间没有足够的空间同时放置标注文字和箭头时，可通过"调整选项"选项组设置，移出到尺寸线的外面。

◆ "文字位置"选项组：当尺寸文字不能按"文字"选项卡设定的位置放置时，尺寸文字按这里设置的调整"文字位置"放置。选择"尺寸线旁边"调整方式，容易和其他尺寸文字混淆，建议不要使用。在实际绘图时，一般可以选择在"尺寸线上方，带引线"调整方式。

◆ "注释性"复选框：注释性标注时需要勾选。

◆ 将标注缩放到布局"单选项：在"布局"卡上激活视口后，在视口内进行标注，按此项设置。标注时，尺寸参数将自动按所在视口的视口比例放大。

◆ "使用全局比例"单选项：全局比例因子的作用是把标注样式中的所有几何参数值都按其因子值放大后，再绘制到图形中，如文字高度为 3.5，全局比例因子为 100，则图形内尺寸文字高度为 350。在"模型"卡上进行尺寸标注时，应按打印比例或视口比例设置此项参数值。

提示   "标注特征比例"选项组是尺寸标注中的一个关键设置，在建立尺寸标注样式时，应依据具体的标注方式和打印方式进行设置。

5. 设置主单位

"主单位"选项卡用于设置单位格式、精度、比例因子和消零等参数，如图 4-23 所示。

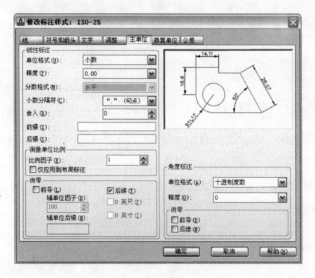

图 4-23 "主单位"选项卡

◆ "单位格式"下拉列表框：设置除角度标注之外的其余各标注类型的尺寸单位，建筑绘图中常选"小数"方式。

◆ "精度"下拉列表框：设置除角度标注之外的其他标注的尺寸精度，建筑绘图中常取"0"。

◆ "比例因子"下拉列表框：尺寸标注长度为标注对象图形测量值与该比例的乘积。

◆ "仅应用到布局标注"复选框：在没有视口被激活的情况下，在"布局"卡上直接标注尺寸时，如果勾选了"仅应用到布局标注"复选框，则此时标注长度为测量值与该比例的积。而在激活视口内或在"模型"卡上的标注值与该比例无关。

◆ "角度标注"选项组：可以使用"单位格式"下拉列表框设置标注角度单位，使用"精度"下拉列表框设置标注角度的尺寸精度，使用"消零"选项组设置是否消除角度尺寸的前导和后续零。

4.3 图形尺寸的标注和编辑

由于各种建筑工程图的结构和施工方法不同，所以在进行尺寸标注时需要采用不同的标注方式和标注类型。在 AutoCAD 中有多种标注的样式和种类，进行尺寸标注时应根据具体需要来选择，从而使标注的尺寸符合设计要求，方便施工和测量。

4.3.1 "尺寸标注"工具栏

在对图形进行尺寸标注时，可以将"尺寸标注"工具栏调出，并将其放置到绘图窗口的边缘，从而可以方便地输入标注尺寸的各种命令。如图 4-24 所示为"尺寸标注"工具栏及工具栏中的各项内容。

图 4-24 "尺寸标注"工具栏

4.3.2 对图形进行尺寸标注

尺寸标注的种类很多，由于篇幅有限，下面就简要讲解一些主要的尺寸标注工具按钮。

1. 线性标注

"线性标注"按钮 用于标注水平和垂直方向的尺寸，还可以设置为角度与旋转标注，其标注方法和效果如图 4-25 所示。

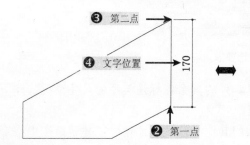

命令：_dimlinear ❶   \\单击"线性标注"按钮

指定第一条延伸线原点或 <选择对象>：

指定第二条延伸线原点：

指定尺寸线位置或

[多行文字(M)/文字(T)/角度(A)/水平(H)/垂直(V)/旋转(R)]：

标注文字 = 170

图 4-25 线性标注方法和示例

如果用户在"线性"标注命令提示直接按〈Enter〉键，然后在视图中选择要选择尺寸的对象，则 AutoCAD 将该对象的两个端点作为两条尺寸界线的起点进行尺寸标注，如图 4-26 所示。

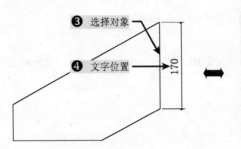

```
命令:_dimlinear ❶              \\单击"线性标注"按钮
指定第一条延伸线原点或 <选择对象>:    ❷ \\按〈Enter〉键
选择标注对象:
指定尺寸线位置或
[多行文字(M)/文字(T)/角度(A)/水平(H)/垂直(V)/旋转(R)]:
标注文字 = 170
```

图 4-26　选择对象进行线性标注

2. 对齐标注

"对齐标注"按钮 用于标注倾斜方向的尺寸，其标注方法和效果如图 4-27 所示。

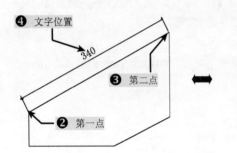

```
命令:_dimaligned ❶              \\单击"对齐标注"按钮
指定第一条延伸线原点或 <选择对象>:
指定第二条延伸线原点:
指定尺寸线位置或
[多行文字(M)/文字(T)/角度(A)]:
标注文字 = 340
```

图 4-27　对齐标注方法和示例

3. 连续标注

"连续标注"按钮 用于创建从上一个或选定标注的第二条延伸线开始的线性、角度或坐标标注，其标注方法和效果如图 4-28 所示。

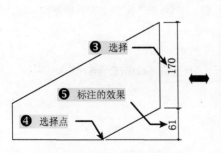

```
命令:_dimcontinue ❶           \\单击"连续标注"按钮
指定第二条延伸线原点或 [放弃(U)/选择(S)] <选择>❶\\按〈Enter〉键
选择连续标注:
指定第二条延伸线原点或 [放弃(U)/选择(S)] <选择>:
标注文字 = 61
指定第二条延伸线原点或 [放弃(U)/选择(S)] <选择>:❶\\按〈Enter〉键
```

图 4-28　连续标注方法和示例

4. 基线标注

"基线标注"按钮 用于从上一个或选定标注的基线作连续的线性、角度或坐标标注，其标注方法和效果如图 4-29 所示。

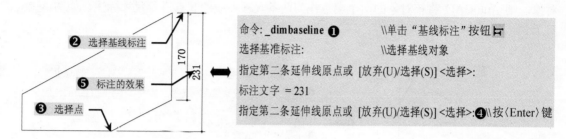

命令:_dimbaseline ❶ \\单击"基线标注"按钮

选择基准标注: \\选择基线对象

指定第二条延伸线原点或 [放弃(U)/选择(S)] <选择>:

标注文字 = 231

指定第二条延伸线原点或 [放弃(U)/选择(S)] <选择>:❹\\按〈Enter〉键

图 4-29　基线标注方法和示例

5. 角度标注

"角度标注"按钮用于测量选定的对象或者 3 个点之间的角度,其标注方法和效果如图 4-30 所示。

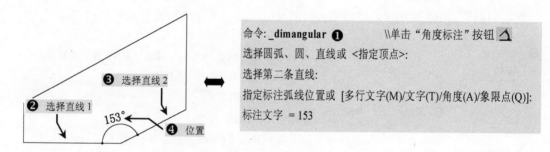

命令:_dimangular ❶ \\单击"角度标注"按钮

选择圆弧、圆、直线或 <指定顶点>:

选择第二条直线:

指定标注弧线位置或 [多行文字(M)/文字(T)/角度(A)/象限点(Q)]:

标注文字 = 153

图 4-30　角度标注方法和示例

6. 半径标注

"半径标注"按钮用于测量选定圆或圆弧的半径,并显示前面带有半径符号（R）的标注文字,其标注方法和效果如图 4-31 所示。

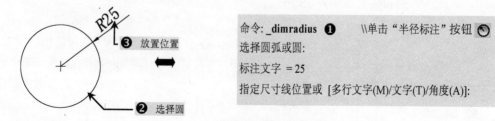

命令:_dimradius ❶ \\单击"半径标注"按钮

选择圆弧或圆:

标注文字 = 25

指定尺寸线位置或 [多行文字(M)/文字(T)/角度(A)]:

图 4-31　半径标注方法和示例

7. 直径标注

"直径标注"按钮用于测量选定圆或圆弧的直径,并显示前面带有直径符号（ϕ）的标注文字,其标注方法和效果如图 4-32 所示。

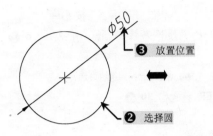

命令: _dimdiameter ❶　　　　\\单击"直径标注"按钮 ⊘

选择圆弧或圆:

标注文字 = 50

指定尺寸线位置或 [多行文字(M)/文字(T)/角度(A)]:

图 4-32　直径标注方法和示例

　在进行圆弧的半径或直径标注时，如果选择"文字对齐"方式为"水平"的话，则所标注的数值将以水平的方式显示出来，如图 4-33 所示。

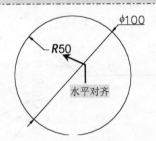

图 4-33　文字水平对齐

⊃ 4.3.3　尺寸标注的编辑方法

在 AutoCAD 2013 中，用户可以对已标注出的尺寸进行编辑修改，修改的对象包括尺寸文本、位置、样式等内容。

1. 编辑标注文字

在"标注"工具栏单击"编辑标注文字"按钮 ，可以修改尺寸文本的位置、对齐方向及角度等，其编辑标注文字的方法和效果如图 4-34 所示。

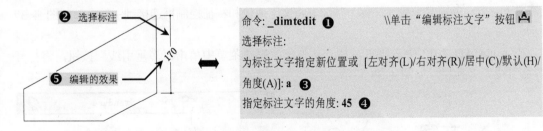

命令: _dimtedit ❶　　　　\\单击"编辑标注文字"按钮

选择标注:

为标注文字指定新位置或 [左对齐(L)/右对齐(R)/居中(C)/默认(H)/

角度(A)]: a ❸

指定标注文字的角度: 45 ❹

图 4-34　编辑标注文字的方法和示例

2. 编辑标注

在"标注"工具栏单击"编辑标注"按钮 ，该命令可以修改尺寸文本的位置、方向、内容及尺寸界线的倾斜角度等，其编辑标注的方法和效果如图 4-35 所示。

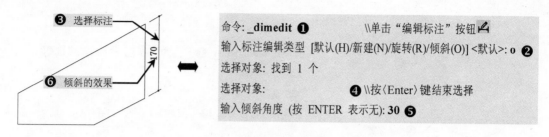

图 4-35 编辑标注的方法和示例

3．通过特性来编辑标注

在"标准"工具栏中单击"特性"按钮可以更改选择对象的一些属性。同样，如果要编辑标注对象，单击"特性"按钮将打开"特性"面板，从而可以更改标注对象的图层对象、颜色、线型、箭头、文字等内容，如图 4-36 所示。

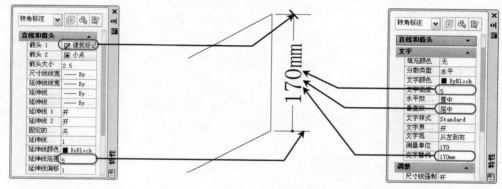

图 4-36 通过特性来编辑标注

↳ 4.4 多重引线标注和编辑

引线对象是一条线或样条曲线，其一端带有箭头，另一端带有多行文字对象或块。在某些情况下，有一条短水平线（又称为基线）将文字或块和特征控制框连接到引线上，如图 4-37 所示。

在 AutoCAD 2013 中右击工具栏，从弹出的快捷菜单中单击"多重引线"按钮，将打开"多重引线"工具栏，如图 4-38 所示。

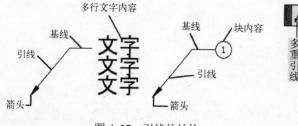

图 4-37 引线的结构

图 4-38 "多重 引线"工具栏

⊃ 4.4.1 创建多重引线样式

多重引线样式与标注样式一样，也可以创建新的样式来对不同的图形进行引线标注。

◆ 菜单栏：选择"格式 | 多线引线样式"菜单命令。

◆ 工具栏：在"多重引线 | 样式"工具栏中单击"多重引线样式"按钮 。

◆ 命令行：输入或动态输入"mleaderstyle"。

用户可以选择其中一种方式执行"多重引线样式"命令，在弹出的"多重引线样式管理器"对话框中的"样式"列表框中列出了已有的多重引线样式，并在右侧的"预览"框中可以看到该多重引线样式的效果。如果用户要创建新的多重引线样式，可单击"新建"按钮，将弹出"创建新多重引线样式"对话框，在"新样式名"文本框中输入新的多重引线样式的名称，如图4-39所示。

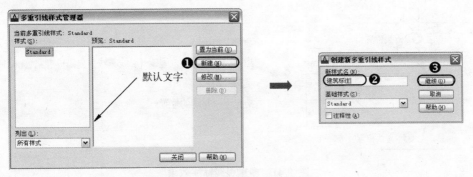

图 4-39 创建新的多重引线样式

当单击"继续"按钮后，系统将弹出"修改多重引线样式：XXX"对话框，从而用户可以根据需要来对其引线的格式、结构和内容进行修改，如图4-40所示。

图 4-40 修改多重引线样式

提示　　在"修改多重引线样式：XXX"对话框中，各选项的设置方法与"新建标注样式：XXX"对话框中的设置方法大致相同，在这里就不一一讲解了。

➡ 4.4.2 创建与修改多重引线

当用户创建了多重引线样式过后，就可以通过此样式来创建多重引线，并且可以根据需要来修改多重引线。

创建多重引线命令的启动方法。

◆ 下拉菜单：选择"标注 | 多重引线"菜单命令。

◆ 工具栏：在"多重引线"工具栏上单击"多重引线"按钮 ╱°。

◆ 命令行：输入或动态输入"mleader"，并按〈Enter〉键。

执行"多重引线"命令之后，用户根据如下的提示信息进行操作，即可对图形对象进行多重引线标注，如图 4-41 所示。

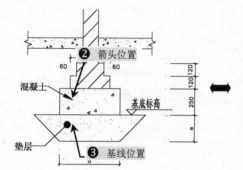

命令：_mleader ❶   \\单击"多重引线"按钮 ╱°
指定引线箭头的位置或 [引线基线优先(L)/内容优先(C)/选项(O)] <选项>：
指定引线基线的位置：

图 4-41 多重引线标注效果

 提示 用户可打开"案例\04\多重引线示例.dwg"文件进行操作。

当用户需要修改选定的某个多重引线对象时，可以右击该多重引线对象，从弹出的快捷菜单中选择"特性"命令，或者按〈Ctrl+1〉组合键，将弹出"特性"面板，从而可以修改多重引线的样式、箭头样式与大小、引线类型、是否水平基线、基线间距等，如图 4-42 所示。

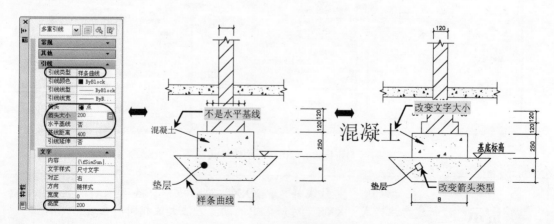

图 4-42 修改选择的多重引线

在创建多重引线时，所选择的多重引线样式类型应尽量与标注的类型一致，否则所标注出来的效果与标注样式不一致。

⊃ 4.4.3　添加和删除多重引线

当同时引出几个相同部分的引线时，可采取互相平行或画成集中于一点的放射线，这时就可以采用添加多重引线的方法来操作。

在"多重引线"工具栏中单击"添加多重引线"按钮，或者右击打开快捷菜单中"添加引线"命令，可根据图 4-43 所示选择已有的多重引线，然后依次指定引出线箭头的位置即可。

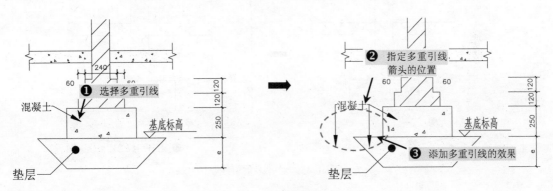

图 4-43　添加多重引线

用户在添加了多重引线后，还可根据需要将多余的多重引线删除掉。在"多重引线"工具栏中单击"删除多重引线"按钮，或者右击打开快捷菜单中"删除引线"命令，根据图 4-44 所示选择已有的多重引线，然后依次指定引线箭头的位置即可。

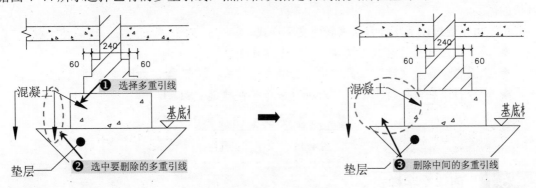

图 4-44　删除多重引线

⊃ 4.4.4　对齐多重引线

当一个图形中有多处引线标注时，如果没有对齐操作，会显得图形不规范，也不符合要求，这时可以通过 AutoCAD 2013 提供的多重引线对齐功能来操作，它所需要多个多重引线以某个引线为基准进行对齐操作。

在"多重引线"工具栏中单击"多重引线对齐"按钮 , 并根据如下提示选择要对齐的引线对象, 再选择要作为对齐的基准引线对象及方向即可, 如图 4-45 所示。

命令: _mleaderalign   \\ 执行"多重引线对齐"命令
选择多重引线: 找到 1 个, 总计 9 个   \\ 选择多个要对齐的引线对象
选择多重引线: \\ 按〈Enter〉键结束选择
当前模式: 使用当前间距   \\ 显示当前的模式
选择要对齐到的多重引线或 [选项(O)]:   \\ 选择要对齐到的引线
指定方向: \\ 使用鼠标来指定对齐的方向

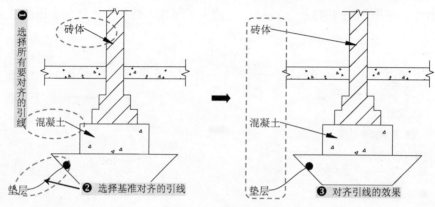

图 4-45 对齐多重引线

↘ 4.5 文字标注的创建和编辑

在 AutoCAD 2013 中, 所有的文字都有与之相对应的文字样式, 系统一般使用"Standard"样式作为当前设置, 也可修改当前文本样式或创建新的文本样式来满足不同绘图环境的需要。

用户可以通过以下几种方法来新建文字样式。

◆ 菜单栏: 选择"格式 | 文字样式"菜单命令。
◆ 工具栏: 在"文字"工具栏中单击"文字样式"按钮 , 如图 4-46 所示。
◆ 命令行: 在命令行中输入"Style"命令 (快捷键"ST")。

图 4-46 "文字"工具栏

◯ 4.5.1 创建文字样式

执行上述操作后, 将弹出"文字样式"对话框, 如图 4-47 所示。单击"新建"按钮, 将会弹出"新建文字样式"对话框, 如图 4-48 所示, 在"样式名"文本框中输入样式的名称, 最后单击"确定"按钮开始新建文字样式。

在"文字样式"对话框中各选项内容的功能与含义如下。

◆ "样式"列表框: 当"样式"列表框下方的下拉列表框中选择了"所有样式"时, 样式列表框中将显示当前图形文件中所有定义的文字样式; 选择"当前样式"时,

其样式列表框中只显示当前使用的文字样式。

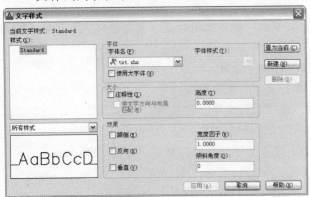

<table>
<tr><td>图 4-47　"文字样式"对话框</td><td>图 4-48　"新建文字样式"对话框</td></tr>
</table>

◆ "字体名"下拉列表框：在其下拉列表框中可以选择文字样式所使用的字体。

◆ "字体样式"下拉列表框：在其下拉列表中可以选择字体的格式。

◆ "使用大体字"复选框：勾选该复选框，"字体样式"的下拉列表框变为"大字体"下拉列表框，用于选择大字体文件。

◆ "注释性"复选框：勾选该复选框，文字被定义为可注释的对象。

◆ "使注释方向与布局匹配"复选框：勾选该复选框，则注释方向与布局对齐。

◆ "高度"文本框：指定文字的高度，系统将按此高度来显示文字，而不再提示高度设置。

◆ "颠倒"复选框：勾选该复选框，系统会上下颠倒显示输入的文字。

◆ "反向"复选框：勾选该复选框，系统将左右反转地显示输入的文字。

◆ "垂直"复选框：勾选该复选框，系统将垂直显示输入的文字，但其功能对汉字无效。

◆ "宽度因子"文本框：在其文本框中可以设置文字字符的高度与宽度之比。当输入值小于 1 时，会压缩文字，大于 1 时，将会扩大文字。

◆ "倾斜角度"文本框：在其文本框中可以设置文字的倾斜的角度。设置为 0 时是不倾斜的，角度大于 0 时向右倾斜，角度小于 0 时向左倾斜。

◆ "置为当前"按钮：将在"样式"列表框中选中的文字样式置为当前使用样式。

◆ "删除"按钮：删除在"样式"列表框中选中的文字样式。

如图 4-49 所示为各种不同的文字效果。

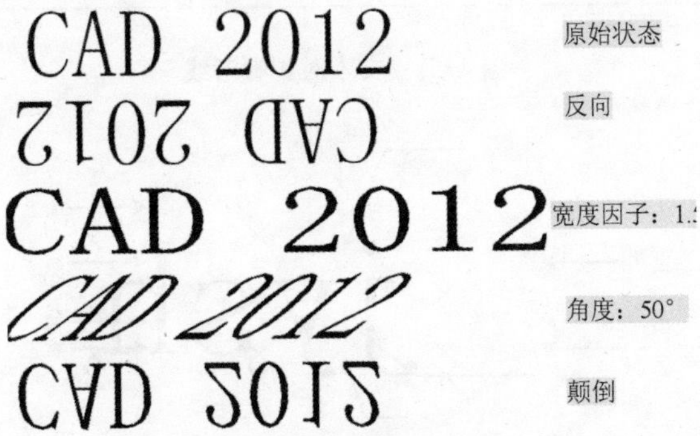

图 4-49　文字的各种效果

➲ 4.5.2　创建单行文字

单行文字可以用来创建一行或多行文字，所创建的每行文字都是独立的、可被单独编辑的对象。

用户可以通过以下几种方式来执行单行文字命令。

◆ 菜单栏：选择"绘图 | 文字 | 单行文字"菜单命令。

◆ 工具栏：在"文字"工具栏中单击"单行文字"按钮 **AI**。

◆ 命令行：输入或动态输入"Dtext"（快捷键"DT"）。

执行"单行文字"命令后，根据如下提示即可创建单行文字，如图 4-50 所示。

```
命令: DT text                                                          \\ 启动单行文字命令
当前文字样式: "Standard"  文字高度: 884.8150  注释性: 否              \\ 当前设置
指定文字的起点或 [对正(J)/样式(S)]:                                    \\ 指定文字的起点
指定高度 <>:500                                                        \\ 设置文字的字高
指定文字的旋转角度 <>: 0                                               \\ 在光标闪烁处输入文字
                                                                      \\ 在另一位置单击并输入文字
```

图 4-50　单行文字的创建

执行"单行文字"命令后，各选项的含义如下。

◆ "起点"：选中该项时，用户可使用鼠标来捕捉或指定视图中单行文字的起点位置。

◆ "对正（J）"：此项用来确定单行文字的排列方向，在选择该项后，命令提示会出现如下内容。

[对齐(A)/布满(F)/居中(C)/中间(M)/右对齐(R)/左上(TL)/中上(TC)/右上(TR)/左中(ML)/正中(MC)/右中(MR)/左下(BL)/中下(BC)/右下(BR)]:　　\\ 输入对正选项

具体位置参考下图的文本对正参考线以及文本对齐方式，如图 4-51 和图 4-52 所示。

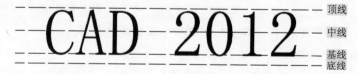

图 4-51　文本对正参考线

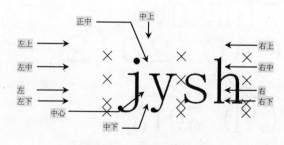

图 4-52　文本对齐方式

◆ "样式（S）"：此项用来选择已被定义的文字样式，选择该项后，命令行出现如下提示。

    输入样式名或 [?] <Standard>： \\ 输入已存在文字样式名

 提示   用户可直接在命令行输入"?"，再按〈Enter〉键，则在其视图窗口中会弹出当前图形已有文字样式，如图 4-53 所示。

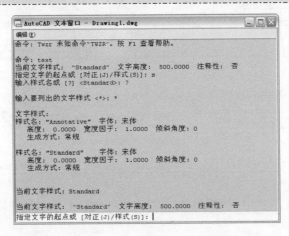

图 4-53 显示当前的文字样式

4.5.3　创建多行文字

多行文字是一种更加易于管理与操作的文字对象，可以用来创建两行或两行以上的文字，而每行文字都是独立的、可被单独编辑的整体。

用户可以通过以下几种方式来执行多行文字命令。

◆ 菜单栏：选择"绘图 | 文字 | 多行文字"菜单命令。
◆ 工具栏：在"文字"工具栏中单击"多行文字"按钮 **A**。
◆ 命令行：输入或动态输入"MeText"（其快捷键为"MT"或"T"）。

执行"多行文字"命令后，根据如下命令行提示确定其多行文字的文字矩形编辑框后，将弹出"文字格式"工具栏，根据要求设置格式及输入文字并单击"确定"按钮即可。

    命令：T_mtext \\ 启动多行文字命令
    当前文字样式："Standard" 文字高度：500 注释性：否 \\ 当前默认设置
    指定第一角点： \\ 指定文字矩形编辑框的第一个角点
    指定对角点或 [高度(H)/对正(J)/行距(L)/旋转(R)/样式(S)/宽度(W)/栏(C)]： \\ 指定第二个角点

执行多行文字命令后，各选项的含义如下。

◆ "高度（H）"：指定其文本框的高度值。
◆ "对正（J）"：用于确定所标注文字的对齐方式，将定文字的某一点与插入点对齐。
◆ "行距（L）"：设置多行文本的行间距，指相邻两个文本基线之间垂直距离。
◆ "旋转（R）"：设置其文本的倾斜角度。
◆ "样式（S）"：指定当前文本的样式。
◆ "宽度（W）"：指定其文本编辑框的宽度值。

◆ "栏（C）"：用于设置文本编辑框的尺寸。

执行上述操作后，将弹出"文字格式"对话框，如图 4-54 所示。

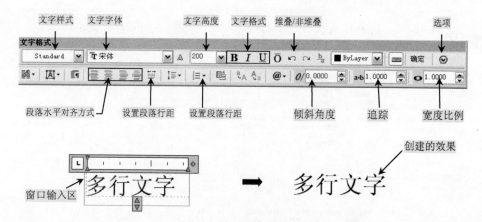

图 4-54 "文字格式"对话框

在"文字格式"工具栏中，有许多的设置选项与 Word 文字处理软件的设置相似，下面介绍一些常用的选项同。

◆ "堆叠"按钮：是数学中"分子/分母"形式，其间使用符号"\"和"^"来分隔，然后选择这一部分文字，再单击该按钮即可，其操作步骤如图 4-55 所示。

❶ 输入内容　　　❷ 选择进行堆叠的文字　　　❸ 单击堆叠按纽后的效果

图 4-55 新建多行文字

提示　　　如若用"堆叠"按钮来创建的堆叠样式还有很多，常见的还有上标和下标，如图 4-56 所示。

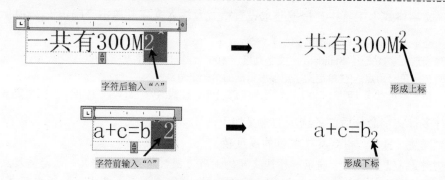

图 4-56 创建下、下标样式

◆ "选项"按钮：单击该按钮时，可打开多行文字的选项菜单，可对多行文字进行更多的设置，如图 4-57 所示。

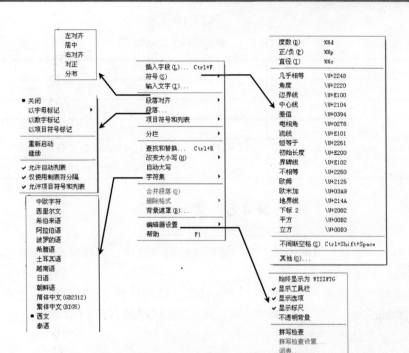

图 4-57　"选项"菜单

◆ "段落"按钮：单击该按钮时，将弹出"段落"对话框，可以设置制表位、段落、对齐方式等，如图 4-58 所示。

◆ "插入字段"按钮：单击该按钮，将弹出"字段"对话框，可在当前光标处插入字段域，包括打印域、日期或图纸集域、文档域等，如图 4-59 所示。

图 4-58　"段落"对话框

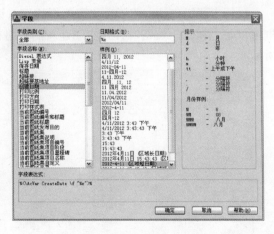

图 4-59　"字段"对话框

提示　　在实际绘图时，会常常需要像正负号这样的一些特殊字符，这些特殊字符并不能在键盘上直接输入，因此 AutoCAD 2013 提供了相应的控制符，以实现这些标注的要求，如表 4-1 所示为 AutoCAD 中常用的标注控制符。

表 4-1　常用的标注控制符

控 制 符	功 能
%%O	打开或关闭文字的上画线
%%U	打开或关闭文字的下画线
%%D	标注度（°）符号
%%P	标注正负公差（±）符号
%%C	标注直径（φ）字符

↘ 4.6 表　　格

表格作为一种信息的简洁表达方式，常用于像材料清单、零件尺寸一览表等由许多组件构成的图形对象中。

表格样式同文本样式一样，具有许多的性质参数，比如字体、颜色、文本、行距等，系统提供"Standard"为其默认样式。用户可以根据绘图环境的需要重新定义新的表格样式。

用户可以通过以下几种方法来新建表格样式。

◆ 菜单栏：选择"格式丨表格样式"菜单命令。

◆ 工具栏：在"样式"工具栏中单击"表格样式"按钮 ，如图 4-60 所示。

◆ 命令行：输入或动态输入"Tablestyle"。

图 4-60　"样式"工具栏

执行上述操作后，将弹出"表格样式"对话框，如图 4-61 所示。在"表格样式"对话框中单击"新建"按钮，打开"创建新的表格样式"对话框来创建新的表格样式如图 4-62 所示。

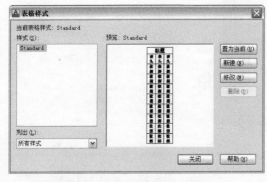

图 4-61　"表格样式"对话框

图 4-62　"创建新的表格样式"对话框

在"新样式名"的文本框中输入新建表格样式的名称，并在"基础样式"的下拉列表框中选择默认的表格样式"Standard"或者其他的已被定义的表格样式。单击"确定"按钮，将弹出"新建表格样式：××"对话框，如图 4-63 所示。用户可以在此对话框中设置表格的各种参数，如方向、格式、对齐等。

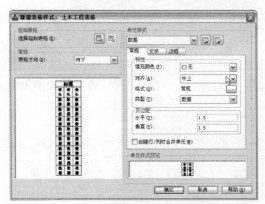

图 4-63 "新建表格样式"对话框

在"新建表格样式"对话框中，各选项的功能与含义如下。

1）"常规"选项卡

◆ "起始表格（E）"选项组：单击按钮，将在绘图区选择一个表格作为将新建的表格样式的起始表格。

◆ "表格方向（D）"下拉列表框：选择"向上"，将创建由下而上读取的表格；选择"向下"，将创建由上而下读取的表格。

◆ "单元样式"下拉列表框：有"标题"、"表头"和"数据"三种选项。三种选项的表格设置内容基本相似，都要对"基本"、"文字"、"边框"三个选项卡进行设置。

◆ "填充颜色（F）"下拉列表框：在其下拉列表框中设置表格的背景颜色。

◆ "对齐（A）"下拉列表框：调整表格单元格中的文字的对齐方式。

◆ "格式（O）"下拉列表框：单击按钮打开"表格单元格式"对话框，如图 4-64所示。用户可在此对话框中设置单元格的数据格式。

◆ "类型（T）"下拉列表框：其下拉列表框中可设置"数据"类型还是"标签"类型。

◆ "页边距"选项组：在"水平"和"垂直"的文本框中，分别设置表格单元内容距连线的水平和垂直距离。

◆ "创建行/列时合并单元（M）"复选框：勾选该复选框，将使用当前表格样式创建的所有新行或新列合并为一个单元。可使用该选项在表格的顶部创建标题栏。

2）"文字"选项卡如图 4-65 所示，可以设置与文字相关的参数。

图 4-64 "表格单元格式"对话框　　　　　图 4-65 "文字"选项卡

◆ "文字样式（S）"下拉列表框：在其下拉列表框中选择已被定义的文字样式，也可以单击其后的按钮，打开"文字样式"对话框，并设置样式，如图 4-66 所示。

- ◆ "文字高度（H）"文本框：在其文本框中，可以设置单元格中内容的文字高度。
- ◆ "文字颜色（C）"下拉列表框：在其下拉列表框中设置文字的颜色。
- ◆ "文字角度（G）"文本框：在其文本框中设置单元格中文字的倾斜角度。

3）"边框"选项卡如图4-67所示，可以设置与边框相关的参数。

图4-66 "文字样式"对话框

图4-67 "文字样式"对话框

- ◆ "线宽（L）"下拉列表框：在其下拉列表框中选择线宽的样式。
- ◆ "线型（N）"下拉列表框：在其下拉列表框中选择线型。
- ◆ "颜色（C）"下拉列表框：在其下拉列表框中选择线和颜色。
- ◆ "双线（U）"复选框：勾选其复选框，并在"间距"后的文本框中输入偏移的距离。

➲ 4.6.1 创建表格

在AutoCAD 2013中，表格可以从其他软件里复制粘贴过来生成，或从外部导入生成，也可以在CAD中直接创建生成表格。

用户可以通过以下几种方法来创建表格。

- ◆ 菜单栏：选择"绘图 | 表格"菜单命令。
- ◆ 工具栏：在"样式"工具栏中单击"表格样式"按钮▦。
- ◆ 命令行：输入或动态输入"Table"。

执行"表格"命令之后，系统将打开"插入表格"对话框，根据要求设置插入表格的列数、列宽、行数和行高等，然后单击"确定"按钮，即可创建一个表格，如图4-68所示。

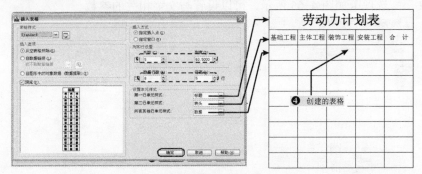

图4-68 创建表格的方法和效果

"插入表格"对话框各选项的功能与含义如下。

- ◆ "表格样式"下拉列表框：在其下拉列表框中选择已被创建的表格样式，或者单击其后的按钮，打开"表格样式"对话框，新建需要的表格样式。

◆ "从空表格开始（S）"单选项：选择该单选项，可以插入一个空的表格。

◆ "自数据链接（L）"单选项：选择该单选项，则可从外部导入数据来创建表格。

◆ "自图形中的对象数据（数据提取）（X）"单选项：选择该单选项，可以从可输出到表格或外部文件的图形中提取数据来创建表格。

◆ "预览（P）"复选框：勾选该复选框，可在其下的预览框中预览插入的表格样式。

◆ "指定插入点（I）"单选项：选择该单选项，可以在绘图区中的指定的点插入固定大小的表格。

◆ "指定窗口（W）"单选项：选择该单选项，可以在绘图区中通过移动表格的边框来创建任意大小的表格。

◆ "列数（C）"文本框：在其下的文本框中设置表格的列数。

◆ "列宽（D）"文本框：在其下的文本框中设置表格的列宽。

◆ "数据行数（R）"文本框：在其下的文本框中设置行数。

◆ "行高（G）"文本框：在其下的文本框中按照行数来设置行高。

◆ "第一行单元样式"下拉列表框：设置第一行单元样式为"标题"、"表头"、"数据"中的任意一个。

◆ "第二行单元样式"下拉列表框：设置第二行单元样式为"标题"、"表头"、"数据"中的任意一个。

◆ "所有其他行的单元样式"下拉列表框：设置其他行的单元样式为"标题"、"表头"、"数据"中的任意一个。

4.6.2　编辑表格

当创建表格后，用户可以单击该表格上的任意网格线以选中该表格，然后使用鼠标拖动夹点来修改该表格，如图 4-69 所示。

图 4-69　表格控制的夹点

在表格中单击某单元格，即可选中单个单元格；要选择多个单元格，请单击并在多个单元格上拖动；按住〈Shift〉键并在另外一个单元格内单击，可以同时选中这两个单元格以及它们之间的所有单元格。选中的选元格效果如图 4-70 所示。

在选中单元格的同时，将显示"表格"工具栏，从而可以借助该工具栏对 AutoCAD 的表格进行多项操作，如图 4-71 所示。

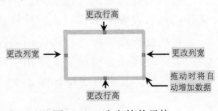

图 4-70　选中的单元格

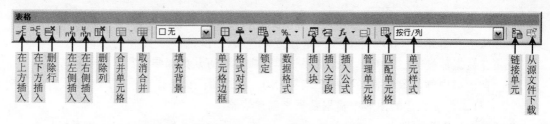

图 4-71 "表格"工具栏

> **提示**
>
> 在表格中输入公式的注意事项。
>
> 1）用户在选定表格单元后，可以从"表格"工具栏及快捷菜单中插入公式，也可以打开在位文字编辑器，然后在表格单元中手动输入公式。
>
> 2）单元格的表示：在公式中，可以通过单元的列字母和行号引用单元。例如，表格中左上角的单元为 A1；合并的单元使用左上角单元的编号；单元的范围由第一个单元和最后一个单元定义，并在它们之间加一个冒号"："，如范围 A2：E10 包括第 2～10 行和 A～E 列中的单元。
>
> 3）输入公式：公式必须以等号"="开始；用于求和、求平均值和计数的公式将忽略空单元以及未解析为数据值的单元；如果在算术表达式中的任何单元为空，或者包括非数据，则其他公式将显示错误"#"。
>
> 4）复制单元格：在表格中将一个公式复制到其他单元时，范围会随之更改，以反映新的位置。例如，如果 F6 中公式对 A6～E6 求和，则将其复制到 F7 时，单元格的范围将发生更改，从而该公式将对 A7～E7 求和。
>
> 5）绝对引用：如果在复制和粘贴公式时不希望更改单元格地址，应在地址的列或行处添加一个"$"符号。例如，如果输入 $E7，则列会保持不变，但行会更改；如果输入 E7，则列和行都保持不变。

➧ 4.7 对楼梯对象进行标注

> **素材**　视频\04\楼梯对象的标注.avi
> 　　　　案例\04 楼梯对象的标注.dwg

　　通过前面所学尺寸的标注与编辑、文字的创建与编辑等知识内容，用户可以借用已经绘制好的楼梯平面图形来进行尺寸和文字标注。首先打开已经准备好的"楼梯平面图.dwg"文件，将其另存为新的"楼梯对象的标注.dwg"文件；然后设置文字样式、标注样式，从而对其进行线性和连续标注；再使用多段线命令绘制一条多段线作为楼梯的上下指引线；最后进行文字标注，其最终效果如图 4-72 所示。

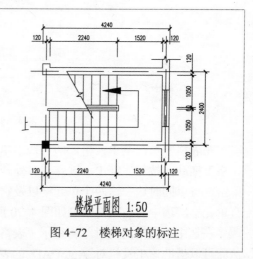

图 4-72　楼梯对象的标注

　　1）正常启动 AutoCAD 2013 软件，执行"文件 | 打开"菜单命令，将"案例\04\楼梯平

面图.dwg"文件打开，如图 4-73 所示。

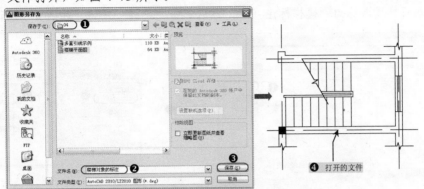

④ 打开的文件

图 4-73 打开的文件

2）执行"文件丨另存为"菜单命令，将该文件另存为"案例\04\楼梯对象的标注.dwg"。

3）选择"格式丨文字样式"菜单命令，按照表 4-2 所示的各种文字样式对每一种样式进行字体、高度、宽度因子的设置，如图 4-74 所示。

表4-2　文字样式

文字样式名	打印到图纸上的文字高度	图形文字高度 （文字样式高度）	宽度因子	字体丨大字体
图内文字	3.5	350	0.7	Tssdeng丨gbcbig
尺寸文字	3.5	0		
图　名	7	700		

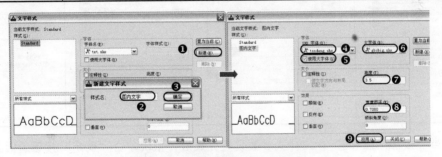

图 4-74　新建"图内文字"样式

4）重复前面的步骤，建立其他的文字样式，如图 4-75 所示。

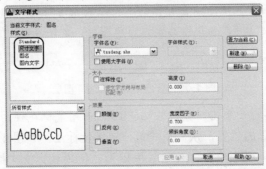

图 4-75　建立其他的文字样式

5）选择"格式｜标注样式"命令，将弹出"标注样式管理器"对话框，单击"新建"按钮，输入新样式名称为"楼梯标注-50"，然后单击"继续"按钮，如图4-76所示。

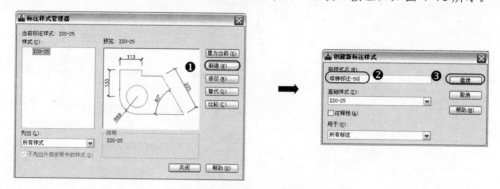

图4-76　输入标注样式名称

6）单击"继续"按钮后，将弹出"新建标注样式：楼梯标注-50"对话框，用户在"线"、"符号和箭头"、"文字"和"调整"选项卡中进行该标注样式的设置，其具体参数如表4-3所示。

表4-3　"楼梯标注-50"标注样式的参数设置

"线"选项卡 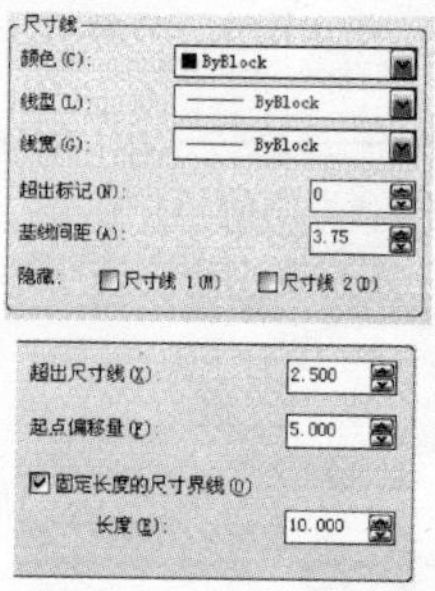	"符号和箭头"选项卡 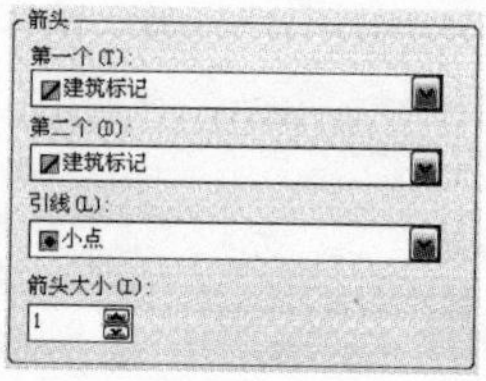	"文字"选项卡 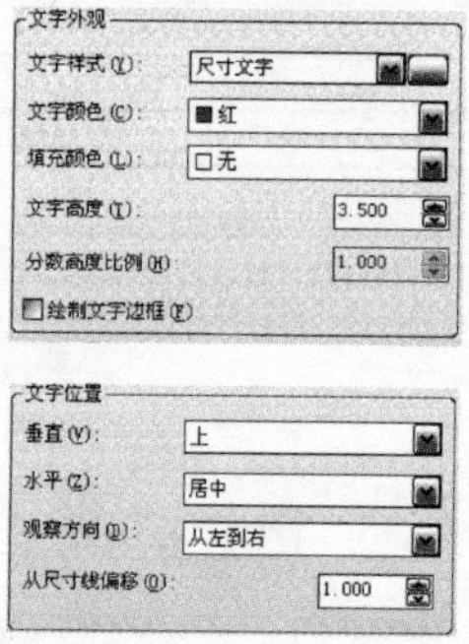	"调整"选项卡 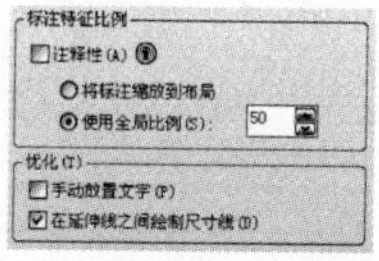

7）当"楼梯标注-50"标注样式参数设置完成后，依次单击"确定"按钮返回到"标注样式管理器"对话框中，单击"置为当前"按钮将新建的标注样式置为当前，然后单击"关闭"按钮退出。

8）执行"格式｜图层"命令，在弹出的"图层特性管理器"面板中新建"尺寸标注"图层，并设置其颜色为"蓝色"，并将其置为当前图层，如图4-77所示。

尺寸标注　｜🔆 ⭕ 🔓 ■蓝　Contin... ——默认

图4-77　新建"尺寸标注"图层

9）在"标注"工具栏中单击"线性"按钮，使用鼠标在视图的左上角处依次捕捉两个交点，再确定文字放置的位置，从而完成第一道线性标注，如图4-78所示。

10）在"标注"工具栏中单击"连续"按钮，使用鼠标依次捕捉交点1~3，从而对其进行连续标注，如图4-79所示。

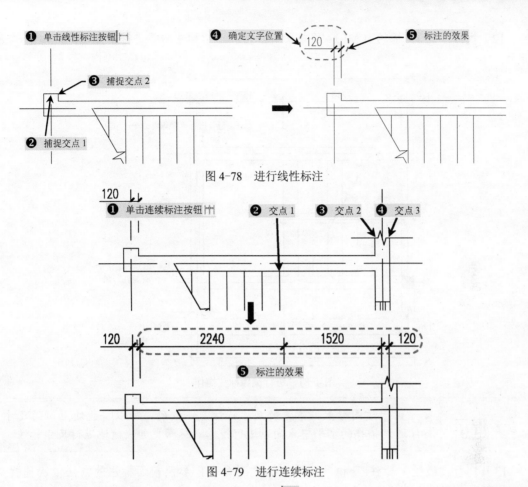

图 4-78　进行线性标注

图 4-79　进行连续标注

11）在"标注"工具栏中单击"线性"按钮，捕捉 A、B 两点，完成第二道线性标注，如图 4-80 所示。

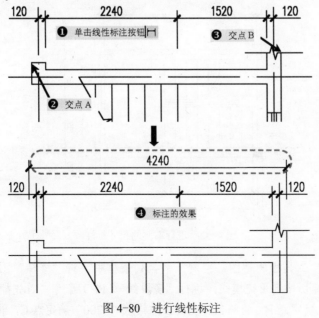

图 4-80　进行线性标注

12）执行"镜像"命令（MI），将前面的线性和连续标注向下进行镜像操作，如图 4-81 所示。

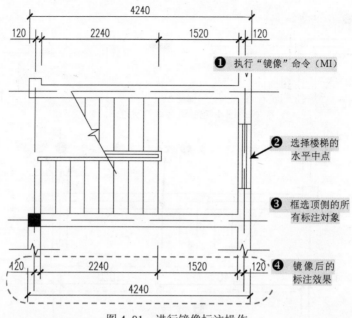

图 4-81　进行镜像标注操作

提示　由于该图形上、下侧的尺寸标注是一致的，所以将此处上侧的尺寸标注通过楼梯的水平中点向下进行镜像，从而更加快捷地进行尺寸标注。

13）执行"线性"标注 和"连续"标注 命令，参照前面标注的方法依次捕捉交点，从而完成右侧的尺寸标注，结果如图 4-82 所示。

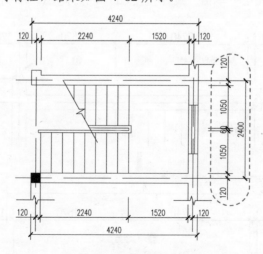

图 4-82　进行右侧的尺寸标注

14）在"图层"工具栏的"图层控制"下拉列表框中，将"楼梯"图层置为当前图层。

15）按〈F8〉键切换到正交模式。执行"多段线"（PL）命令，首先捕捉起点 A，鼠标指向右并输入"3600"确定点 B，再将鼠标指向上并输入"1200"确定点 C，再将鼠标指向左并输入"600"确定点 D, 选择"宽度(W)"选项, 提示输入起点宽度为"200", 终点宽度为"0", 再将鼠标指向左并输入"600"确定点 E, 从而绘制带有箭头的楼梯方向线, 如图 4-83 所示。

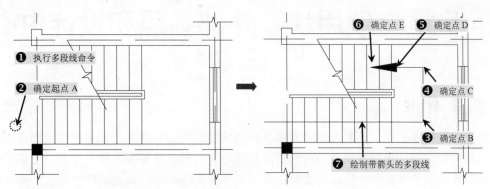

图 4-83　绘制带有箭头的楼梯方向线

16) 执行"格式丨图层"命令, 在弹出的"图层特性管理器"面板中新建"文字标注"图层, 设置其颜色为白色, 并将其置为当前图层, 如图 4-84 所示。

图 4-84　新建"文字标注"图层

17) 在"文字"工具栏中单击"单行文字"按钮**AI**, 选择"图内文字"文字样式, 根据命令行提示在多段线的起点位置处单击确定文字的位置, 再输入高度为"500", 比例为"0", 然后输入文字"上", 从而在楼梯上标注楼梯的上下方向, 如图 4-85 所示。

18) 在"文字"工具栏中单击"单行文字"按钮**AI**, 选择"图名"文字样式, 在整个楼梯图形的底侧处输入图名"楼梯平面图", 文字高度"600", 输入比例"1:50", 其高度为"300"。

19) 执行"多段线"命令 (PL), 在图名的下侧绘制一条宽度为 30mm 的水平线段, 再执行"直线"命令 (L), 绘制与水平多段线相等的水平直线, 结果如图 4-86 所示。

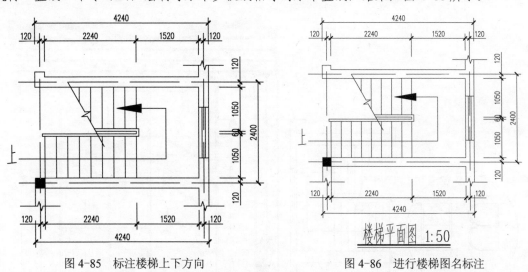

图 4-85　标注楼梯上下方向　　　图 4-86　进行楼梯图名标注

20) 至此, 该楼梯图形对象的标注已经完成, 按〈Ctrl+S〉组合键将文件进行保存。

第5章 使用块、外部参照和设计中心

本章导读

用户在绘制图形时，如果图形中有很多相同或相似的图形对象，或者所绘制的图形与已有的图形对象相同，可以将重复绘制的图形创建为块，然后在需要时插入即可。若在另一个文件中需要使用已有图形文件中的图层、块、文字样式等，可以通过"设计中心"来进行复制操作，从而达到快速绘图的目的。

本章首先讲解了图块的主要作用和特点、图块的创建和插入方法、属性图块的创建和插入方法，然后讲解了外部参照在 AutoCAD 中的作用和使用方法，以及设计中心的使用方法等，通过以上的讲解能够让用户更加快捷高效地进行图形的设计。

学习目标

📖 了解图块的主要作用和特点
📖 掌握图块的创建和插入方法
📖 掌握图块的存储和编辑
📖 掌握带属性图块的定义、创建和插入
📖 掌握外部参照的含义和使用方法
📖 掌握设计中心的作用和使用方法

效果预览

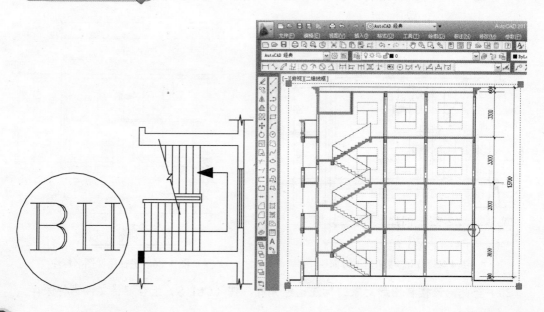

5.1 创建与编辑图块

在使用 AutoCAD 绘图的过程中，经常会绘制一些形状类似的图形，比如图框、标题栏、标高符号、门块等。一般情况下，都是事先画好图形后再采用复制、粘贴的方式，这样并不是一个省事的方法。如果用户对 AutoCAD 中块图形的操作十分了解，就会发现插入图块比复制粘贴更加方便快捷。

图块的主要作用概括起来有四大方面：一是建立图形库，避免重复工作；二是节省磁盘的存储空间；三是便于图形修改；四是可以为图块增添属性。

> 1）在绘图过程中，要插入的图块来自当前绘制的图形之内，这种图块称为"内部图块"。"内部图块"可用 Wblock 命令以文件的形式保存到磁盘上。
>
> 2）可以插入到其他图形文件中的图块称为"外部图块"。一个已经保存在磁盘的图形文件也可以当成"外部图块"，可以用"插入"命令插入到当前图形中。

5.1.1 图块的主要特点

图块是图形中的多个实体组合成的一个整体，它的图形实体可以分布在不同的图层上，可以具有不同的线型和颜色等特征，但是在图形中图块是作为一个整体参与图形编辑和调用的，要在绘图过程中高效率地使用已有图块，首先需要了解 AutoCAD 图块的特点。

1．"随层"特性

如果由某个层的具有"随层"设置的实体组成一个内部块，这个层的颜色和线型等特性将设置并储存在块中，以后不管在哪一层插入都保持这些特性。如果在当前图形中插入一个具有"随层"设置的外部图块，当外部块图所在层在当前图形中没定义，则 AutoCAD 自动建立该层来放置块，块的特性与块定义时一致；如果当前图形中存在与之同名而特性不同的层，当前图形中该层的特性将覆盖块原有的特性。

> 在通常情况下，AutoCAD 会自动把绘制图形时的绘图特性设置为"ByLayer（随层）"，除非在前面的绘图操作中修改了这种设置方式。

2．"随块"特性

如果组成块的实体采用"ByBlock（随块）"设置，则块在插入前没有任何层，颜色、线型、线宽设置被视为白色连续线。当块插入当前图形中时，块的特性按当前绘图环境的层（颜色、线型和线宽）进行设置。

3．在"0"层上创建的图块具有浮动特征

在进入 AutoCAD 绘图环境之后，AutoCAD 默认的图层是"0"层。如果组成块的实体是在"0"层上绘制的并且用"随层"设置特性，则该块无论插入哪一层，其特性都采用当前插入层的设置。

> 提示　　创建图块之前的图层设置及绘图特性设置是很重要的一个环节，在具体绘图工作中，要根据图块是建筑图块还是标准图块来考虑图块内图形的线宽、线型、颜色的设置，并创建需要的图层，选择适当的绘图特性。在插入图块之前，还要正确选择要插入的图层及绘图特性。

4．关闭或冻结选定层上的块

当非"0"层块在某一层插入时，插入块实际上仍处于创建该块的层中（"0"层块除外），因此不管它的特性怎样随插入层或绘图环境变化，当关闭该插入层时，图块仍会显示出来，只有将建立该块的层关闭或将插入层冻结，图块才不再显示。

而"0"层上建立的块，无论它的特性怎样随插入层或绘图环境变化，当关闭插入层时，插入的"0"层块都会随着关闭。即"0"层上建立的块是随各插入层浮动的。

⊃ 5.1.2　图块的创建

图块的创建就是将图形中选定的一个或几个图形对象组合在一个整体，并为其取名保存，这样它就被视作一个实体对象在图形中随时进行调用和编辑，即所谓的"内部图块"。

创建图块主要有以下三种方式。

◆ 菜单栏：选择"绘图 | 块 | 创建"命令。

◆ 工具栏：在"绘图"工具栏上单击"创建块"按钮 。

◆ 命令行：输入或动态输入"block"（快捷键"B"）。

执行"创建图块"命令后，系统将弹出"块定义"对话框，单击"选择对象"按钮 切换到绘图区中选择构成块的对象后返回，单击"拾取点"按钮 选择一个点作为特定的基点后返回，再在"名称"文本框中输入块的名称，然后单击"确定"按钮即可，如图 5-1 所示。

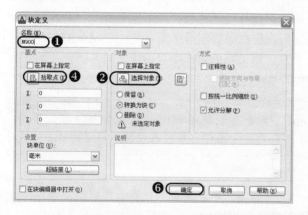
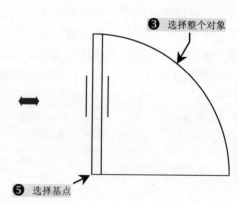

图 5-1　创建图块的方法

在"块定义"对话框中各选项的含义如下。

◆ "名称"文本框：输入块的名称，但最多可使用 255 个字符，可以包括字母、数字、空格以及微软和 AutoCAD 没有用作其他用途的特殊字符。

在绘图块命名时，要注意三点：一是图块名要统一；二是图块名要尽量能代表其内容；三是同一个图块插入点要一致，插入点要选插入时最方便的点。

◆ "基点"选项组：用于确定插入点位置，默认值为（0,0,0）。用户可以单击"拾取点"按钮，然后用十字光标在绘图区内选择一个点；也可以在 X、Y、Z 文本框中输入插入点的具体坐标参数值。一般基点选在块的对称中心、左下角或其他有特征的位置。

◆ "对象"选项组：设置组成块的对象。单击"选择对象"按钮，可切换到绘图区中选择构成块的对象；单击"快速选择"按钮，在弹出的"快速选择"对话框中进行设置过滤，使其选择组成块的对象；选中"保留"单选项，表示创建块后其原图形仍然在绘图窗口中；选中"转换为块"单选项，表示创建块后将组成块的各对象保留并将其转换为块；选中"删除"单选项，表示创建块后其原图形将在图形窗口中删除。

◆ "方式"选项组：设置组成块对象的显示方式。

◆ "设置"选项组：用于设置块的单位是否链接。单击"超链接"按钮，将打开"插入超链接"对话框，在此可以插入超链接的文档。

◆ "说明"文本框：在其中输入与所定义块有关的描述性说明文字。

● 5.1.3　图块的插入

当用户在图形文件中定义了块以后，即可在内部文件中进行任意的插入块操作，还可以改变所插入块的比例和旋转角度。

插入图块主要有以下 3 种方式。

◆ 菜单栏：选择"插入 | 块"命令。

◆ 工具栏：在"绘图"工具栏上单击"插入块"按钮。

◆ 命令行：输入或动态输入"insert"（快捷键"I"）。

执行"插入图块"命令后，系统将弹出"插入"对话框，在"名称"下拉列表框中选择已经定义的图块，或者单击"浏览"按钮选择已经定义的"外部图块"或图形文件，可在该对话框中设置插入块的基点、比例和旋转角度，然后单击"确定"按钮，如图 5-2 所示。

在"插入"对话框中各选项的含义如下。

图 5-2　"插入"对话框

◆ "名称"下拉列表框：用于选择已经存在的块或图形名称。若单击其后的"浏览"按钮，将打开"选择图形文件"对话框，从中选择已经存在的外部图块或图形文件。

◆ "插入点"选项组：确定块的插入点位置。若勾选"在屏幕上指定"复选框，表示用户将在绘图窗口内确定插入点；若不勾选该复选框，用户可在其下的 X、Y、Z 文本框中输入插入点的坐标值。

◆ "比例"选项组：确定块的插入比例系数。用户可直接在 X、Y、Z 文本框中输入块在 3 个坐标方向的不同比例；若勾选"统一比例"复选框，表示所插入的比例一致。

◆ "旋转"选项组：用于设置块插入时的旋转角度，可直接在"角度"文本框中输入角度值，也可直接在屏幕上指定旋转角度。

◆ "分解"复选框：表示是否将插入的块进行分解成各基本对象。

 提示 　　用户在插入图块对象后，也可以单击"修改"工具栏的"分解"按钮 对其进行分解操作。

○ 5.1.4　图块的保存

前面介绍了图块的创建和插入的内容，读者已基本掌握了图块的应用方法。但是用户创建图块后，只能在当前图形中插入，而其他图形文件仍无法引用已创建的图块，这将很不方便。为解决这个问题，使实际工程设计绘图时创建的图块实现共享，AutoCAD 为用户提供了图块的存储命令，通过该命令可以将已创建的图块或图形中的任何一部分（或整个图形）作为外部图块进行保存。用图块存储命令保存的图块与其他的图形文件并无区别，同样可以打开和编辑，也可以在其他的图形文件中进行插入。

要进行图块的存储操作，在命令行中输入"wblock"命令（快捷键"W"），此时将弹出"写块"对话框，利用该对话框可以将图块或图形对象存储为独立的外部图块，如图 5-3 所示。

 提示 　　用户可以使用 Save 或 Saveas 命令创建并保存整个图形文件，也可以使用 Export 或 Wblock 命令从当前图形中创建选定的对象，然后保存到新图形中。不论使用哪一种方法创建一个普通的图形文件，它都可以作为块插入到任何其他图形文件中。如果需要作为相互独立的图形文件来创建几种版本的符号，或者要在不保留当前图形的情况下创建图形文件，建议使用 Wlock 命令。

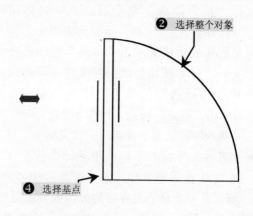

图 5-3　保存图块

● 5.1.5 属性图块的定义

AutoCAD 允许为图块附加一些文本信息，以增强图块的通用性，这些文本信息称为属性。如果某个图块带有属性，那么用户在插入该图块时可根据具体情况，通过属性来为图块设置不同的文本信息。特别对于那些经常要用到的图块来说，利用属性尤为重要。

要创建属性，首先创建包含属性特征的属性定义。特征包括标记（标识属性的名称）、插入块时显示的提示、值的信息、文字格式、块中的位置和所有可选模式（不可见、常数、验证、预设、锁定位置和多行）。

要定义图块对象的属性主要有以下两种方式。

◆ 菜单栏：选择"绘图 | 块 | 定义属性"命令。

◆ 命令行：输入或动态输入"attded"（快捷键"ATT"）。

当执行"定义对象属性"命令后，将弹出"属性定义"对话框，如图5-4所示。

图 5-4 "属性定义"对话框

"属性定义"对话框中各选项的含义讲解如下。

◆ "不可见"复选框：设置插入块后是否显示其属性值。

◆ "固定"复选框：设置属性是否为固定值。当为固定值时，插入块后该属性值不再发生变化。

◆ "验证"复选框：用于验证所输入属性值是否正确。

◆ "预设"复选框：表示是否将该值预设为默认值。

◆ "锁定位置"复选框：表示固定插入块的坐标位置。

◆ "多行"复选框：表示可以使用多行文字来标注块的属性值。

◆ "标记"文本框：用于输入属性的标记。

◆ "提示"文本框：输入插入块时系统显示的提示信息内容。

◆ "默认"文本框：用于输入属性的默认值。

◆ "文字位置"选项组：用于设置属性文字的对正方式、文字样式、高度值、旋转角度等格式。

提示　　在通过"属性定义"对话框定义属性后，还要使用前面的方法来创建或存储图块。

例如，要定义一个带属性的轴号对象，其操作步骤如图 5-5 所示。同样，再使用创建图块（B）和存储图块（W）命令对其进行操作。

图 5-5 定义属性对象

⊃ 5.1.6   属性图块的插入

属性图块的插入方法与普通块的插入方法基本一致，只是在回答完块的旋转角度后需输各属性的具体值。

在命令行中输入或动态输入"insert"（快捷键"I"），同样将弹出"插入"对话框，根据要求选择要插入的带属性的图块，并设置插入点、比例及旋转角度，这时系统将以命令的方式提示所要输入的属性值。

例如，要将前面定义带属性的轴号图块插入到指定的位置，其操作步骤如图 5-6 所示。

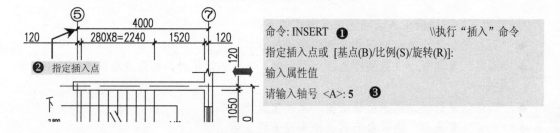

图 5-6 插入带属性图块的方法

⊃ 5.1.7   图块属性的编辑

当用户在插入带属性的对象后，可以对其属性值进行修改操作。

编辑图块的属性主要有以下 3 种方式。

◆ 菜单栏：选择"修改｜对象｜属性｜单个"命令。

◆ 工具栏：在"修改 II"工具栏上单击"编辑属性"按钮，如图 5-7 所示。

◆ 命令行：输入或动态输入"ddatte"（快捷键"ATE"）。

执行"编辑块属性"命令，系统提示"选择对象"后，用户可以使用鼠标在视图中选择带属性块的对象，系统将弹出"增强属性编辑器"对话框，根据要求编辑属性块的值即可，如图 5-8 所示。

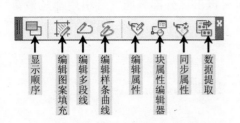

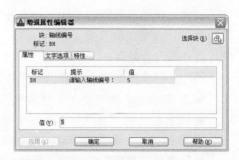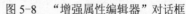

图 5-7 "修改 II"工具栏　　　　　图 5-8 "增强属性编辑器"对话框

　用户可直接使用鼠标双击带属性块的对象，也将弹出"增强属性编辑器"对话框。

- ◆ "属性"选项卡：可修改该属性的属性值。
- ◆ "文字选项"选项卡：可修改该属性的文字特性，包括文字样式、对正方式、文字高度、比例因子、旋转角度等，如图 5-9 所示。
- ◆ "特性"选项卡：可修改该属性文字的图层、线宽、线型、颜色等特性，如图 5-10 所示。

图 5-9 "文字选项"选项卡　　　　　图 5-10 "特性"选项卡

5.2 使用外部参照与设计中心

在 AutoCAD 中将其他图形调入到当前图形中有三种方法：一是用块插入的方法插入图形（在前面已经讲解了）；二是用外部参照引用图形；三是通过设计中心将其他图形文件中的图形、块、图案填充、图层等放置在当前文件中。

5.2.1 使用外部参照

当把一个图形文件作为图块来插入时，块的定义及其相关的具体图形信息都保存在当前图形数据库中，当前图形文件与被插入的文件不存在任何关联。当以外部参照的形式引用文件时，并不在当前图形中记录被引用文件的具体信息，只是在当前图形中记录了外部参照的位置和名字，当一个含有外部参照的文件被打开时，它会按照记录的路径去搜索外部参照文件，此时，含外部参照的文件会随着被引用文件的修改而更新。在土木工程制图中，需要项目组的设计人员协同工作、相互配合，采用外部参照可以保证外部参照文件引用都是最新的，以提高设计效率。

执行外部参照命令主要有以下 3 种方法。

◆ 菜单栏：选择"插入 | 外部参照"命令。

◆ 工具栏：在"参照"工具栏上单击"外部参照"按钮。

◆ 命令行：在命令行中输入或动态输入"Xref"。

执行"外部参照"命令后，系统将弹出"外部参照"选项卡，在该面板上单击左上角的"附着 DWG"按钮，选择参照文件后，将打开"附着外部参照"对话框，利用该对话框可以将图形文件以外部参照的形式插入到当前图形中，如图 5-11 所示。

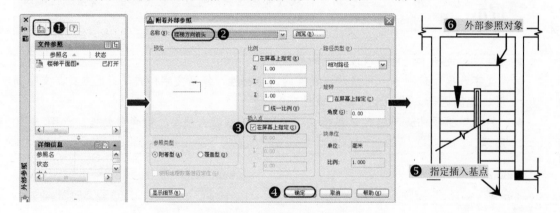

图 5-11　插入带属性图块的方法

 提示　如果所插入的外部参照对象已经是当前主文件的图块时，则系统将不能正确的插入外部参照对象。

● 5.2.2　插入光栅图像参照

用户除了能够在 AutoCAD 2013 环境中绘制并编辑图形之外，还可以插入所有格式的光栅图像文件（如.jpg），从而能够以此作为参照的底图对象进行描绘。

例如，在"案例\05"文件夹下存放有"光栅文件.jpg"图像文件，为了能够更加准确地绘制该图像中的对象，用户可按照如下操作步骤进行。

1）用户在 AutoCAD 2013 环境中选择"插入 | 光栅图像参照"菜单命令，将弹出"选择参照文件"对话框，选择"光栅文件．jpg"图像文件，然后依次单击"打开"和"确定"按钮，如图 5-12 所示。

2）此时在命令行提示"指定插入点 <0,0>:"，使用鼠标在视图空白的指定位置单击，从而确定插入点，而在命令行将显示图片的基本信息"基本图像大小：宽：5.333333，高：2.166667，Inches"。

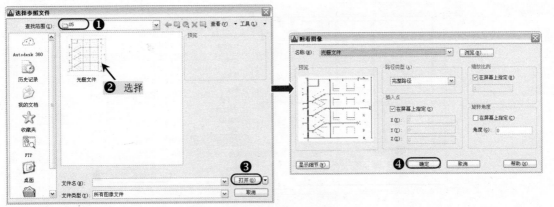

图 5-12　选择参照文件

3）在命令行会提示"指定缩放比例因子或[单位(U)]<1>:"，若此时并不知道缩放的比例因子，用户可按〈Enter〉键以默认的"比例因子 1"进行缩放，这时即可在屏幕的空白位置看到插入的光栅图像（如果当前视图中不能完全看到插入的光栅文件，则可使用鼠标对当前视图进行缩放和平移操作），如图 5-13 所示。

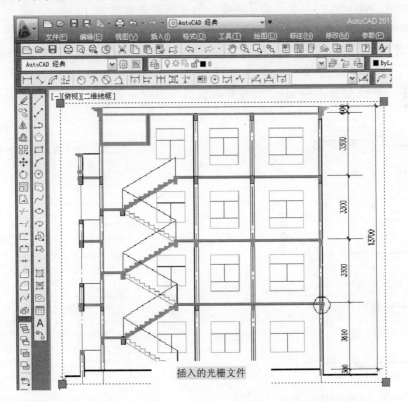

图 5-13　插入的光栅文件

4）为了使插入的图像能够作为参照底图来绘制图形，用户可选择该对象并右击鼠标，从弹出的快捷菜单中选择"绘图次序丨置于对象之下"命令，如图 5-14 所示。

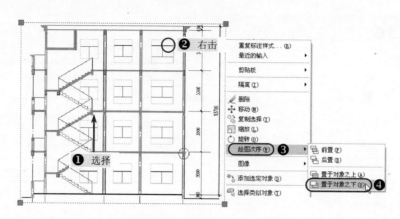

图 5-14 将图像置于对象之下

5）为了使插入的图像比例因子合适，这时可在"标注"工具栏中单击"线性标注"按钮⊓，然后对指定的区域（13700 处）"测量"直线距离为 681，如图 5-15 所示。需要注意的是，在测量时应尽量将视图放大，以便使指定的测量两点距离尽量接近。

6）由于原始的距离为 13700，而现在测量的数值为 681，用户可选择"计算器"来进行计算得：13700÷681=20.12，表示需要将插入的光栅图像缩放 20.12 倍。

7）在命令行中输入缩放命令"SC"命令，在"选择对象:"提示下选择插入的光栅对象，在"指定基点:"提示下指定光栅对象的任意一个角点，在"指定比例因子或[复制(C) | 参照(R)]:"下输入比例因子 20.12。

8）单击"线性标注"按钮⊓来测量的数值 13696，基本上接近 13700，如图 5-16 所示。

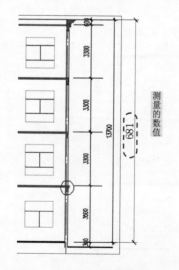

图 5-15　缩放前的测量数值

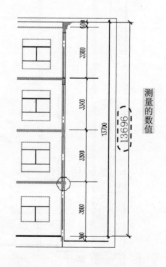

图 5-16　缩放后的测量数值

9）为了使描绘的图形对象与底图的光栅对象置于不同的图层，用户可以新建一个图层"描绘"，颜色为"红色"；然后执行"直线"、"样条曲线"等命令来对照描绘图形对象，待完成之后，将光栅对象的图层关闭显示即可。

5.2.3 使用设计中心

AutoCAD 的设计中心为用户提供了一个直观且高效的工具，它与 Windows 资源管理器类似，可以方便地在当前图形中插入块、引用光栅图像及外部参照，在图形之间复制块、复制图层、线型、文字样式、标注样式以及用户定义的内容等。

打开"设计中心"面板主要有以下 3 种方法。

◆ 菜单栏：选择"工具丨选项板丨设计中心"命令。

◆ 工具栏：在"标准"工具栏上单击"设计中心"按钮 📠。

◆ 命令行：在命令行中输入或动态输入"adcenter"（快捷键"ADC"）

◆ 组合键：按下〈Ctrl+2〉。

执行以上任何一种方法后，系统将打开"设计中心"面板，如图 5-17 所示。

图 5-17 "设计中心"面板

在 AutoCAD 中，使用设计中心可以完成以下的工作。

◆ 创建对频繁访问的图形、文件夹和 Web 站点的快捷方式。

◆ 根据不同的查询条件在本地计算机和网络上查找图形文件，找到后可以将它们直接加载到绘图区或设计中心。

◆ 浏览不同的图形文件，包括当前打开的图形和 Web 站点上的图形库。

◆ 查看块、图层和其他图形文件的定义并将这些图形定义插入到当前图形文件中。

◆ 通过控制显示方式来控制设计中心控制板的显示效果，还可以在控制板中显示与图形文件相关的描述信息和预览图像。

5.2.4 通过设计中心添加图层和样式

用户在绘制图形之前，应先规划好绘图环境，包括设置图层、设置文字样式、设置标注样式等，如果已有的图形对象中的图层、文字样式、标注样式等符合当前图形的要求，这时就可以通过设计中心来提示其图层、文字样式、标注样式，从而可以方便、快捷、规格统一地绘制图形。

下面通过实例的方式来讲解通过设计中心来添加图层、标注样式和文字样式，其操作步骤如下。

1）选择"文件丨打开"菜单命令，将"案例\05\别墅平面图.dwg"图形文件打开；再新建"案例\05\建筑样板.dwg"图形文件。

2）在"标准"工具栏中单击"设计中心"按钮，打开"设计中心"面板，在"打开的图形"选项卡下选择"别墅平面图.dwg"文件，可以看出当前已经打开的图形文件的已有图层对象和标注样式，如图 5-18 所示。

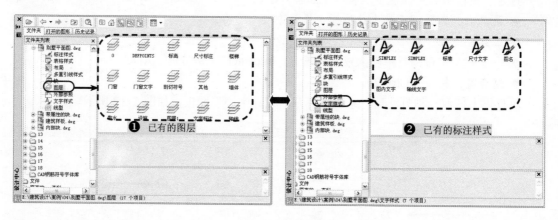

图 5-18　已有的图层和标注样式

3）使用鼠标依次将已有的图层对象全部拖曳到当前视图的空白位置，同样再将标注样式拖曳到视图的空白位置。

4）在"设计中心"面板的"打开的图形"选项卡中，选择"建筑样板.dwg"文件，并分别选择"图层"和"标注样式"选项，即可看到所拖曳到新图形中的对象，如图 5-19所示。

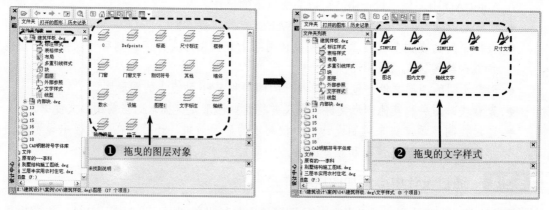

图 5-19　拖曳的图层和标注样式

第6章 房屋建筑统一标准GB/T50001—2010

本章导读 ✔

根据住房和城乡建设部《关于印发(2008 年工程建设标准规范制订计划（第一批））的通知》（建标[2008]102 号）的要求，由中国建筑标准设计研究院会同有关单位在原《房屋建筑制图统一标准》GB/T50001—2001 的基础上修订而成了最新版本 GB/T50001—2010。

本标准修订的主要技术内容是：增加了计算机制图文件、计算机制图图层和计算机制图规则等内容；调整了图样标题栏和字体高度等内容；增加了图线等内容。

学习目标 ✔

📖 掌握建筑工程图的幅面规格与图样编排顺序
📖 掌握建筑工程图的图线、字体、比例和符号规范
📖 掌握建筑工程图的定位轴线规范
📖 掌握建筑工程图的常用建筑材料的使用图例
📖 掌握建筑工程图中不同情况的尺寸标注规范

效果预览 ✔

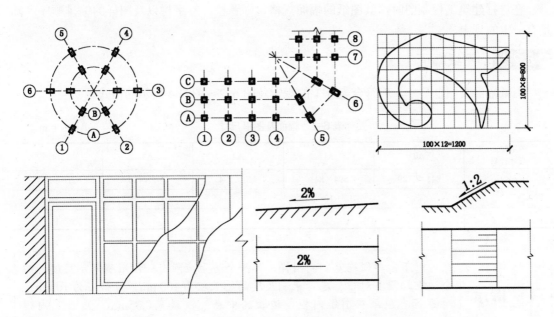

➡ 6.1 总　　则

为了统一房屋建筑制图规则，保证制图质量，提高制图效率，做到图面清晰、简明，符合设计、施工、审查、存档的要求，以适应工程建设的需要，故制定本标准。

本标准是房屋建筑制图的基本规定，适用于总图、建筑、结构、给水排水、暖通空调、电气等各专业制图。

本标准适用于计算机制图和手工制图方式绘制的图样；同时，本标准适用于各个专业的不同工程制图，如图 6-1 所示。

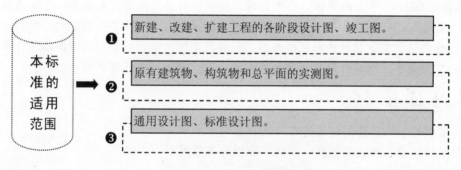

图 6-1　标准的适用范围

➡ 6.2　图纸幅面规格与图样编排顺序

在进行建筑工程制图时，其图纸的幅面规格、标题栏、签字栏以及图样的编排顺序，都是有一定的规定。

➲ 6.2.1　图纸幅面

图纸幅面及图框尺寸，应符合表 6-1 的规定及图 6-2～图 6-4 所示的格式。

表 6-1　幅面及图框尺寸　　　　　　　　　　　单位：mm

图纸幅面 尺寸代号	A0	A1	A2	A3	A4
$b \times l$	841×1189	594×841	420×594	297×420	210×297
c	10			5	
a	25				

提示

对于需要微缩复制的图样，其一个边上应附有一段准确米制尺度，四个边上均附有对中标志，米制尺度的总长应为 100mm，分格应为 10mm。对中标志应画在图纸内框各边长的中点处，线宽 0.35mm，应伸入内框边，在框外为 5mm。对中标志的线段，于 $l1$ 和 $b1$ 范围取中。

图纸的短边一般不应加长，长边可以加长，但加长的尺寸应符合国标规定，如表 6-2 所示。

表 6-2　图纸长边加长尺寸　　　　　　　　　　　　　　　　单位：mm

幅面尺寸	长边尺寸	长边加长后尺寸
A0	1189	1486　1635　1783　1932　2080　2230　2378
A1	841	1051　1261　1471　1682　1892　2102
A2	594	743　891　1041　1189　1338　1486　1635
A3	420	630　841　1051　1261　1471　1682　1892

注：有特殊需要的图纸，可采用 $b \times l$ 为 841mm×891mm 与 1189mm×1261mm 的幅面。

图纸以短边作为垂直边称为横式，以短边作为水平边的称为立式。A0～A3 图纸宜横式使用；必要时也可立式使用。在一个工程设计中，每个专业所使用的图纸不宜多于两种幅面，不含目录及表格所采用的 A4 幅面。

6.2.2　标题栏与会签栏

图纸中应有标题栏、图框线、幅面线、装订边线和对中标志。图纸的标题栏及装订边的位置应符合下列规定。

- 横式使用的图纸，应按图 6-2 和图 6-3 所示的形式进行布置。
- 立式使用的图纸，应按图 6-4 和图 6-5 所示的形式进行布置。
- 标题栏应按图 6-6 和图 6-7 所示，根据工程的需要选择确定其尺寸、格式及分区。签字栏应包括实名列和签名列，并应符合下列规定。

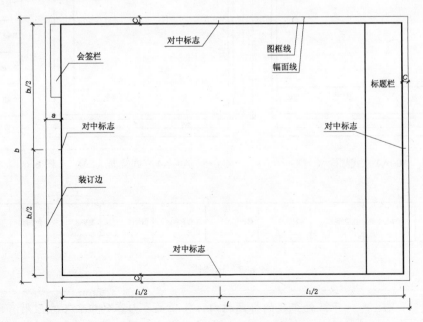

图 6-2　A0～A3 横式幅面（一）

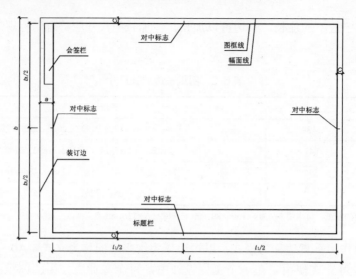

图 6-3　A0～A3 横式幅面（二）

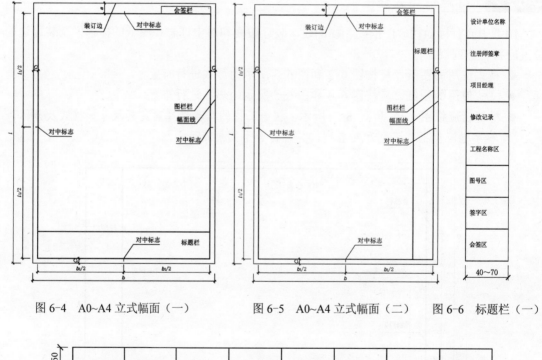

图 6-4　A0~A4 立式幅面（一）　　　　图 6-5　A0~A4 立式幅面（二）　　图 6-6　标题栏（一）

设计单位名称	注册师签章	项目经理	修改记录	工程名称区	图号区	签字区	会签区

图 6-7　标题栏（二）

提示

对于涉外工程的标题栏内，各项主要内容的中文下方应附有译文，设计单位的上方或左方应加"中华人民共和国"字样。在计算机制图文件中当使用电子签名与认证时，应符合国家有关电子签名法的规定。

➲ 6.2.3 图样编排顺序

一套简单的房屋施工图就有十几张图样，一套大型复杂建筑物的图样至少也得有几十张，甚至会有几百张之多。因此，为了便于看图和易于查找，应把这些图样按顺序编排。

工程图样应按专业顺序编排，应为图样目录、总图、建筑图、结构图、给水排水图、暖通空调图、电气图等。

另外，各专业的图样应按图样内容的主次关系、逻辑关系进行分类排序。

↘ 6.3 图 线

1）图线的宽度 b，宜从 1.4mm、1.0mm、0.7mm、0.5mm、0.35mm、0.25mm、0.18mm、0.13mm 线宽系列中选取，但图线宽度不应小于 0.1mm。每个图样，应根据复杂程度与比例大小，先选定基本线宽 b，再选用表6-3 中相应的线宽组。

表6-3 线宽组   单位：mm

线宽比	线宽组			
b	1.4	1.0	0.7	0.5
$0.7b$	1.0	0.7	0.5	0.35
$0.5b$	0.7	0.5	0.35	0.25
$0.25b$	0.35	0.25	0.18	0.13

注：1. 需要微缩的图样，不宜采用 0.18mm 及更细的线宽。

2. 同一张图样内，对不同线宽中的细线，可统一采用较细的线宽组的细线。

2）在工程建设制图时，应选用如表6-4所示的图线。

表6-4 图线的线型、宽度及用途

名　称		线型	线宽	一 般 用 途
实线	粗	——	b	主要可见轮廓线 剖面图中被剖部分的主要结构构件轮廓线、结构图中的钢筋线、建筑或构筑物的外轮廓线、剖切符号、地面线、详图标志的圆圈、图样的图框线、新设计的各种给水管线、总平面图及运输中的公路或铁路线等
	中	——	$0.5b$	可见轮廓线 剖面图中被剖部分的次要结构构件轮廓线、未被剖面但仍能看到而需要画出的轮廓线、标注尺寸的尺寸起止45°短画线、原有的各种水管线或循环水管线等
	细	——	$0.25b$	可见轮廓线、图例线 尺寸界线、尺寸线、材料的图例线、索引标志的圆圈及引出线、标高符号线、重合断面的轮廓线、较小图形中的中心线
虚线	粗	- - - -	b	新设计的各种排水管线、总平面图及运输图中的地下建筑物或构筑物等
	中	- - - -	$0.5b$	不可见轮廓线 建筑平面图运输装置（如桥式吊车）的外轮廓线、原有的各种排水管线、拟扩建的建筑工程轮廓线等
	细	- - - -	$0.25b$	不可见轮廓线、图例线
单点长画线	粗	—·—·—	b	结构图中梁或框架的位置线、建筑图中的吊车轨道线、其他特殊构件的位置指示线
	中	—·—·—	$0.5b$	见各有关专业制图标准
	细	—·—·—	$0.25b$	中心线、对称线、定位轴线 管道纵断面图或管系轴测图中的设计地面线等

（续）

名 称		线型	线宽	一 般 用 途
双点长画线	粗	▬ ▬ ▬	b	预应力钢筋线
	中	▬ ▬ ▬	$0.5b$	见各有关专业制图标准
	细	▬ ▬ ▬	$0.25b$	假想轮廓线、成型前原始轮廓线
折断线		～	$0.25b$	断开界线
波浪线		～～～	$0.25b$	断开界线
加粗线		▬▬▬	$1.4b$	地平线、立面图的外框线等

3）同一张图样内，相同比例的各图样，应选用相同的线宽组。

4）图样的图框和标题栏线，可采用表 6-5 所示的线宽。

表 6-5 图框线、标题栏线的宽度

单位：mm

幅面代号	图框线	标题栏外框线	标题栏分格线、会签栏线
A0、A1	b	$0.5b$	$0.25b$
A2、A3、A4	b	$0.7b$	$0.35b$

5）相互平行的图线，其间隙不宜小于其中的粗线宽度，且不宜小于 0.7mm。

6）虚线、单点长画线或双点长画线的线段长度和间隔宜各自相等。

7）单点长画线或双点长画线，当在较小图形中绘制有困难时，可用实线代替。

8）单点长画线或双点长画线的两端，不应是点。点画线与点画线交接或点画线与其他图线交接时，应是线段交接。

9）虚线与虚线交接或虚线与其他图线交接时，应是线段交接。虚线为实线的延长线时，不得与实线连接。

10）图线不得与文字、数字或符号重叠、混淆，不可避免时，应首先保证文字的清晰。

➷ 6.4 字 体

在一幅完整的工程图中用图线方式表现得不充分和无法用图线表示的地方，就需要进行文字说明，例如材料名称、构配件名称、构造方法、统计表及图名等。

文字说明是图样内容的重要组成部分，制图规范对文字标注中的字体、字的大小、字体字号搭配等方面作了一些具体规定。

1）图样上所需书写的文字、数字或符号等，均应笔画清晰、字体端正、排列整齐；标点符号应清楚正确。

2）文字的字高以字体的高度 h（单位为 mm）表示，最小高度为 3.5mm，应从如下系列中选用：3.5mm、5mm、7mm、10mm、14mm、20mm。如需书写更大的字，其高度应按 $\sqrt{2}$ 的比值递增。

3）图样及说明中的汉字，宜采用长仿宋体，宽度与高度的关系应符合如表 6-6 所示的规定。大标题、图册封面、地形图等的汉字，也可书写成其他字体，但应易于辨认。

表6-6 长仿宋体字高宽关系　　　　　　　　　　　　　　单位：mm

字高	20	14	10	7	5	3.5
字宽	14	10	7	5	3.5	6.5

4）汉字的简化字书写，必须符合国务院公布的《汉字简化方案》和有关规定。

5）拉丁字母、阿拉伯数字与罗马数字的书写与排列，应符合表6-7所示的规定。

表6-7 拉丁字母、阿拉伯数字与罗马数字书写规则

书写格式	一般字体	窄字体
大写字母高度	h	h
小写字母高度(上下均无延伸)	$7/10h$	$10/14h$
小写字母伸出的头部或尾部	$3/10h$	$4/14h$
笔画宽度	$1/10h$	$1/14h$
字母间距	$2/10h$	$2/14h$
上下行基准线最小间距	$15/10h$	$21/14h$
词间距	$6/10h$	$6/14h$

6）拉丁字母、阿拉伯数字与罗马数字，如需写成斜体字，其斜度应是从字的底线逆时针向上倾斜75°。斜体字的高度与宽度应与相应的直体字相等。

7）拉丁字母、阿拉伯数字与罗马数字的字高，应不小于6.5mm。

8）数量的数值标注，应采用正体阿拉伯数字。各种计量单位凡前面有量值的，均应采用国家颁布的单位符号标注。单位符号应采用正体字母。

9）分数、百分数和比例数的标注，应采用阿拉伯数字和数学符号，例如：四分之三、百分之二十五和一比二十，应分别写成3/4、25%和1：20。

10）当标注的数字小于 1 时，必须写出个位的"0"，小数点应采用圆点，齐基准线书写，例如0.01。

11）长仿宋汉字、拉丁字母、阿拉伯数字或罗马数字，应符合国家现行标准《技术制图——字体》GB/T—14691 的有关规定，即写成竖笔铅垂的直体字或竖笔与水平线成 75°的斜体字，如图6-8所示。

图6-8 字母和数字示例

↳ 6.5 比　　例

工程图样中图形与实物相对应的线性尺寸之比称为比例。比例的大小是指其比值的大小，如 1 : 50 大于 1 : 100。

1）比例的符号为 ":"（半角状态），不是冒号 "："（全角状态），比例应以阿拉伯数字表示，如 1 : 1、1 : 2、1 : 100 等。

2）比例宜标注在图名的右侧，字的基准线应取平；比例的字高宜比图名的字高小一号或二号，如图 6-9 所示。

<u>三层平面</u> 1 : 100

图 6-9　比例的标注

3）绘图所用的比例，应根据图样的用途与被绘对象的复杂程度，从表 6-8 所示中选用，并优先用表中常用比例。

表 6-8　绘图所用的比例

常用比例	1 : 1、1 : 2、1 : 5、1 : 10、1 : 20、1 : 50、1 : 100、1 : 150、1 : 200、1 : 500、1 : 1000、1 : 2000、1 : 5000、1 : 10000、1 : 20000、1 : 50000、1 : 100000、1 : 200000
可用比例	1 : 3、1 : 4、1 : 6、1 : 15、1 : 25、1 : 30、1 : 40、1 : 60、1 : 80、1 : 250、1 : 300、1 : 400、1 : 600

4）一般情况下，一个图样应选用一种比例。根据专业制图需要，同一图样可选用两种比例。

5）特殊情况下也可自选比例，这时除应注出绘图比例外，还必须在适当位置绘制出相应的比例尺。

↳ 6.6 符　　号

在进行各种建筑和室内装饰设计时，为了更明清楚明确地表明图中的相关信息，将使用不同的符合来表示。

⊃ 6.6.1　剖切符号

剖视的剖切符号应由剖切位置线及剖视方向线组成，均应以粗实线绘制。剖视的剖切符号应符合下列规定。

1）剖切位置线的长度宜为 6～10mm；剖视方向线应垂直于剖切位置线，长度应短于剖切位置线，宜为 4～6mm，如图 6-10 所示。也可采用国际统一和常用的剖视方法，如图 6-11 所示。绘制时，剖视剖切符号不应与其他图线相接触。

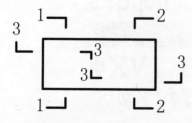

图 6-10　剖视的剖切符号（一）

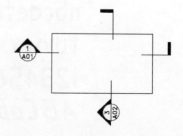

图 6-11　剖视的剖切符号（二）

2）剖视剖切符号的编号宜采用阿拉伯数字，按顺序由左至右、由下至上连续编排，并应标注在剖视方向线的端部。

3）需要转折的剖切位置线，应在转角的外侧加注与该符号相同的编号。

4）建（构）筑物剖面图的剖切符号宜注在±0.00标高的平面图上。

断面的剖切符号应符合下列规定。

1）断面的剖切符号应只用剖切位置线表示，并应以粗实线绘制，长度宜为6～10mm。

2）断面剖切符号的编号宜采用阿拉伯数字，按顺序连续编排，并应标注在剖切位置线的一侧；编号所在的一侧应为该断面的剖视方向，如图6-12所示。

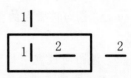

图6-12　断面的剖切符号

提示　剖面图或断面图，如与被剖切图样不在同一张图内，可在剖切位置线的另一侧注明其所在图样的编号，也可以在图上集中说明。

⊃ 6.6.2　索引符号与详图符号

图样中的某一局部或构件，如需另见详图，应以索引符号索引，如图6-13a所示。索引符号是由直径为8～10mm的圆和水平直径组成的，圆及水平直径应以细实线绘制。索引符号应按下列规定编写。

1）索引出的详图如与被索引的详图同在一张图样内，应在索引符号的上半圆中用阿拉伯数字注明该详图的编号，并在下半圆中间画一段水平细实线，如图6-13b所示。

2）索引出的详图如与被索引的详图不在同一张图样内，应在索引符号的上半圆中用阿拉伯数字注明该详图的编号，在索引符号的下半圆用阿拉伯数字注明该详图所在图样的编号，如图6-13c所示。数字较多时，可加文字标注。

3）索引出的详图如采用标准图，应在索引符号水平直径的延长线上加注该标准图册的编号，如图6-13d所示。需要标注比例时，文字在索引符号右侧或延长线下方，与符号下对齐。

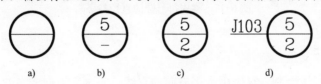

图6-13　索引符号

索引符号如用于索引剖视详图，应在被剖切的部位绘制剖切位置线，并以引出线引出索引符号，引出线所在的一侧应为剖视方向，如图6-14所示。

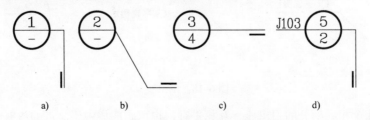

图6-14　用于索引剖面详图的索引符号

零件、钢筋、杆件、设备等的编号直径宜以 5～6mm 的细实线圆表示，同一图样应保持一致，其编号应用阿拉伯数字按顺序编写，如图 6-15 所示。消火栓、配电箱、管井等索引符号，直径以 4～6mm 为宜。

详图的位置和编号，应以详图符号表示。详图符号的圆应以直径为 14mm 粗实线绘制。

详图应按下列规定编号。

1）详图与被索引的图样同在一张图样内时，应在详图符号内用阿拉伯数字注明详图的编号。

2）详图与被索引的图样不在同一张图样内时，应用细实线在详图符号内画一水平直径，在上半圆中注明详图编号，在下半圆中注明被索引的图样的编号，如图 6-16 所示。

图 6-15 零件、钢筋等的编号　　　　图 6-16 与被索引图样不在同一张图样内的详图符号

 提示
在 AutoCAD 的索引符号中，其圆的直径为 $\phi12$mm（在 A0、A1、A2、图纸）或 $\phi10$mm（在 A3、A4 图纸），其字高 5mm（在 A0、A1、A2、图纸）或字高 4mm（在 A3、A4 图纸），如图 6-17 所示。

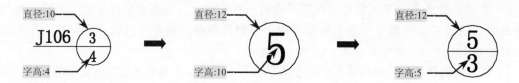

图 6-17 索引符号圆的直径与字高

⇒ 6.6.3 引出线

引出线应以细实线绘制，宜采用水平方向的直线、与水平方向成 30°、45°、60°、90°的直线，或经上述角度再折为水平线。文字说明宜标注在水平线的上方，也可标注在水平线的端部，索引详图的引出线，应与水平直径线相连接，如图 6-18 所示。

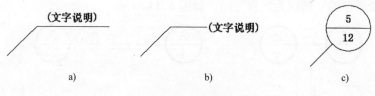

图 6-18 引出线

同时引出几个相同部分的引出线宜互相平行，也可画成集中于一点的放射线，如图 6-19 所示。

图 6-19　共用引出线

多层构造或多层管道共用引出线，应通过被引出的各层。文字说明宜标注在水平线的上方，或标注在水平线的端部，说明的顺序应由上至下，并应与被说明的层次相互一致；如层次为横向排序，则由上至下的说明顺序应与左至右的层次相互一致，如图 6-20 所示。

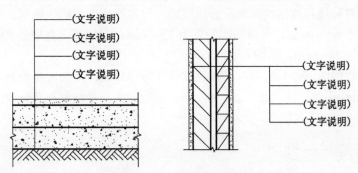

图 6-20　多层构造引出线

➲ 6.6.4　标高符号

标高是用来表示建筑物各部位高度的一种尺寸形式。标高符号用细实线画出，短横线是需标注高度的界线，长横线之上或之下注出标高数字，如图 6-21a 所示。总平面图上的标高符号，宜用涂黑的三角形表示，如图 6-21d 所示，标高数字可标注在黑三角形的右上方，也可标注在黑三角形的上方或右面。不论哪种形式的标高符号，均为等腰直角三角形，高3mm。如图 6-21b 和图 6-21c 所示用以标注其他部位的标高，短横线为需要标注高度的界限，标高数字标注在长横线的上方或下方。

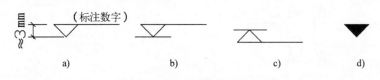

图 6-21　标高符号

标高数字以 m（米）为单位，标注到小数点以后第三位（在总平面图中可标注到小数点后第二位）。零点标高应标注成"±0.000"，正数标高不注"+"，负数标高应注"-"，例如3.000、-0.600。如图 6-22 所示为标高标注的几种格式。

图 6-22　标高数字标注格式

标高有绝对标高和相对标高两种。绝对标高是指把青岛附近黄海的平均海平面定为绝对标高的零点，其他各地标高都以它作为基准。如在总平面图中的室外整平标高即为绝对标高。

相对标高是指在建筑物的施工图上要注明许多标高，用相对标高来标注，容易直接得出各部分的高差。因此除总平面图外，一般都采用相对标高，即把底层室内主要的地坪标高定为相对标高的零点，标注为"±0.000"，在建筑工程图的总说明中说明相对标高和绝对标高的关系，再根据当地附近的水准点（绝对标高）测定拟建工程的底层地面标高。

⊃ 6.6.5 其他符号

对称符号由对称线和两端的两对平行线组成。对称线用细点画线绘制；平行线用细实线绘制，其长度宜为 6～10mm，每对的间距宜为 2～3mm；对称线垂直平分于两对平行线，两端超出平行线宜为 2～3mm，如图 6-23 所示。

指北针的形状如图 6-24 所示，其圆的直径宜为 24mm，用细实线绘制。指针尾部的宽度宜为 3mm，指针头部应注"北"或"N"字。需用较大直径绘制指北针时，指针尾部宽度宜为直径的 1/8。

图 6-23 对称符号   图 6-24 指北针

连接符号应以折断线表示需连接的部位。两部位相距过远时，折断线两端靠图样一侧应标注大写拉丁字母表示连接编号。两个被连接的图样必须用相同的字母编号，如图 6-25 所示。

对图样中局部变更部分宜采用云线，并宜注明修改版次，如图 6-26 所示。

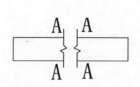

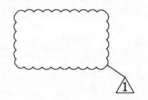

图 6-25 连接符号   图 6-26 变更云线（注：1 为修改次数）

 提示   在 AutoCAD 室内装饰设计标高中，其标高的数字字高为 6.5mm（在 A0、A1、A2 图纸）或字高 2mm（在 A3、A4 图纸）。

↘ 6.7 定位轴线

定位轴线是用来确定建筑物主要结构及构件位置的尺寸基准线。在施工时凡承重墙、柱、大梁或屋架等主要承重构件都应画出轴线以确定其位置。对于非承重的隔断墙及其他次要承重构件等，一般不画轴线，只需注明它们与附近轴线的相关尺寸以确定其位置。

1）定位轴线应用细点画线绘制。定位轴线一般应编号，编号应标注在轴线端部的圆内。圆应用细实线绘制，直径为 8～10mm。定位轴线圆的圆心，应在定位轴线的延长线上或延长线的折线上。

2）平面图上定位轴线的编号，宜标注在图样的下方与左侧。横向编号应用阿拉伯数字，从左至右顺序编写，竖向编号应用大写拉丁字母，从下至上顺序编写，如图 6-27所示。

3）拉丁字母的 I、O、Z 不得用做轴线编号。如字母数量不够使用，可增用双字母或单字母加数字注脚，如 AA、BA…YA 或 A1、B1…Y1。

4）组合较复杂的平面图中定位轴线也可采用分区编号，如图 6-28 所示，编号的标注形式应为"分区号——该分区编号"，分区号采用阿拉伯数字或大写拉丁字母表示。

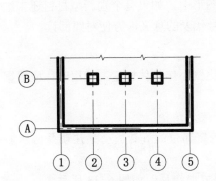

图 6-27　定位轴线及编号

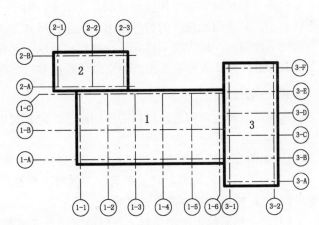

图 6-28　分区定位轴线及编号

5）附加定位轴线的编号，应以分数形式表示。两根轴线间的附加轴线，应以分母表示前一轴线的编号，分子表示附加轴线的编号，编号宜用阿拉伯数字顺序编写，如图 6-29 所示。1 号轴线或 A 号轴线之前的附加轴线的分母应以"01"或"0A"表示，如图 6-30 所示。

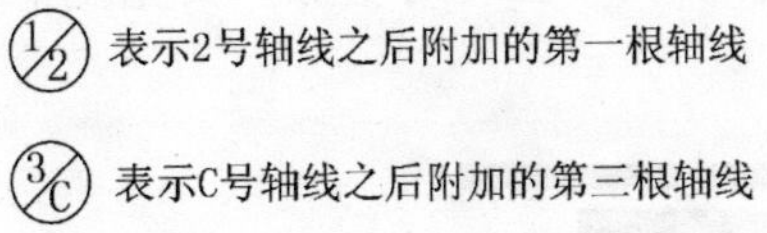

⼀/2 表示2号轴线之后附加的第一根轴线　　⼀/01 表示1号轴线之前附加的第一根轴线

3/C 表示C号轴线之后附加的第三根轴线　　3/0A 表示A号轴线之前附加的第三根轴线

图 6-29　在轴线之后附加的轴线 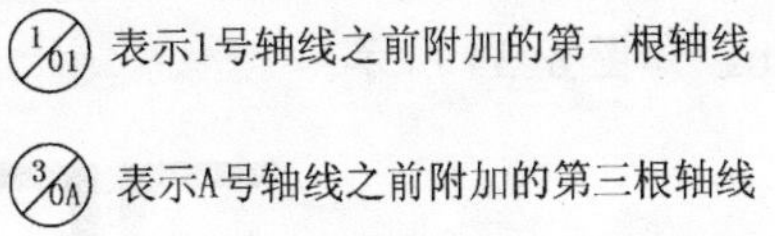　　　　　图 6-30　在 1 或 A 号轴线之前附加的轴线

6）通用详图中的定位轴线，应只画圆，不标注轴线编号。

7）圆形平面图中定位轴线的编号，其径向轴线宜用阿拉伯数字表示，从左下角开始，按逆时针顺序编写；其圆周轴线宜用大写拉丁字母表示，从外向内顺序编写，如图 6-31 所示。折线形平面图中的定位轴线如图 6-32 所示。

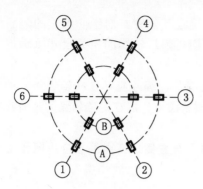

图 6-31　圆形平面图定位轴线及编号

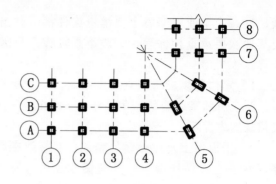

图 6-32　折线形平面图定位轴线及编号

↘ 6.8　常用建筑材料图例

　　建筑物或构筑物需要按比例绘制在图纸上，对于一些建筑物的细部节点，无法按照真实形状表示，只能用示意性的符号画出。国家标准规定的正规示意性符号，都称为图例。凡是国家批准的图例，均应统一遵守，按照标准画法表示在图形中，如果有个别新型材料还未纳入国家标准，设计人员要在图纸的空白处画出并写明符号代表的意义，方便对照阅读。

1. 一般规定

　　本标准只规定常用建筑材料的图例画法，对其尺度比例不作具体规定。使用时，应根据图样大小而定，并应注意下列事项。

　　1）图例线应间隔均匀，疏密适度，做到图例正确，表示清楚。

　　2）不同品种的同类材料使用同一图例时（如某些特定部位的石膏板必须注明是防水石膏板时），应在图上附加必要的说明。

　　3）两个相同的图例相接时，图例线宜错开或使倾斜方向相反，如图 6-33 所示。

 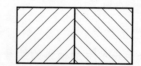

图 6-33　相同图例相接时的画法

　　4）两个相邻的涂黑图例（如混凝土构件、金属件）间，应留有空隙，其宽度不得小于0.7mm，如图 6-34 所示。

图 6-34　相邻涂黑图例的画法

　　下列情况可不加图例，但应加文字说明。

　　1）一张图样内的图样只用一种图例时。

2）图形较小无法画出建筑材料图例时。

需画出的建筑材料图例面积过大时，可在断面轮廓线内，沿轮廓线作局部表示，如图 6-35 所示。

当选用本标准中未包括的建筑材料时，可自编图例。但不得与本标准所列的图例重复。绘制时，应在适当位置画出该材料图例，并加以说明。

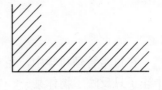

图 6-35　局部表示图例

2. 常用建筑材料图例

常用建筑材料应按如表 6-9 所示图例画法绘制。

表 6-9　常用建筑材料图例

图　例	名　称	图　例	名　称
	自然土壤		素土夯实
	砂、灰土及粉刷		空心砖
	砖砌体		多孔材料
	金属材料		石材
	防水材料		塑料
	石砖、瓷砖		夹板
	钢筋混凝土	12厚玻璃系数5.345 10厚玻璃系数4.45 3厚玻璃系数1.33 5厚玻璃系数2.227	镜面、玻璃
	混凝土		软质吸音层
	砖		硬质吸音层
	钢、金属		硬隔层
	基层龙骨		陶质类
	细木工板、夹芯板		石膏板
	实木		层积塑材

↘ 6.9　图样的画法

在日常管理科学中，经常看到人或物体被阳光照射后在地面上呈现影子的现象，但是这个影子只反映了物体某一、二面的外形轮廓，而其他几个侧面的轮廓却未反映出来。假设光线通透过形体，而将形体的各个点和各条线都投影到平面上，这些点和线的影就能反映出形体各部分形状的图形。

◗ 6.9.1　剖面图和断面图

剖面图除应画出剖切面切到部分的图形外，还应画出沿投射方向看到的部分，被剖切面切到部分的轮廓线用粗实线绘制，剖切面没有切到、但沿投射方向可以看到的部分，用中实线绘制；断面图则只需（用粗实线）画出剖切面切到部分的图形，如图 6-36 所示。

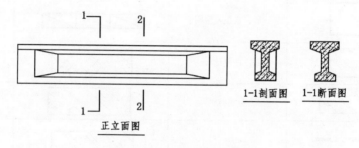

图 6-36　剖面图与断面图的区别

剖面图和断面图应按下列方法剖切后绘制。

1）用 1 个剖切面剖切，如图 6-37 所示。

2）用 2 个或 2 个以上平行的剖切面剖切，如图 6-38 所示。

3）用 2 个相交的剖切面剖切，如图 6-39 所示。用此法剖切时，应在图名后注明"展开"字样。

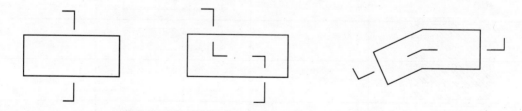

图 6-37　1 个剖切面剖切　　　图 6-38　2 个剖切面剖切　　　图 6-39　2 个相交剖切面剖切

分层剖切的剖面图，应按层次以波浪线将各层隔开，波浪线不应与任何图线重合，如图 6-40 所示。

杆件的断面图可绘制在靠近杆件的一侧或端部处并按顺序依次排列，如图 6-41 所示；也可绘制在杆件的中断处，如图 6-42 所示；结构梁板的断面图可画在结构布置图上，如图 6-43 所示。

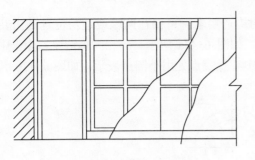

图 6-40　分层剖切的剖面图

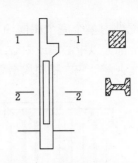

图 6-41　断面图按顺序排列

图 6-42　断面图画在杆件中断处

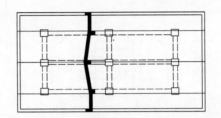

图 6-43　断面图现在布置图上

⊃ 6.9.2　简化画法

　　构配件的视图有 1 条对称线，可只画该视图的 1/2；视图有 2 条对称线，可只画该视图的 1/4，并画出对称符号，如图 6-44 所示。图形也可稍超出其对称线，此时可不画对称符号，如图 6-45 所示。

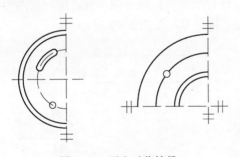

图 6-44　画出对称符号

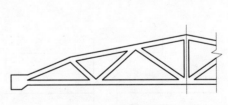

图 6-45　不画对称符号

　　对称的形体需画剖面图或断面图时，可以以对称符号为界，1/2 画视图（外形图），1/2 画剖面图或断面图，如图 6-46 所示。

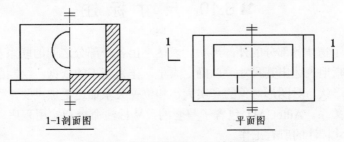

图 6-46　1/2 画视图 1/2 画剖面图

构配件内多个完全相同而连续排列的构造要素，可仅在两端或适当位置画出其完整形状，其余部分以中心线或中心线交点表示，如图 6-47a 所示。当相同构造要素少于中心线交点，则其余部分应在相同构造要素位置的中心线交点处用小圆点表示，如图 6-47b 所示。

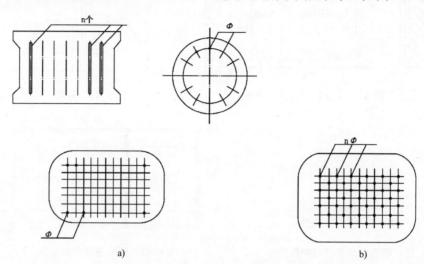

图 6-47　相同要素简化画法

较长的构件，如沿长度方向的形状相同或按一定规律变化，可断开省略绘制，断开处应以折断线表示，如图 6-48 所示。

一个构配件，如绘制位置不够，可分成几个部分绘制，并应以连接符号表示相连。

一个构配件如与另一构配件仅部分不相同，该构配件可只画不同部分，但应在两个构配件的相同部分与不同部分的分界线处，分别绘制连接符号，如图 6-49 所示。

图 6-48　折断简化画法　　　　图 6-49　构件局部不同的简化画法

↘ 6.10　尺　寸　标　注

图样只能表示物体各部分的外部形状，表达不出各个部分之间的联系及变化。所以必须准确、详尽、清晰地表达出其尺寸，以确定大小，作为施工的依据。绘制图形并不仅仅只是为了反映对象的形状，对图形对象的真实大小和位置关系描述更加重要，而只有尺寸标注能反映这些大小和关系。AutoCAD 包含了整套的尺寸标注命令和实用程序，用户使用它们足以完成图样中尺寸标注的所有工作。

➲ 6.10.1　尺寸界线、尺寸线及尺寸起止符号

图样上的尺寸包括尺寸界线、尺寸线、尺寸起止符号和尺寸数字，如图 6-50 所示。

尺寸界线应用细实线绘制，一般应与被标注长度垂直，其一端应离开图样轮廓线不小于 2mm，另一端宜超出尺寸线 2～3mm。图样轮廓线可用作尺寸界线，如图 6-51 所示。

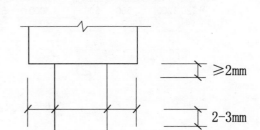

图 6-50　尺寸组成　　　　　　　　　　　图 6-51　尺寸界线

尺寸线应用细实线绘制，应与被标注长度平行。图样本身的任何图线均不得用作尺寸线。

尺寸起止符号一般用中粗斜短线绘制，其倾斜方向应与尺寸界线成顺时针 45° 角，长度宜为 2～3mm。半径、直径、角度与弧长的尺寸起止符号宜用箭头表示，如图 6-52 所示。

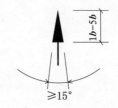

➲ 6.10.2　尺寸数字

图样上的尺寸应以尺寸数字为准，不得从图上直接量取。

图样上的尺寸单位，除标高及总平面以 m（米）为单位外，其他必须以 mm（毫米）为单位。

尺寸数字的方向应按如图 6-53a 所示的规定标注。若尺寸数字在 30° 斜线区内，宜按如图 6-53b 的形式标注。

图 6-52　箭头尺寸起止符号

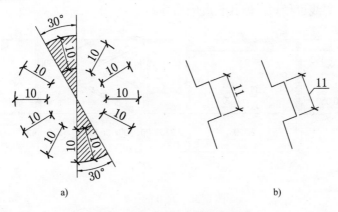

图 6-53　尺寸数字的标注方向

尺寸数字一般应依据其方向标注在靠近尺寸线的上方中部。如没有足够的标注位置，最外边的尺寸数字可标注在尺寸界线的外侧，中间相邻的尺寸数字可错开标注，如图 6-54 所示。

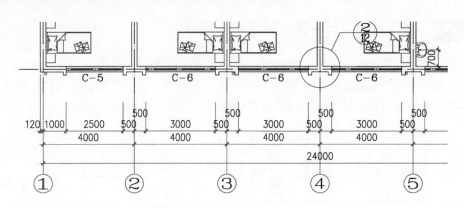

图 6-54　尺寸数字的标注位置

6.10.3　尺寸的排列与布置

尺寸宜标注在图样轮廓以外，不宜与图线、文字及符号等相交。图样轮廓线以外的尺寸界线，距图样最外轮廓之间的距离不宜小于 10mm。平行排列的尺寸线的间距，宜为 7～10mm，并应保持一致，如图 6-55 所示。

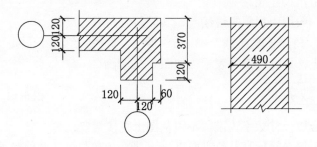

图 6-55　尺寸数字的标注

互相平行的尺寸线，应从被标注的图样轮廓线由近向远整齐排列，较小尺寸应离轮廓线较近，较大尺寸应离轮廓线较远，如图 6-56 所示。总尺寸的尺寸界线应靠近所指部位，中间的分尺寸的尺寸界线可稍短，但其长度应相等。

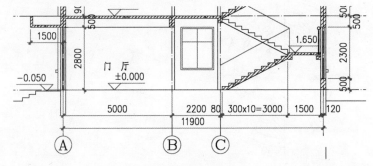

图 6-56　尺寸的排列

6.10.4　半径、直径、球的尺寸标注

标注半径、直径和球，尺寸起止符号不用 45° 斜短线，而用箭头表示。半径的尺寸线

一端从圆心开始，另一端画箭头，指向圆弧。半径数字前应加半径符号"*R*"。标注直径时，应在直径数字前加符号"*ϕ*"。在圆内标注的直径尺寸线应通过圆心，两端画箭头指至圆弧。当圆的直径较小时，直径数字可以用引出线标注在圆外。直径标注也可以用尺寸起止短线是45°斜短线的形式标注在圆外，如图 6-57 所示。标注球的半径和直径时，应在尺寸数字前面加注符号"*SR*"或是"*Sϕ*"。标注方法与圆弧半径和圆直径的尺寸标注方法相同。

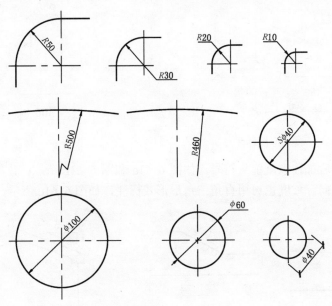

图 6-57　半径、直径的标注方法

⊃ 6.10.5　角度、弧长、弦长的标注

角度的尺寸线以圆弧线表示，以角的顶点为圆心，角度的两边为尺寸界线，尺寸起止符号用箭头表示，如果没有足够的位置画箭头，也可以用圆点代替，角度数字一律水平方向书写，如图 6-58a 所示。

标注圆弧的弧长时，尺寸线应以圆弧线表示，该圆弧与被标注圆弧为同心圆，尺寸界线应垂直于该圆弧的弦，尺寸起止符号应用箭头表示，弧长数字的上方应加注圆弧符号"⌒"。如图 6-58b 所示。标注圆弧的弦长时，尺寸线应以平行于该弦的直线表示，尺寸界线垂直于该弦，尺寸起止符号用中粗斜短线表示。如图 6-58c 所示。

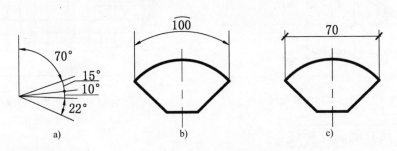

图 6-58　角度、弧长、弦长的标注方法

◒ 6.10.6 薄板厚度、正方形、坡度等尺寸标注

在薄板板面标注板厚尺寸时，应在厚度数字前加厚度符号"t"，如图 6-59 所示。

标注正方形的尺寸，可用"边长×边长"的形式，也可在边长数字前加正方形符号"□"，如图 6-60 所示。

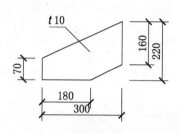

图 6-59 薄板厚度标注方法

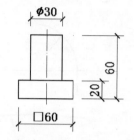

图 6-60 标注正方形尺寸

标注坡度时，应加注坡度箭头符号，如图 6-61a 和图 6-61b 所示，该符号为单面箭头，箭头应指向下坡方向。坡度也可用直角三角形形式标注，如图 6-61c 所示。

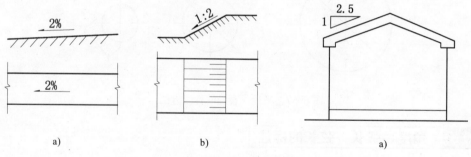

图 6-61 坡度标注方法

外形为非圆曲线的构件，可用坐标形式标注尺寸，如图 6-62 所示。复杂的图形可用网格形式标注尺寸，如图 6-63 所示。

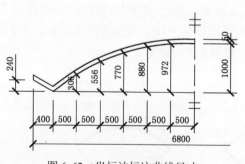

图 6-62 坐标法标注曲线尺寸

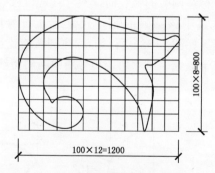

图 6-63 网格法标注曲线尺寸

◒ 6.10.7 尺寸的简化标注

杆件或管线的长度，在单线图（桁架简图、钢筋简图、管线简图）上，可直接将尺寸数

字沿杆件或管线的一侧标注，如图 6-64 所示。

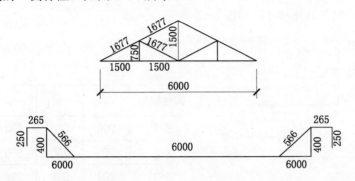

图 6-64 单线图尺寸标注方法

连续排列的等长尺寸，可用"个数×等长尺寸=总长"的形式标注，如图 6-65 所示。

构配件内的构造因素（如孔、槽等）如相同，可仅标注其中一个要素的尺寸，如图 6-66 所示。

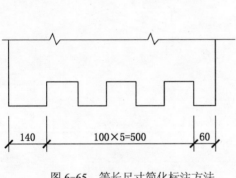

图 6-65 等长尺寸简化标注方法

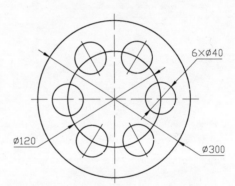

图 6-66 相同要素尺寸标注方法

对称构配件采用对称省略画法时，该对称构配件的尺寸线应略超过对称符号，仅在尺寸线的一端画尺寸起止符号，尺寸数字应按整体全尺寸标注，其标注位置宜与对称符号对齐，如图 6-67 所示。

两个构配件，如个别尺寸数字不同，可在同一图样中将其中一个构配件的不同尺寸数字标注在括号内，该构配件的名称也应标注在相应的括号内，如图 6-68 所示。

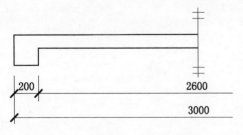

图 6-67 对称构件尺寸标注方法

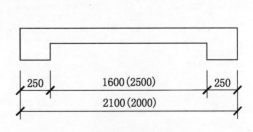

图 6-68 相似构件尺寸标注方法

　　数个构配件，如仅某些尺寸不同，这些有变化的尺寸数字，可用拉丁字母标注在同一图样中，另列表格写明其具体尺寸，如图 6-69 所示。

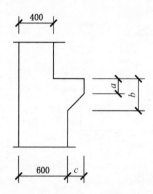

构件编号	a	b	c
Z-1	200	200	200
Z-2	250	250	200
Z-3	200	250	250

图 6-69　相似构配件尺寸表格式标注方法

第7章　建筑总平面图的绘制方法

本章导读

　　建筑总平面图是表明一项建设工程总体布置情况的图纸，主要表明新建建筑物的平面形状、层数、室内外地面标高，新建道路、绿化带、场地排水和管线的布置情况等，且建筑总平面图必须详细、准确、清楚地表达出设计思想。

　　本章节通过对建筑总平面图的绘制，包括绘图环境、辅助定位轴线、主要道路轮廓线、建筑平面轮廓，以及布置绿化区域，绘制图例、指北针，最后进行尺寸、文字、图名的标注。在章节的最后"拓展学习"中，让读者自行去演练另一建筑总平面图的绘制，从而牢固掌握建筑总平面图的绘制方法和技巧。

学习目标

- 掌握建筑总平面图的基础知识
- 绘制建筑总平面图的整体轮廓
- 绘制建筑物平面轮廓和布置绿化带
- 绘制总平面图的图例、指北针及标注

效果预览

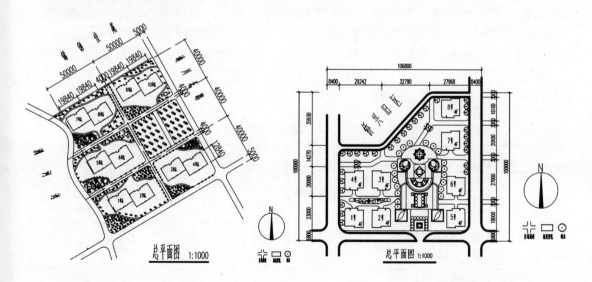

↳ 7.1 建筑总平面图基础知识

将新建建筑物四周一定范围内的原有和拆除的建筑物、构筑物连同其周围的地形地物状况，用水平投影的方法和相应的图例所画出的图样，称为建筑总平面图。

⊃ 7.1.1 建筑总平面图的形成和作用

总平面图是新建建筑及一定范围内的原有建筑总体布局的水平投影。反映新建、拟建、原有和拆除的房屋、构筑物等的位置和朝向，室外场地、道路、绿化等的布置，地形、地貌、标高等与原有环境的关系和邻界情况等。

同时，建筑总平面图也是房屋及其他设施施工的定位、土方施工以及绘制水、暖、电等管线总平面图和施工总平面图的依据。其作用如下。

一是城市规划行政主管部门确定建设用地范围和面积的科学依据。

二是城市规划行政主管部门核发建设用地规划许可证的依据。

三是建设项目是否珍惜用地、合理用地、节约用地的依据。

四是建设项目开展扩初设计的前提的依据。

五是房产、土地管理部门审批动迁、征用、划拨土地手续的前提。

六是建设工程进行建设审查的必要条件。

七是建设工程设计方案的依据。

八是城市规划行政主管部门核建设工程规划许可证的依据。

⊃ 7.1.2 建筑总平面图的图示方法

总平面图是用正投影的原理绘制的，图形主要是以图例的形式表示，总平面图的图例采用《总图制图标准》GB/T50103—2010 规定的图例，如表 7-1 所示中给出了部分常用的总平面图图例符号，画图时应严格执行该图例符号，如图中采用的图例不是标准中的图例，应在总平面图下面说明。图线的宽度 b，应根据图样的复杂程度和比例，按《房屋建筑制图统一标准》GB/T50001—2010 中图线的有关规定执行。总平面图的坐标、标高、距离以米为单位，并应至少取至小数点后两位。

表 7-1 总平面图的图例符号

图 例	名 称	图 例	名 称
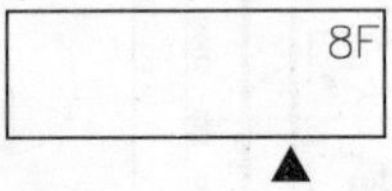 8F ▲	新建建筑物 右上角以点数或数字表示层数	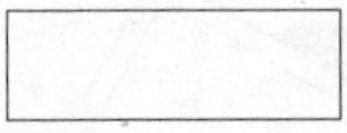	原有建筑物
	计划扩建的建筑物	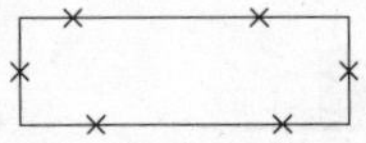	拆除的建筑物
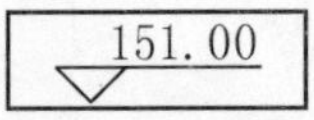 151.00 ▽	室内地坪标高	 143.00 ▼	室外整坪标高

（续）

图 例	名 称	图 例	名 称
	散状材料露天堆场		原有的道路
	公路桥		计划扩建道路
	铁路桥		护坡
	草坪		指北针

➲ 7.1.3　建筑总平面图的图示内容

用户在绘制建筑总平面图时，大致包括以下的一些基本内容。

◆ 新建建筑物的表示：拟建房屋用粗实线框表示，并在线框内，用数字表示建筑层数。

◆ 新建建筑物的定位：总平面图的主要任务是确定新建建筑物的位置，通常是利用原有建筑物、道路等来定位的。

◆ 新建建筑物的室内外标高：我国把青岛市外的黄海海平面作为零点所测定的高度尺寸，称为绝对标高。在总平面图中，用绝对标高表示高度数值，单位为米（m）。

◆ 相邻有关建筑、拆除建筑的位置或范围：原有建筑用细实线框表示，并在线框内，也用数字表示建筑层数；拟建建筑物用虚线表示；拆除建筑物用细实线表示，并在其细实线上打叉。

◆ 附近的地形地物，如等高线、道路、水沟、河流、池塘、土坡等。

◆ 指北针和风向频率玫瑰图：在总平面图中应画出的指北针或风向频率玫瑰图来表示建筑物的朝向。指北针的画法如表 7-1 所示，风向频率玫瑰图一般画出 8～16 个方向来表示该地区常年的风向频率，有箭头的方向为北向，其中实线为全年风向玫瑰图，虚线为夏季风向玫瑰图，如图 7-1 和 7-2 所示。

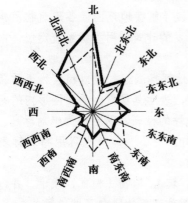

图 7-1　风玫瑰（一）

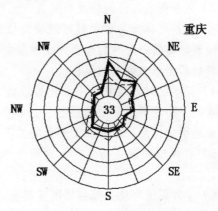

图 7-2　风玫瑰（二）

提示 从风向玫瑰图中能了解到房屋和地物的朝向信息，所以在已经绘制了风向玫瑰图的图样上则不必再绘制指北针。在建筑总平面图上，通常应绘制当地的风向玫瑰图。没风向玫瑰图的城市和地区，则在建筑总平面图上画上指北针。风向频率图最大的方位则为该地区的主导风向。

◆ 绿化规划、管道布置。

◆ 道路（或铁路）和明沟等的起点、变坡点、转折点、终点的标高与坡向箭头。

以上内容并不是在所有总平面图上都是必需的，可根据具体情况加以选择。

 提示 在阅读总平面图时应首先阅读标题栏，以了解新建建筑工程的名称，再看指北针和风向频率玫瑰图，了解新建建筑的地理位置、朝向和常年风向，最后了解新建建筑物的形状、层数、室内外标高及其定位，以及道路、绿化和原有建筑物等周边环境。

◆ 图示特点

● 绘图比例较小：总平面图所要表示的地区范围较大，除新建房物外，还要包括原有房屋和道路、绿化等总体布局。因此，在《建筑制图国家标准》中规定，总平面图的绘图比例应选用 1:500、1:1000、1:2000，在具体工程中，由于国土局及有关单位提供的地形图比例常为 1:500，故总平面图的常用绘图比例是 1:500。

● 用图例表示其内容：由于总平面图绘图比例较小，图中的原有房屋、道路、绿化、桥梁边坡、围墙及新建房屋等均是用图例表示，书中列出了建筑总平面图的常用图例。在较复杂的总平面图中，如用了《建筑制图国家标准》中没有的图例，应在图纸中的适当位置绘出新增加的图例。

● 总平面图中的尺寸单位为 m，注写到小数点后两位。

⇒ 7.1.4 建筑总平面图的识读

1. 识读重点

1）熟悉和了解总平面图图例。

2）先看图名、比例以及有关文字说明，了解工程性质和概况。

3）了解总体布局和新建建筑物的位置：根据规划红线了解拨地范围，各建筑物及构筑物的位置、道路、管网的布置等。大型复杂建筑物或新开发的建筑群用坐标系统定位，中小型建筑物根据原有建筑物定位。

4）识读新建建筑物的平面轮廓形状、层数和室内外地坪标高：一般以粗实线表示新建建筑物的平面轮廓；平面图形内右上角的数字或小黑点数，表示其层数；平面图形内的标高为首层地面的标高，而平面图形外的黑三角形表示室外地坪的标高，两者都为绝对标高。

5）看风玫瑰图（指北针）判断当地风向和建筑朝向。中小型建筑也可用指北针表示朝向。

6）了解周围环境：包括周围建筑物、地形（坡、坎、坑），地物（树木、线干、井、坟等）；通过等高线了解土方填挖情况；通过设计标高了解新建建筑物竖向高度位置关系。

2．识读示例

如图 7-3 所示为某办公楼的总平面图，用户可以按以下步骤来识读此图。

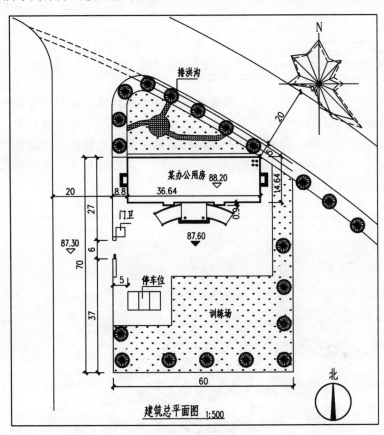

图 7-3　建筑总平面图

1）首先看图样的比例、图例以及文字说明。图中绘制了指北针、风向频率玫瑰图。该楼房坐北朝南，建筑总平面图的比例为 1：500。西侧大门为该区主要出入口，并设有门卫传达。

2）了解新建建筑物的基本情况、用地范围、地形地貌以及周围的环境等。该营房紧邻西侧马路，楼前为停车场与训练场。楼房东侧为绿化带，紧邻东墙外侧的排洪沟。总平面图中新建的建筑物用粗实线画出外形轮廓。从图中可以看出，新建建筑物的总长为 36.64m，总宽为 14.64m。建筑物层数为四层，建筑面积为 2150m^2。本例中，新建建筑物位置根据原有的建筑物及围墙定位：从图中可以看出新建建筑物的西墙与西侧围墙距离 8.8m，新建建筑物北墙体与门卫房距离 27m。

3）了解新建建筑物的标高。总平面图标注的尺寸一律以米（m）为单位。图中新建建筑物的室内地坪标高为绝对标高 88.20m，室外整坪标高为 87.60m。图中还标注出西侧马路的标高 87.30m。

4）了解新建建筑物的周围绿化等情况。在总平面图中还可以反映出道路围墙及绿化的情况。

➤ 7.2　建筑总平面图的绘制

在绘制该建筑总平面图时，首先根据要求设置绘图环境，包括设置图形界限、图层规划、文字和标注样式的设置等；再根据要求绘制辅助线和主要道路对象，接着使用多段线绘制建筑平面的轮廓；再将绘制的建筑物对象复制、旋转到总平面图的相应位置，然后规划绿化带；再绘制总平面图的图例、指北针；再进行尺寸、文字的标注，其绘制的建筑总平面图效果如图 7-4 所示。

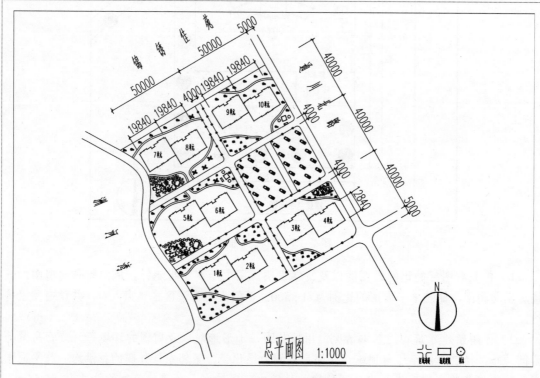

图 7-4　建筑总平面图效果

⊃ 7.2.1　设置绘图环境

在正式绘制建筑总平面图之前，首先要设置与所绘图形相匹配的绘图环境。建筑总平面图的绘图环境主要包括绘图区的设置、图层规划、文字样式与标注样式的设置等。

1. 绘图区的设置

绘图区设置包括绘图单位和图形界限的设定。根据建筑制图标准的规定，建筑总平面图使用的长度单位为米，角度单位是度、分、秒。图形界限是指所绘制图形对象的范围，

AutoCAD 中默认的图形界限为 A3 图纸大小，如果不修正该默认值，则可能会使按实际尺寸绘制的图形不能全部显示在窗口之内。

1）正常启动 AutoCAD 2013 软件，单击工具栏上的"新建"按钮，打开"选择样板"对话框，然后选择"acadiso.dwt"样板文件，再选择"文件｜另存为"菜单命令，打开"图形另存为"对话框，将文件另存为"案例\07\建筑总平面图.dwg"图形文件。

2）选择"格式｜单位"菜单命令，打开"图形单位"对话框。把长度单位类型设定为"小数"，精度为"0"，角度单位类型设定为"十进制度数"，精度为"0"，如图 7-5 所示。

图 7-5　图形单位设置

提示　单位精度是绘图时确定坐标点的精度，不是尺寸标注的单位精度，通常把长度单位精度取小数点后三位，角度单位精度取小数点后两位。

3）选择"格式｜图形界限"菜单命令，依照提示，设定图形界限的左下角为（0，0），右上角为（420000，297000）。

4）在命令行输入命令<Z>→<空格>→<A>，使输入的图形界限区域全部显示在图形窗口内。

2. 图层的规划

图层规划主要考虑图形元素的组成以及各图形元素的特征。后面讲解的建筑总平面图形主要由轴线、道路、轮廓、绿化带、文本说明、尺寸标注等元素组成，因此绘制总平面图时，需建立如表 7-2 所示的图层。

表 7-2　图层设置

序号	图层名	线宽	线型	颜色	打印属性
1	辅助线	默认	ACAD_ISOW100004	红色	不打印
2	主道路	0.3mm	实线	黑色	打印
3	次道路	默认	实线	140 色	打印
4	新建建筑	0.3mm	实线	洋红色	打印
5	绿化	默认	实线	绿色	打印
6	尺寸标注	默认	实线	蓝色	打印
7	文字标注	默认	实线	黑色	打印
8	其他	默认	实线	53 色	打印

1）单击"图层"工具栏的"图层"按钮，打开"图层特性管理器"面板，按照如表 7-2 所示的规划来设置图层的名称、线宽、线型、颜色等，如图 7-6 所示。

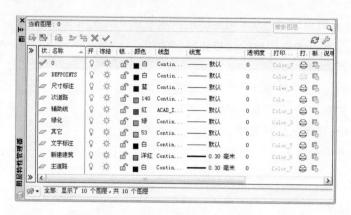

图 7-6　图层设置

提示　　　在图层线宽设置过程中，大部分图层的线宽可以设置为"默认线宽"，通常 AutoCAD 默认线宽为 0.25mm。为了方便线宽的定义，默认线宽的大小可以根据需要进行设定，其设定方法为选择"格式│线宽"菜单命令，打开"线宽设置"对话框，在"默认线宽"列表框中选择相应的线宽数值，然后单击"确定"按钮，如图 7-7 所示。

　　2）选择"格式│线型"菜单命令，打开"线型管理器"对话框，单击"显示细节"按钮，打开细节选项组，输入"全局比例因子"为 1000，然后单击"确定"按钮，如图 7-8所示。

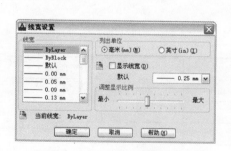

图 7-7　默认线宽设置

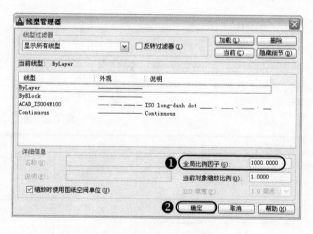

图 7-8　线型比例设置

提示　　　用户在绘图时，通常全局比例因子和打印比例的设置相一致，该建筑总平面图的打印比例是 1：1000，则全局比例因子大约设为 1000。

3. 文字样式的设定

　　绘图之前，应在对图形的文字进行统一的规划，并依据制图标准中的有关规定，创建符合的文字样式，其主要包括字体的选择和字高及其显示效果的设定。

已知建筑总平面图上的文字有尺寸文字、图内文字、图名，打印比例为 1 : 500，文字样式中的高度为打印到图纸上的文字高度与打印比例倒数的乘积。根据建筑制图标准，该总平面图文字样式的规划如表 7-3 所示。

表 7-3　文字样式

文字样式名	打印到图纸上的文字高度	图形文字高度 （文字样式高度）	字体文件
图内文字	7	7000	Tssdeng，gbcbig
图名	10	10000	Tssdeng，gbcbig
尺寸文字	3.5	0	tssdeng

　　1）选择"格式 | 文字样式"菜单命令，打开"文字样式"对话框，单击"新建"按钮，打开"新建文字样式"对话框，样式名定义为"尺寸文字"，单击"确定"按钮，然后在"字体"下拉列表框中选择字体"tssdeng.shx"，勾选"使用大字体"选择项，并在"大字体"下拉列表框中选择字体"gbcbig.shx"，在"高度"文本框中输入"7000"，"宽度因子"文本框中输入"0.7"，然后单击"应用"按钮，从而完成"尺寸文字"文字样式的设置，如图 7-9 所示。

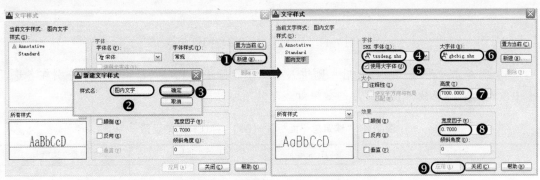

图 7-9　新建"尺寸文字"文字样式

　　2）使用相同的方法，建立如表 7-3 所示的其他各种文字样式，如图 7-10 所示。

图 7-10　建立其他文字样式

4. 尺寸标注样式的设定

1）尺寸标注样式的设置是依据建筑制图标准的有关规定，对尺寸标注各组成部分的尺寸进行设置，主要包括尺寸线、尺寸界线参数的设定，尺寸文字的设定，全局比例因子、测量单位比例因子的设定。

2）选择"格式|标注样式"菜单命令，打开"标注样式管理器"对话框，单击"新建"按钮，打开"创建新标注样式"对话框，新建样式名定义为"建筑总平面-1000"，单击"继续"按钮，则进入"新建标注样式"对话框，如图7-11所示。

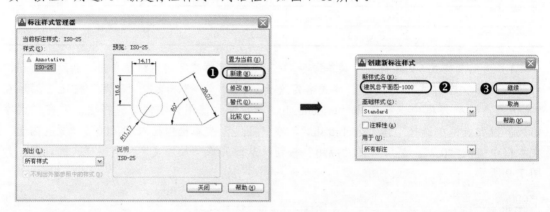

图7-11 尺寸标注样式名称的建立

3）当单击"继续"按钮过后，则进入到"新建标注样式"对话框，然后分别在各选项卡中设置相应的参数，其设置后的效果如表7-4所示。

表7-4 "建筑总平面标注-1000"标注样式的设置

"线"选项卡	"符号和箭头"选项卡	"文字"选项卡	"调整"选项卡
		文字外观	
		文字样式(Y)：尺寸文字	
		文字颜色(C)：ByBlock	
		填充颜色(L)：口无	
		文字高度(T)：3.5	
		分数高度比例(H)：	
	箭头	□绘制文字边框(F)	
超出尺寸线(X)：2.000	第一个(T)：☑建筑标记	**文字位置**	标注特征比例
起点偏移量(F)：2.000	第二个(D)：☑建筑标记	垂直(V)：上	□注释性(A)
□固定长度的尺寸界线(O)	引线(L)：☑实心闭合	水平(Z)：居中	○将标注缩放到布局
长度(E)：10.000	箭头大小(I)：2	观察方向(D)：从左到右	◉使用全局比例(S)：1000.000
		从尺寸线偏移(O)：1	
		文字对齐(A)	
		○水平	
		◉与尺寸线对齐	
		○ISO标准	

⊃ 7.2.2 绘制辅助定位轴线

前面已经设置了绘图的环境，接下来使用辅助线绘制辅助定位线。

1）单击"图层"工具栏的"图层控制"下拉列表框，将"辅助线"图层置为当前图层。

2）按〈F8〉键切换到"正交"模式。执行"直线"命令（L），绘制长度为 90000mm 的水平轴线和 120000mm 的垂直轴线，如图 7-12 所示。

3）执行"旋转"命令（RO），将上一步绘制的线段旋转-30°，如图 7-13 所示。

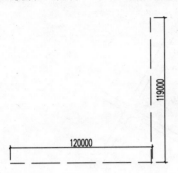

图 7-12　绘制水平和垂直线段

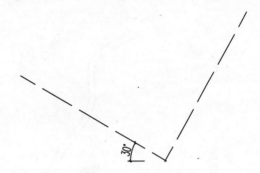

图 7-13　旋转的轴线

4）执行"偏移"命令（O），将左侧的斜线段向右偏移 100000mm 和 5000mm，将右侧的斜线段向下偏移 5000mm，向上各偏移 40000mm、40000mm 和 4000mm，如图 7-14 所示。

7.2.3　绘制主要道路轮廓线

前面绘制了平面图形的初始轮廓，接下来使用直线、偏移、多段线等命令，进行主要道路轮廓线的绘制。

1）单击"图层"工具栏的"图层控制"下拉列表框，将"主道路"图层置为当前图层。

2）执行"样条曲线"（SPL）、"偏移"（O）命令，绘制一样条曲线，并向左偏移 5000mm，如图 7-15 所示。

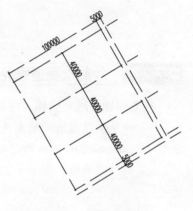

图 7-14　偏移的轴线

3）执行"修剪"（TR）、拉伸（S）命令，将图形的线段向外拉伸，再修剪掉多余的线段；并将部分线段转换为"主道路"图层，如图 7-16 所示。

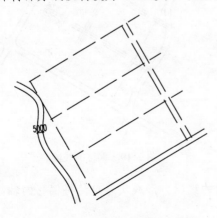

图 7-15　绘制及偏移样条曲线

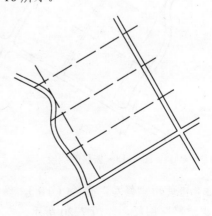

图 7-16　整理图形

| 提示 | 此时用户为了更方便观察、编辑图形，暂时将"辅助线"图层进行关闭。 |

4）执行"圆角"（F）、拉伸（S）命令，进行半径为 5000mm 的圆角操作，结果如图 7-17 所示。

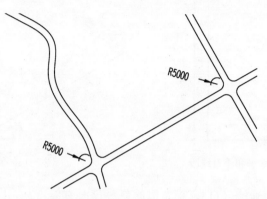

图 7-17　对道路角点进行圆角的效果

➲ 7.2.4　绘制次要道路轮廓线

接着对轴线进行偏移、修剪、圆角等操作，从而绘制次要道路的轮廓线和形成路口。

1）将前面隐藏的"辅助线"图层打开。执行"偏移"命令（O），将左侧的轴线向右各偏移 48000mm、2000mm 和 2000mm，如图 7-18 所示。

2）执行"偏移"命令（O），将轴线向上、下各偏移 2000mm，如图 7-19 所示。

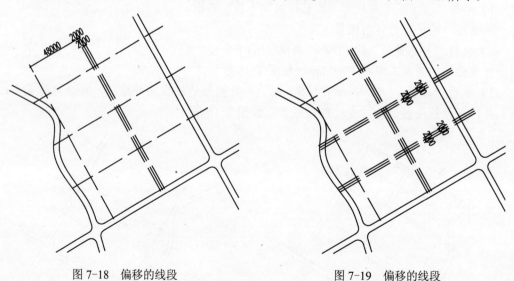

图 7-18　偏移的线段　　　　　　　　图 7-19　偏移的线段

3）再使用"修剪"命令（TR），修剪掉多余的线段，形成次路口；将偏移的轴线转换为"次道路"图层，如图 7-20 所示。

4）执行"圆角"命令（F），对修剪后的次道路的路口进行半径为 2000mm 的圆角操作，如图 7-21 所示。

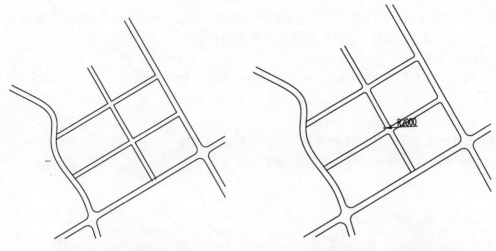

图 7-20　形成次路口　　　　　　　图 7-21　进行圆角操作

> **提示**　此处为了更方便观察道路修剪后的效果，暂时将"辅助线"图层进行关闭。

5）执行"偏移"命令（O），将轴线向上、下分别偏移 23000mm，如图 7-22 所示。

● 7.2.5　绘制建筑物的平面轮廓

接下来使用"多段线"命令，对建筑的平面轮廓的形状进行绘制。

1）单击"图层"工具栏的"图层控制"下拉列表框，将"新建建筑"图层置为当前图层。

2）执行"多段线"（PL）命令，绘制如图 7-23 所示的多段线对象。

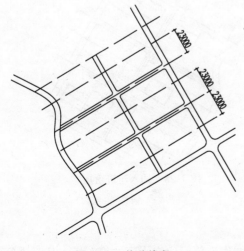

图 7-22　偏移线段

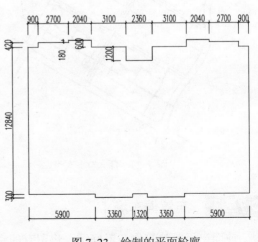

图 7-23　绘制的平面轮廓

→ 7.2.6　将建筑物插入到总平面图中

将上一步绘制好的建筑平面轮廓，借助辅助定位轴线将平面轮廓对象复制、旋转命令等插入到相应的位置。

1）执行"旋转"（RO）命令，将平面轮廓对象旋转30°，如图 7-24 所示。

2）执行"复制"命令（CO），以平面轮廓对象的右侧垂直中点为基点，将建筑物复制到相应的位置，如图 7-25 所示。

3）重复上面的命令，以平面轮廓对象的右侧底端点为基点，将建筑物复制到前一对象左侧的垂直中点处，如图 7-26 所示。

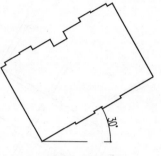

图 7-24　旋转操作

图 7-25　插入"建筑平面轮廓"

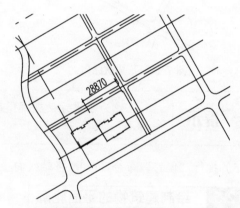

图 7-26　插入建筑轮物

4）重复上面的命令，将前面复制的对象向右进行复制，如图 7-27 所示。

5）重复上面的命令，复制另外的建筑物对象，结果如图 7-28 所示。

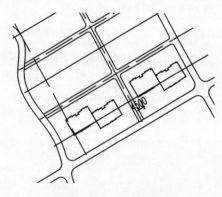

图 7-27　插入建筑轮物

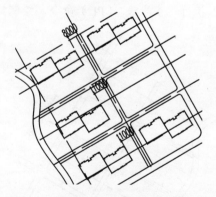

图 7-28　插入建筑轮物

→ 7.2.7　布置停车场

前面已经对建筑物布置好了，将留有的空白区域作为单元住宅小区的停车场，从而进行规划与布置。

1）单击"图层"工具栏的"图层控制"下拉列表框，将"其他"图层置为当前图层。

2）执行"偏移"命令（O），将右侧的主要道路线向左偏移 21000mm 和 4000mm，再将偏移的线段转换为"其他"图层，以此作为停车场的车辆进出通道，如图 7-29 所示。

3）执行"插入块"命令（I），将"案例\07\小轿车.dwg"文件插入到图形右侧上相应的位置；再执行"旋转"命令（RO），将插入的小轿车图块旋转 30°，如图 7-30 所示。

图 7-29　绘制的车辆通道

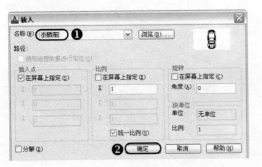

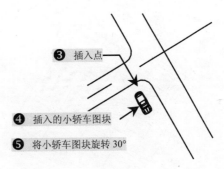

❸ 插入点

❹ 插入的小轿车图块

❺ 将小轿车图块旋转 30°

图 7-30　插入"小轿车"图块

 提示　用户可以先将小轿车的轮廓绘制好，这里插入图块即可。

4）执行"阵列"命令（AR），选择"矩形（R）"阵列，进行 9 列 5 行的阵列操作，结果如图 7-31 所示。

5）执行"分解"（X）、"删除"（E）命令，对阵列后的对象进行分解操作，将多余的图块删除掉，如图 7-32 所示。

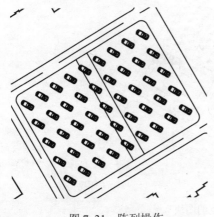

图 7-31　阵列操作

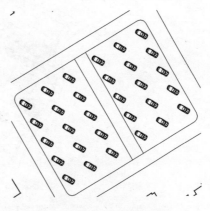

图 7-32　布置停车场

> **提示** 由于阵列后的对象是一个整体，要想删除部分图块，则需要进行"分解"操作，即使分解操作后，轿车图块仍然是一个独立的对象。

⊃ 7.2.8 布置绿化带

根据建筑总平面图的要求，还需要绘制绿化带边界的绘制。

1）单击"图层"工具栏的"图层控制"下拉列表框，将"绿化"图层置为当前图层。

2）执行"样条曲线"命令（SPL），在相应的位置随意绘制一些样条曲线，如图 7-33 所示。

3）执行"偏移"命令（O），将绘制的样条曲线向外偏移 1000mm，从而形成绿化带，如图 7-34 所示。

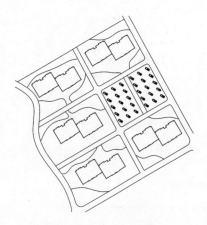

图 7-33 绘制样条曲线

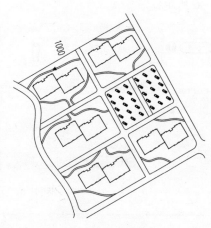

图 7-34 偏移样条曲线

4）执行"插入"命令（I），将"案例\07"文件夹下的"花卉 1"、"花卉 2""树木 1"、"树木 2"、"假山"、"石凳"等图块，插入到相应的位置，如图 7-35 所示。

图 7-35 插入绿化的图块

➲ 7.2.9 进行总平面图的文字标注

前面对总平面图绘制完成后，接下来进行文字内容的标注。

1）在"图层"工具栏的"图层控制"组合框中选择"文字标注"图层，并置为当前图层。

2）执行"单行文字"命令（DT），对图形进行图内说明，其中，建筑上的文字大小为"4000"，另外的文字大小为"10000"，如图7-36所示。

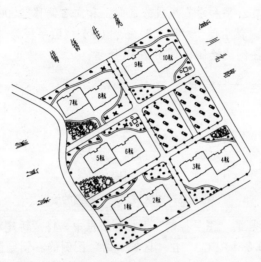

图7-36 进行文字标注

➲ 7.2.10 进行总平面图的尺寸标注

前面进行了文字的标注，接下来对总平面图进行尺寸的标注。

1）在"图层"工具栏的"图层控制"组合框中选择"尺寸标注"图层，使之成为当前图层。

2）在"标注"工具栏中单击"线性"按钮和"连续"按钮，对图形进行第一、二道尺寸的标注，如图7-37所示。

图7-37 进行尺寸标注

⊃ 7.2.11 绘制总平面图的图例

在绘制建筑总平面图时,需要绘制相应的图例对象。本住宅小区,有区域通道、新建建筑、停车场、树木等图例,接下来分别进行绘制。

1)在"图层"工具栏的"图层控制"下拉列表框中,将"次道路"图层置为当前层。

2)使用"直线"命令(L),在视图的空白区域绘制一条水平长9000mm和垂直长8000mm的线段,再对其水平和垂直线段分别向上和向右偏移2000mm,再使用"修剪"命令(TR)对其进行修剪,然后使用"圆角"命令(F)按照半径为1000mm进行圆角处理,从而完成"区域道路"图例的绘制,如图7-38所示。

图7-38 "区域道路"图例的绘制

3)在"图层"工具栏的"图层控制"下拉列表框中,将"新建建筑"图层置为当前层。

4)使用"矩形"命令(REC),在"区域道路"图例的右侧绘制8000mm×4000mm的矩形,再按〈Ctrl+1〉快捷键打开"特性"面板,设置其全局宽度为100mm,从而完成"新建建筑"图例的绘制,如图7-39所示。

5)在"图层"工具栏的"图层控制"下拉列表框中,将"绿化"图层置为当前层。

6)使用多段线、云线、曲线、圆、圆弧等命令,绘制"树木"图例,其尺寸没有严格的限制,如图7-40所示。

7)在"图层"工具栏的"图层控制"下拉列表框中,将"文字标注"图层置为当前层。

8)将"图样说明"文字样式置为当前,使用"单行文字"(DT)命令,书写各图例的名称,如图7-41所示。

图7-39 "新建建筑"图例　图7-40 "树木"图例　图7-41 文字标注

⊃ 7.2.12 绘制指北针及图名标注

通过前面的绘制与布置,最后需要绘制指北针和对总平面图进行图名的标注。

1)在"图层"工具栏的"图层控制"下拉列表框中,将"0"图层置为当前层。

2)执行"圆"命令(C),在相应的位置绘制半径为"2400mm"的圆;再执行"多段线"命令(PL),圆的上侧"象限点"作为起始点至下侧"象限点"作为端点,多段线起始点宽度"0",下侧宽度为"300mm"。

3)在"图层"工具栏的"图层控制"下拉列表框中,将"文字标注"图层置为当前层。

4）再执行"单行文字"命令（DT），圆上侧输入"N"，从而完成指北针的绘制，如图7-42 所示。

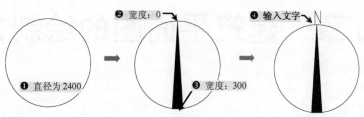

图 7-42　绘制指北针

5）单击工具栏中"单行文字"按钮 $\boxed{AI}$ ，设置其对正方式为"居中"，然后在相应的位置输入"总平面图"和比例"1∶1000"，然后分别选择相应的文字对象，按〈Ctrl+1〉键打开"特性"面板，并修改相应文字大小为"10000"和"5000"，如图 7-43 所示。

6）使用"多段线"命令（PL），在图名的底侧绘制一条宽度为 1000mm 的水平多段线，效果如图 7-44 所示。

图 7-43　编辑文字　　　　　　　　　　　　图 7-44　多线的绘制

7）至此，建筑总平面图已经绘制完毕，用户可按〈Ctrl+S〉快捷键对文件进行保存。

拓展学习：

提示　　　　为了使读者更加牢固地掌握建筑总平面图的绘制技巧，并能达到熟能生巧的目的，可以参照前面的步骤和方法对如图 7-45 所示进行绘制（对光盘"案例\07"文件中"建筑总平面图-拓展.dwg"文件）。

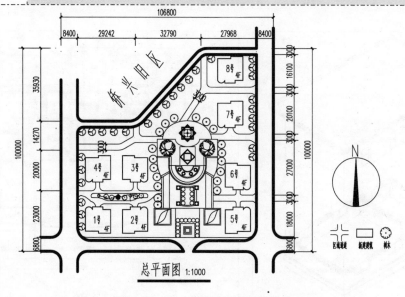

图 7-45　另一建筑总平面图的效果

第8章　建筑平面图的绘制方法

本章导读

　　建筑平面图，它能较全面且直观地反映建筑物的平面形状大小、内部布置、内外交通联系、采光通风处理、构造做法等基本情况，是概预算、备料及施工中放线、砌墙、设备安装等的重要依据，是建施图的主要图样之一。

　　本章节通过对某小区住宅标准层平面图的绘制，包括绘图环境、定位轴线、墙体、门窗、布置设施、绘制图例、指北针，进行尺寸、文字、图名的标注。在章节的最后"拓展学习"中，让读者自行去演练该单元式住宅的其他层平面图，从而牢固掌握建筑平面图的绘制方法和技巧。

学习目标

- 📖 掌握建筑平面图的基础知识
- 📖 设置建筑平面图的绘图环境
- 📖 绘制辅助定位轴线和墙体
- 📖 布置设施和绘制楼梯、散水、剖切符号、指北针

预览效果图

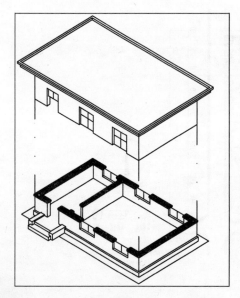

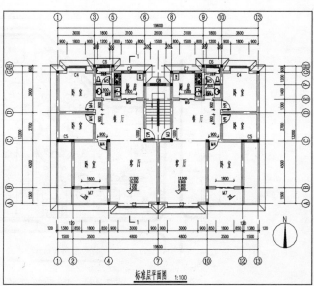

标准层平面图　1:100

➡ 8.1　建筑平面图的概述

在进行建筑平面图的设计和绘制过程中，首先应掌握建筑平面图的形成、内容与作用，再掌握通过 AutoCAD 软件进行建筑平面图绘制时的内容、要求、方法和绘制过程。

➲ 8.1.1　建筑平面图的形成、内容和作用

建筑平面图是假想用一水平剖切平面，沿门窗洞口的位置将建筑物切后，对剖切面以下部分所做出的水平剖面图，称为建筑平面图，简称平面图。它反映出房屋的平面形状、大小和房间的布置，墙（或柱）的位置、厚度和材料，门窗的类型和位置等情况，如图 8-1 所示。

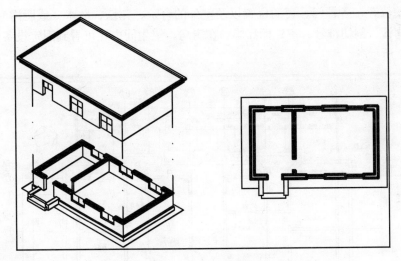

图 8-1　平面图的形成

从如图 8-2 所示的住宅建筑平面图中可以看出，其建筑平面图的主要内容如下。

◆ 定位轴线：横向和纵向定位轴线的位置及编号，轴线之间的间距（表示出房间的开间和进深）。定位轴线用细单点画线表示。

◆ 墙体、柱：表示出各承重构件的位置。剖到的墙、柱断面轮廓用粗实线，并画图例，如钢筋混凝土用涂黑表示；未剖到的墙用中实线。

◆ 内外门窗：门的代号用 M 表示：木门—MM；钢门—GM；塑钢门—SGM；铝合金门—LM；卷帘门—JM；防盗门—FDM；防火门—FM。窗的代号用 C 表示：木窗—MC；钢窗—GC；铝合金窗—LC；木百叶窗—MBC。在门窗的代号后面写上编号，如 M1、M2 和 C1、C2 等，同一编号表示同一类型的门窗，它们的构造与尺寸都一样，从图中可表示门窗洞的位置及尺寸。剖到的门扇用中实线（单线）或用细实线（双线）；剖到的窗扇用细实用（双线）。

◆ 标注的三道尺寸：第一道为总体尺寸，表示房屋的总长、总宽；第二道为轴线尺寸，表示定位轴线之间的距离；第三道为细部尺寸，表示外部门窗洞口的宽度和定位尺寸。建筑平面图的内部尺寸表示内墙上门窗洞口和某些构配件的尺寸和定位。

- ◆ 标注：建筑平面图常以标准层主要房间的室内地坪为零点（标记为 ±0.000），分别标注出各房间楼地面的标高。
- ◆ 其他设备位置及尺寸：表示楼梯位置及楼梯上下方向、踏步数及主要尺寸。表示阳台、雨篷、窗台、通风道、烟道、管道井、雨水管、坡道、散水、排水沟、花坛等位置及尺寸。
- ◆ 画出相关符号：剖面图的剖切符号位置及指北针、标注详图的索引符号。
- ◆ 文字标注说明：标注施工图说明、图名和比例。

建筑平面图一般主要反映建筑物的平面布置，外墙和内墙面的位置，房间的分布及相互关系，入口、走廊、楼梯的布置等。一般来讲，建筑平面图主要包括以下几种。

（1）底层平面图

主要表示建筑物底层（首层，标准层）平面的形状，各房间的平面布置情况，出入口、走廊、楼梯的位置，各种门、窗的位置以及室外的台阶、花坛、散水（或明沟）、雨水管的位置以及指北针、剖切符号、室外标高等。在厨房、卫生间内还可看到固定设备及其布置情况，如图 8-2 所示。

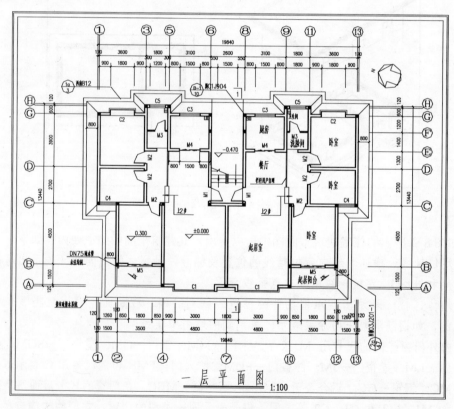

图 8-2　住宅建筑平面图

（2）楼层平面图

楼层平面图的图示内容与底层平面图相同，因为室外的台阶、花坛、明沟、散水和雨水管的形状和位置已经在底层平面图中表达清楚，所以中间各层平面图除要表达本层室内情况外，只需画出本层的室外阳台和下标准层室外的雨篷、遮阳板等。此外，因为剖切情况不同，楼层平面图中楼梯间部分表达梯段的情况与底层平面图也不同，如图 8-3 所示。

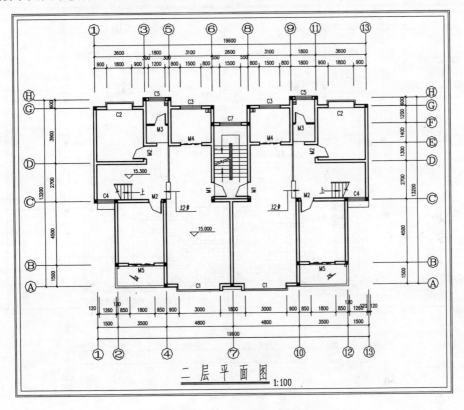

图 8-3　住宅建筑楼层平面图

（3）局部平面图

当某些楼层的平面布置图基本相同，仅局部不同时，则这些不同部分可用局部平面图表示。当某些局部布置由于比例较小而固定设备较多或者内部组合比较复杂时，也可另画较大比例的局部平面图。常见的局部平面图有洗手间、盥洗室、楼梯间平面图等，如图 8-4 所示。

（4）屋顶平面图

屋顶平面图是房屋顶面的水平投影，主要表示屋顶的形状，屋面排水的方向及坡度、天沟或檐口的位置，另外还要表示出女儿墙、屋脊线、雨水管、水箱、上人孔、避雷针的位置。屋顶平面图比较简单，故可用较小的比例来绘制，如图 8-5 所示。

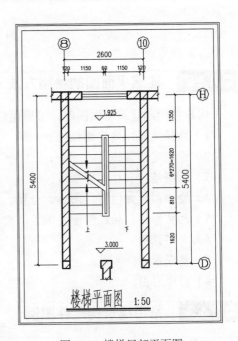

图 8-4　楼梯局部平面图

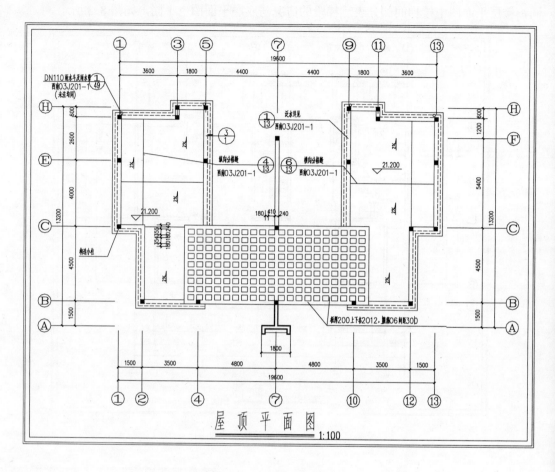

图 8-5　屋顶平面图

➲ 8.1.2　建筑平面图的绘制方法

用户在绘制建筑平面图时，可遵循以下的步骤来进行绘制。

1）选择比例，确定图纸幅面。

2）绘制定位轴线。

3）绘制墙体和柱的轮廓线。

4）绘细部，如门窗、阳台、台阶、卫生间等。

5）尺寸标注、轴线圆圈及编号、索引符号、高程、门窗编号等。

6）文字说明。

7）整理视图。

8）打印出图。

➲ 8.1.3　常用建筑构配件图例

在绘制建筑平面图时，在如表 8-1 所示的为常用建筑构配件图例。

表 8-1　常用建筑构配件图例

名　称	图　例	名　称	图　例
单扇门		单层外开平开窗	
双扇门		单层中悬窗	
双扇双面弹簧门		单层固定窗	
推拉门		推拉窗	
通风道		烟道	
高窗		底层楼梯	
墙上预留洞或槽			

↘ 8.2　单元式住宅标准层平面图的绘制

视频\08\单元式住宅标准层平面图的绘制.avi
案例\08\单元式住宅标准层平面图.dwg

　　在绘制某单元式住宅标准层平面图时，首先根据要求设置绘图环境，包括设置绘图环境、规划图层、设置尺寸、文字的样式等，在根据要求绘制轴网线、墙体线、柱子、楼梯、散水，然后绘制门、窗、阳台，接着进行尺寸标注、文字标注、剖切符号的标注、标高标注、指北针标注、图名及比例的标注，从而完成单元式住宅标准层平面图的绘制，其最终的效果如图 8-6 所示。

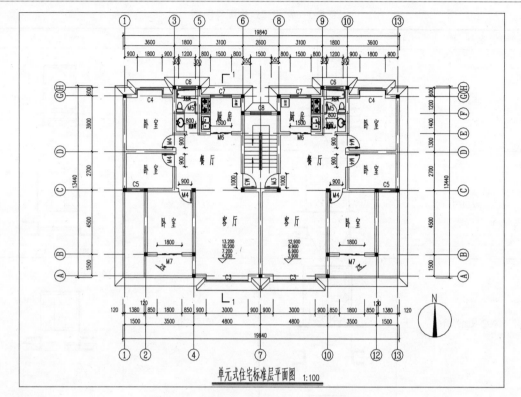

图 8-6　单元式住宅标准层平面图的效果

➲ 8.2.1　设置绘图环境

在绘制建筑平面图之前，首先要设置好绘图环境，从而使用户在绘制建筑平面图时更加方便、灵活、快捷。设置绘图环境，包括绘图区域界限及单位的设置、图层的设置、文字和标注样式的设置等。

1. 绘图区的设置

1）启动 AutoCAD 2013 软件，选择"文件 | 保存"菜单命令，将该文件保存为"案例\08\单元式住宅标准层平面图.dwg"文件。

2）选择"格式 | 单位"菜单命令，打开"图形单位"对话框，将长度单位类型设定为"小数"，精度为"0.000"，角度单位类型设定为"十进制"，精度精确到"0.00"，如图 8-7 所示。

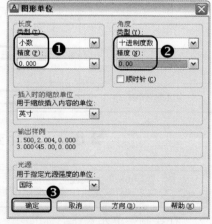

图 8-7　图形单位的设置

 提示　此处的单位精度是绘图时确定坐标的精度，不是尺寸标注的单位精度，通常长度精度取后面小数点的后三位，角度单位精度取小数点后两位。

3）选择"格式 | 图形界限"菜单命令，依照提示，设定图形界限的左下角为(0，0)，右上角为(59400，42000)。

4）再在命令行输入<Z>→<空格>→<A>，使输入的图形界限区域全部显示在图形窗口内。

2．规划图层

由前面图 8-6 所示可知，该住宅标准层平面图主要由轴线、门窗、墙体、楼梯、设施、文本标注、尺寸标注等元素组成，因此绘制平面图形时，应建立如表 8-2 所示的图层。

表 8-2　图层设置

序号	图层名	描述内容	线宽	线型	颜色	打印属性
1	轴线	定位轴线	默认	点画线(ACAD_ISOO4W100)	红色	不打印
2	墙体	墙体	0.30mm	实线(CONTINUOUS)	黑色	打印
3	墙柱	墙柱	默认	实线(CONTINUOUS)	8色	打印
4	轴线编号	轴线圆	默认	实线(CONTINUOUS)	绿色	打印
5	散水	散水	0.30mm	实线(CONTINUOUS)	洋红色	打印
6	门窗	门窗	默认	实线(CONTINUOUS)	绿色	打印
7	尺寸标注	尺寸标注	默认	实线(CONTINUOUS)	蓝色	打印
8	文字标注	图内文字、图名、比例	默认	实线(CONTINUOUS)	黑色	打印
9	标高	标高文字及符号	默认	实线(CONTINUOUS)	黑色	打印
10	设施	布置的设施	默认	实线(CONTINUOUS)	44色	打印
11	楼梯	楼梯间	默认	实线(CONTINUOUS)	134色	打印
12	剖切符号	剖切符号	默认	实线(CONTINUOUS)	青色	打印
13	其他	附属构件	默认	实线(CONTINUOUS)	黑色	打印

1）选择"格式 | 图层"菜单命令，将打开"图层特性管理器"面板，根据前面如表 8-2 所示来设置图层的名称、线宽、线型和颜色等，如图 8-8 所示。

2）选择"格式 | 线型"菜单命令，打开"线型管理器"对话框，单击"显示细节"按钮，打开"细节选项组"，输入"全局比例因子"为 100，然后单击"确定"按钮，如图 8-9 所示。

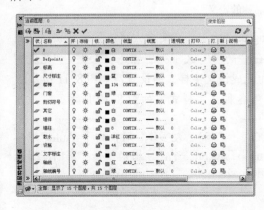

图 8-8　规划的图层

图 8-9　设置线型比例

在设置轴线线型时，为了保证图形的整体效果，必须进行轴线线型的设定。AutoCAD 默认的全局线型缩放比例为 1.0，通常线型比例应和打印相协调，如打印比例为 1∶100，则线型比例大约设为 100。

3. 设置文字样式

由如图 8-6 所示可知，该建筑平面图上的文字有尺寸文字、标高文字、图内文字说明、剖切符号文字、图名文字、轴线符号等，打印比例为 1∶100，文字样式中的高度为打印到图纸上的文字高度与打印比例倒数的乘积。根据建筑制图标准，该平面图文字样式的规划如表 8-3 所示。

表 8-3　文字样式

文字样式名	打印到图纸上的文字高度	图形文字高度（文字样式高度）	宽 度 因 子	字体	大字体
图内文字	3.5	350		Tssdeng	gbcbig
图名	5	500	0.7	Tssdeng	gbcbig
尺寸文字	3.5	0		tssdeng
轴号文字	5	500		Comples

1）选择"格式 | 文字样式"菜单命令，打开"文字样式"对话框，单击"新建"按钮将打开"新建文字样式对话框"，样式名定义为"图内文字"，如图 8-10 所示。

图 8-10　文字样式名称的定义

2）在"字体"下拉列表框中选择字体"Tssdeng.shx"，勾选"使用大字体"选择项，并在"大字体"下拉列表框中选择字体"gbcbig.shx"，在"高度"文本框中输入"350"，"宽度因子"文本框中输入"0.7"，单击"应用"按钮，从而完成该文字样式的设置，如图 8-11 所示。

3）重复前面的步骤，建立如表 8-3 所示中其他各种文字样式，如图 8-12 所示。

　　用户在设置文字样式的"SHX 字体"和"大字体"时，由于 AutoCAD 2013 系统本身并没有带有"Tssdeng | Tssdchn"字体，用户可将"案例\CAD 钢筋符号字体库"文件夹中"Tssdeng.shx"和"Tssdchn.shx"字体，复制到 AutoCAD 2013 所安装的位置，即"*:\Program Files\Autodesk\AutoCAD 2013\Fonts"文件夹中。

图 8-11 设置"图内文字"文字样式

图 8-12 其他文字样式

4）选择"格式丨标注样式"菜单命令，打开"标注样式管理器"对话框，单击"新建"按钮，打开"创建新标注样式"对话框，新建样式名定义为"建筑平面-100"，如图 8-13 所示。

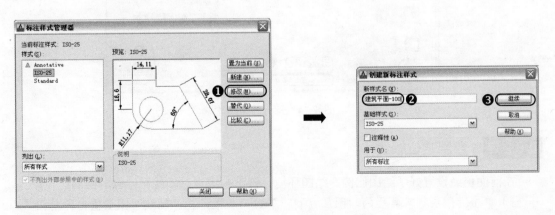

图 8-13 标注样式名称的定义

5）当单击"继续"按钮过后，则进入到"新建标注样式"对话框，然后分别在各选项卡中设置相应的参数，其设置后的效果如表 8-4 所示。

表 8-4 "建筑平面-100"标注样式的参数设置

"选"选项卡	"符号和箭头"选项卡	"文字"选项卡	"调整"选项卡
尺寸线 颜色(C): ByBlock 线型(L): ByBlock 线宽(G): ByBlock 超出标记(N): 0 基线间距(A): 3.75 隐藏: □尺寸线 1(M) □尺寸线 2(D) 超出尺寸线(X): 2.5 起点偏移量(F): 2.5 □固定长度的尺寸界线(O) 长度(E): 10	箭头 第一个(T): ☑建筑标记 第二个(D): ☑建筑标记 引线(L): ☑实心闭合 箭头大小(I): 2	文字外观 文字样式(Y): 尺寸文字 文字颜色(C): 黑 填充颜色(L): 无 文字高度(T): 3.5 分数高度比例 00: 1 □绘制文字边框(F) 文字位置 垂直(V): 上 水平(Z): 居中 观察方向(D): 从左到右 从尺寸线偏移(O): 1 文字对齐(A) ○水平 ◉与尺寸线对齐 ○ISO 标准	标注特征比例 □注释性(A) ⓘ ○将标注缩放到布局 ◉使用全局比例(S): 100

6）选择"文件 | 另存为"菜单命令，打开"图形另存为"对话框，保存为"案例\11\建筑施工图样板.dwt"文件，如图 8-14 所示。

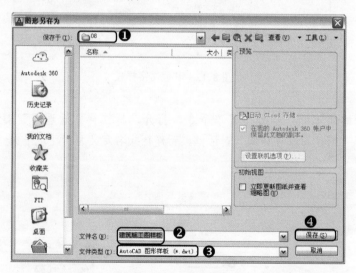

图 8-14 保存样板文件

➲ 8.2.2 绘制定位轴线

在前面已经设置好了绘图比例、绘图环境，接下来应进行轴线网结构的绘制。

1）单击"图层"工具栏的"图层控制"下拉列表框，将"轴线"图层置为当前图层。

2）按〈F8〉键切换到"正交"模式。执行"直线"命令（L），在图形窗口中，指定一点作为起始点，绘制长度为 11800mm 的水平轴线和 15200mm 的垂直轴线，如图 8-15 所示。

3）使用"偏移"命令（O），将水平轴线向上依次偏移 1500mm、4500mm、2700mm、1300mm、1400mm、1200mm 和 600mm，再将垂直轴线依次向右偏移 1500mm、2100mm、1400mm、400mm、3100mm 和 1300mm，如图 8-16 所示。

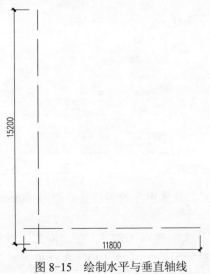

图 8-15 绘制水平与垂直轴线

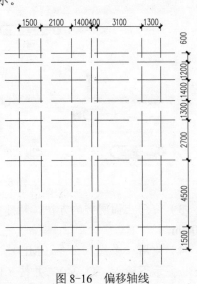

图 8-16 偏移轴线

4）使用"修剪"命令（TR），修剪掉多余的线段，结果如图 8-17 所示。

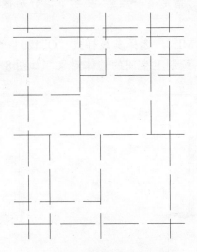

图 8-17 修剪多余的轴线

⊃ 8.2.3 绘制墙体、柱子

由于该住宅楼采用的是混凝土结构，外墙的厚度为 240mm，部分内墙、结构厚度为 120mm，为了能够快速地绘制墙体结构，应采用多线方式来绘制墙体，再绘制墙柱。

1）单击"图层"工具栏的"图层控制"下拉列表框，选择"墙体"图层为当前层。

2）选择"格式｜多线样式"菜单命令，打开"多线样式"对话框，单击"新建"按钮，打开"创建新的多线样式"对话框，在名称栏输入多线名称"240Q"，单击"继续"按钮，打开"新建多线样式"对话框，然后设置图元的偏移量分别为120mm和-120mm，再单击"确定"按钮，如图8-18所示。

图 8-18　新建"Q 240"多线样式

3）使用上面同样的方法，新建多线名称"Q 120"，设置图元的偏移量分别为 60mm 和 -60mm。

4）使用"多线"命令（ML），根据提示选择"样式"选项（ST），在"输入多线样式名："提示下输入"Q 240"并按〈Enter〉键；再选择"对正"选项（J），在"输入对正类型："提示下选择"无"（Z）；再选择"比例"（S）选项，在"输入多线比例："提示下输入 1，然后在"指定起点："和"指定下一点："提示下，分别捕捉相应的轴线交点来绘制多条多线对象，如图 8-19 所示。

5）使用"多线"命令（ML），选择多线样式"Q 120"选项，在"输入对正类型："为"无"；再选择"比例"为 1，绘制卫生间的墙体对象，如图 8-20 所示。

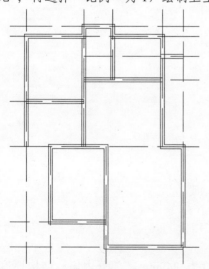

图 8-19　绘制的 240mm 墙体

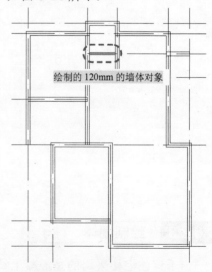

绘制的 120mm 的墙体对象

图 8-20　绘制的 120mm 墙体

6）执行"修改｜对象｜多线"菜单命令，打开"多线编辑工具"对话框，如图 8-21 所示；单击"T 形合并"按钮╤╤对其指定的交点进行合并操作；再单击"角点结合"按钮∟

对其指定的拐角点进行角点结合操作，如图 8-22 所示。

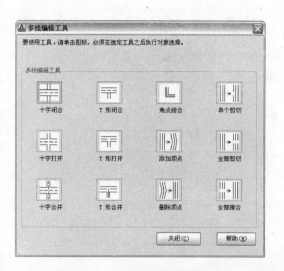

图 8-21 "多线编辑工具"对话框

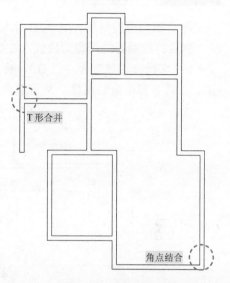

图 8-22 编辑后的墙体

 提示

> 用户在对墙体对象进行编辑时，可以将"轴线"图层暂时关闭，这样可以更加方便地观察墙体对象编辑后的效果。
> 若遇到编辑困难的多线对象，可以进行分解操作从而编辑多线。

7）单击"图层"工具栏的"图层控制"下拉列表框，选择"墙柱"图层为当前层。

8）执行"矩形"命令（REC），绘制 240mm 的正方形；再执行"图案填充"命令（H），将 240mm 的正方形填充"SOLID"图案，如图 8-23 所示。

9）执行"复制"命令（CO），将上一绘制填充的图案复制到相应的位置，结果如图 8-24 所示。

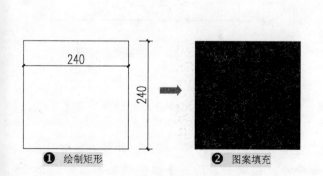

图 8-23 绘制及填充矩形

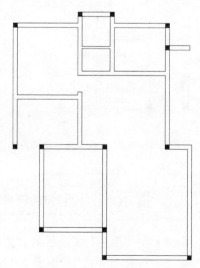

图 8-24 复制的柱子

➲ 8.2.4　绘制门窗

　　在绘制门窗的时候，首先要考虑是开启门窗洞口，在根据需要绘制相应的门窗平面图块，然后将绘制好的门窗图块插入在相应的门窗洞口位置。

　　1）执行"偏移"命令（O），将左侧的轴线向右进行偏移操作；再执行"修剪"命令（TR），修剪掉多余的线段，从而形成窗洞口，如图8-25所示。

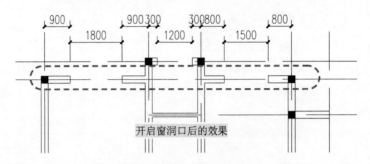

图8-25　开启上侧的窗洞口

　　2）使用上述同样的方法，再对其图形的中间部分线段进行修剪，从而形成门洞口，如图8-26所示。

　　3）使用上述同样的方法，再对其图形的下侧部分进行修剪线段，从而形成窗洞口，如图8-27所示。

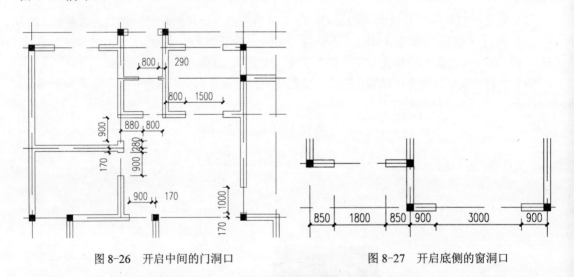

图8-26　开启中间的门洞口　　　　　　　　图8-27　开启底侧的窗洞口

> **提示**　将前面开启门窗洞口时，修剪的线段全部转换为"墙体"图层。

　　4）在"图层"工具栏的"图层控制"组合框中选择"门窗"图层，并置为当前图层。

　　5）执行"直线""圆弧""修剪"等命令，绘制一扇门的平面图效果图，如图8-28所示。

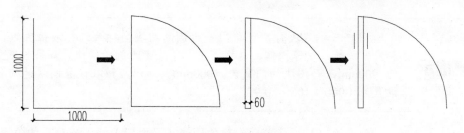

图 8-28 绘制平面门

6）执行"写块"命令（W），将弹出"写块"对话框，然后将绘制的平面门保存为"案例\08\平面门.dwg"图块，如图 8-29 所示。

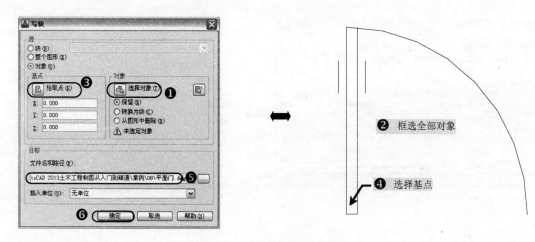

图 8-29 创建"平面门"图块

7）执行"插入块"命令（I），比例为 0.9，将刚创建的图块（平面门）插入到相应的位置；再执行"镜像"（MI）、"旋转"（RO）等命令，对图块进行镜像、旋转操作，如图 8-30 所示。

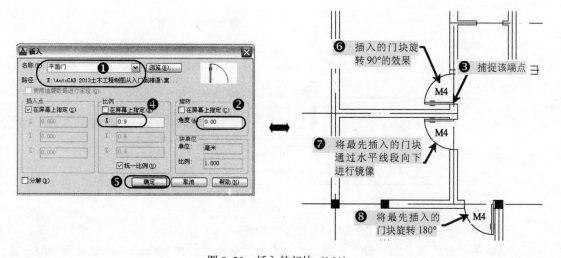

图 8-30 插入的门块（M4）

> **提示**　用户在插入块时，可将同一比例的图块全插入到相应位置时，进行相应的旋转、镜像操作，这样省去重复改变比例的操作。如果图纸上门宽为 900mm，而图块的门宽为 1000mm，所以应该在设置图块的缩放比例设置为（900÷1000＝0.9）。

8）执行"插入块"命令（I），将前面创建的图块（平面门）插入到相应的位置，并适当地进行图块旋转缩放操作，如图 8-31 所示。

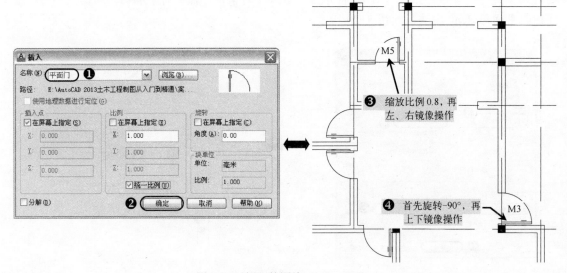

图 8-31　插入的图块（M3、M5）

9）执行"矩形"（REC）、"直线"（L）、"图案填充"（H）等命令，绘制推拉门，如图 8-32 所示。

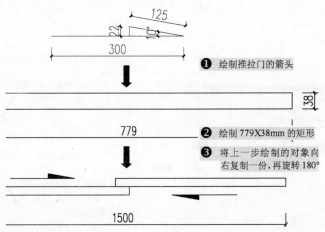

图 8-32　绘制推拉门

10）执行"移动"（M）、"复制"（CO）、"拉伸"（S）等命令，将上一步绘制的推拉门移动到 M6 的位置；再复制一份，分别对左、右侧的矩形各拉伸 150mm，再移动到图形下侧的 M7 位置，结果如图 8-33 所示。

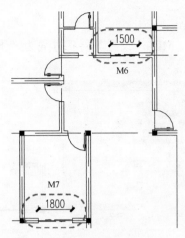

图 8-33　插入门图块和绘制推拉门

11）执行"格式 | 多线样式"菜单命令，新建"C"多线样式，并设置其图元的偏移量分别为 120mm、60mm、-60mm、-120mm，然后单击"确定"按钮，并置为当前，如图 8-34 所示。

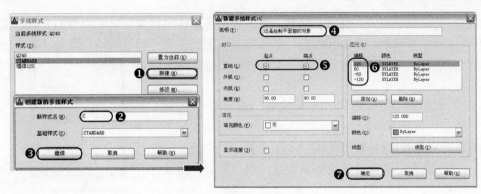

图 8-34　新建"C"多线样式

12）执行"多线"命令（ML），比例为"1"，对正方式为"无"，在图形的相应位置，绘制平面窗子，如图 8-35 所示。

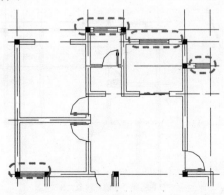

图 8-35　绘制平面窗

13）执行"格式 | 多线样式"菜单命令，新建"CC"多线样式，并设置其图元的偏移

量分别为 120mm、40mm、0mm;

14）再执行"多线"命令（ML），设置其对正方式为"下"，在图形左上侧绘制多线对象，如图 8-36 所示。

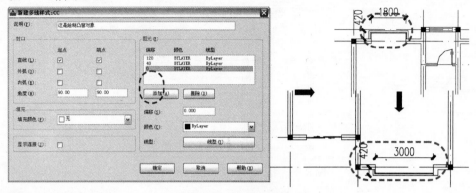

图 8-36　绘制的凸窗

⊃ 8.2.5　垂直镜像单元住宅

前面已经绘制了墙体、柱子、门窗，将其中的一套住宅标准层平面图绘制完成。根据要求，整个住宅平面图由两个单元组成，所以将其左侧的住宅平面图向右进行垂直镜像，从而完成一整套住宅标准层平面图的绘制。

1）在"图层"工具栏的"图层控制"组合框中选择"其他"图层，并置为当前图层。

2）执行"直线"（L）、"偏移"（O）、"修剪"（TR）等命令，在图形的左下角处绘制及偏移线段，表示露台，结果如图 8-37 所示。

3）执行"镜像"命令（MI），框选视图中所有的图形对象，选择最右侧的垂直轴线作为镜像的轴线，从而向右侧进行住宅平面图的垂直镜像，如图 8-38 所示。

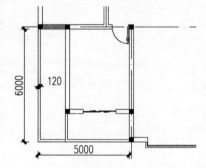

图 8-37　绘制及偏移线段

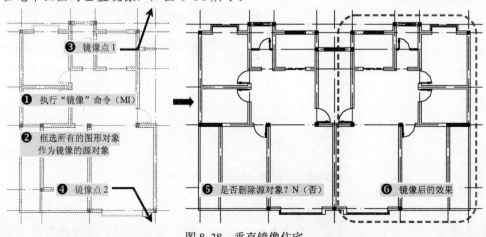

图 8-38　垂直镜像住宅

4）使用"合并"（J）、"夹点编辑"、"删除"（E）等命令，将镜像后的重复墙体删除掉，再将所有的相应的水平轴线合并为一条线段，再使用夹点编辑图形中部分的墙体，如图 8-39 所示。

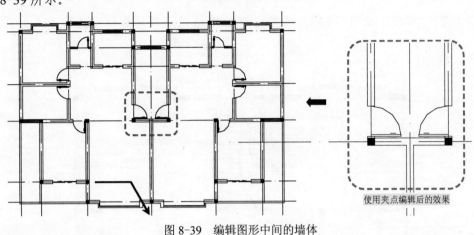

图 8-39　编辑图形中间的墙体

8.2.6　绘制楼梯

接下来绘制单元式住宅标准层平面图的楼梯。

1）单击"图层"工具栏的"图层控制"下拉列表框，将"楼梯"图层置为当前图层。

2）使用"矩形"、"直线""偏移"和"修剪"等命令，绘制楼梯的轮廓；再使用"多段线"（PL）命令，绘制方向箭头，其箭头起点宽度为 80mm，末端宽度为 0；然后使用"编组"（G）命令，在视图选择绘制好的楼梯，进行编组操作，如图 8-40 所示。

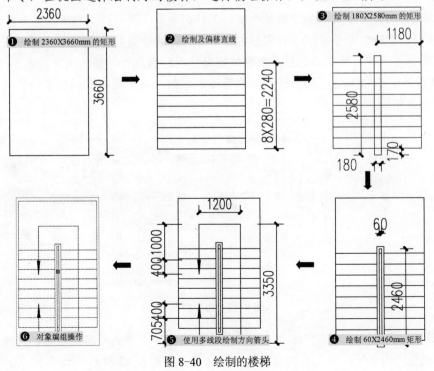

图 8-40　绘制的楼梯

> **提示**　对楼梯对象绘制完毕后，可以使用"编组"（G）命令，将需要组合在一起的楼梯对象组合为一个整体，从而方便移动操作。

3）执行"移动"命令（M），将编组好的楼梯对象移动到相应的位置，如图8-41所示。

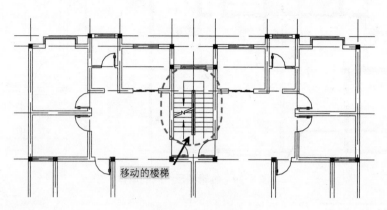

图 8-41　移动的楼梯对象

➲ 8.2.7　绘制厨房、卫生间设施

厨房、卫生间的主要设施有案台、燃气灶、洗碗槽、电冰箱、洗脸盆、马桶等，用户可以根据需要进行临时的绘制，这里为了快捷地制图，可将事先准备好"案例\08"文件夹下的图块插入到相应的位置即可。

1）单击"图层"工具栏的"图层控制"下拉列表框，将"设施"图层置为当前图层。

2）执行"直线"命令（L），在图形右侧厨房的位置绘制宽度为 680mm 的水平线段，高 2360mm 的垂直线段，作为布置厨房案台的辅助线段；再执行"插入块"命令（I），将"案例\08"文件夹下的燃气灶、洗碗槽、电冰箱等图块插入到厨房相应的位置，并适当进行图块旋转操作，如图8-42所示。

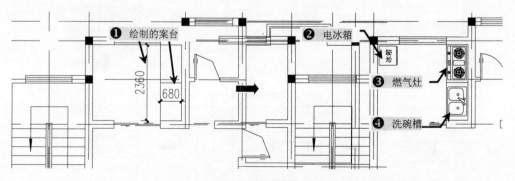

图 8-42　布置厨房

3）同样，执行"插入块"命令（I），将"案例\08"文件夹下面洗脸盆、马桶、浴缸等图块插入到相应的位置，并适当进行图块旋转操作，如图8-43所示。

4）执行"镜像"命令（MI），将上面布置厨房、卫生间的设施，通过楼梯处的垂直轴线向左进行镜像操作，结果如图 8-44 所示。

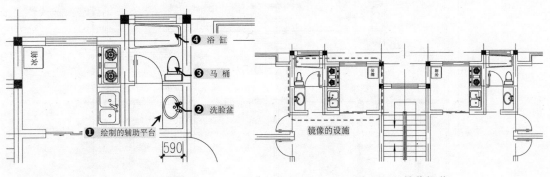

图 8-43　布置卫生间　　　　　　　　　　　　　图 8-44　镜像操作

⊃ 8.2.8　绘制散水、剖切符号

前面对平面图进行墙体、门窗、楼梯、设施的绘制后，接下来绘制散水、剖切符号。

1）单击"图层"工具栏的"图层控制"下拉列表框，将"散水"图层置为当前图层。

2）使用"多段线"命令（PL），围绕该住宅平面图的外墙绘制一条封闭的多段线；再执行"偏移"命令（O），将多段线向外偏移 600mm；再执行"删除"命令（E），将之前绘制的多段线删除掉，如图 8-45 所示。

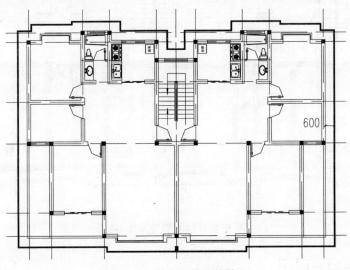

图 8-45　绘制及偏移的散水

3）使用"直线"命令（L），在多段线的转角处分别绘制相应的斜线段，从而完成散水的绘制，如图 8-46 所示。

4）单击"图层"工具栏的"图层控制"下拉列表框，将"剖切符号"图层置为当前图层。

5）使用"多段线"命令（PL），在平面图楼梯处绘制一条转角的宽度为 30mm 的多段线；再使用"打断"命令（BR），将该多段线打断，从而形成剖切符号；再执行"单行文字"命令（DT），在剖切符号的两端输入剖切编号文字"1"，如图 8-47 所示。

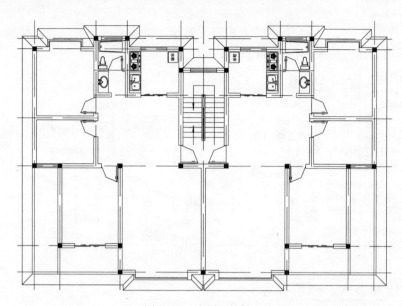

图 8-46　绘制好的散水

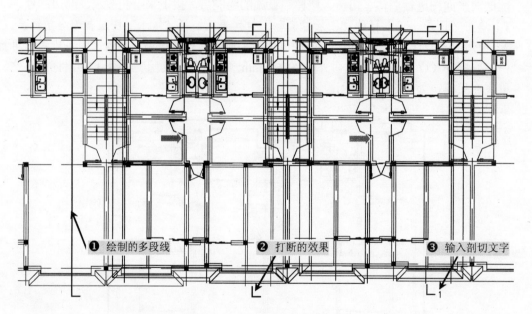

① 绘制的多段线　　　　② 打断的效果　　　　③ 输入剖切文字

图 8-47　绘制剖切符号 1-1

➲ 8.2.9　进行尺寸标注

通过前面的绘制，已经将该住宅标准层平面图绘制完毕，接下来进行尺寸的标注。

1）执行"拉伸"命令（S），分别将其水平、垂直轴线向外各拉伸 500mm，从而使该图形的主轴线"凸"出显示出来，如图 8-48 所示。

2）单击"图层"工具栏的"图层控制"下拉列表框，将"尺寸标注"图层置为当前图层。

3）在"标注"工具栏中单击"线性"按钮 ⊢┤ 和"连续"按钮 ⊞ ，对图形的底侧进行第一道尺寸的标注，如图 8-49 所示。

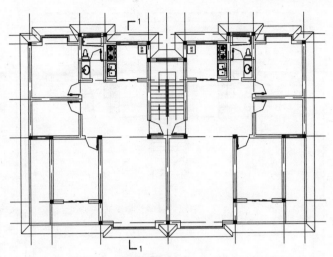

图 8-48　延伸的轴线

图 8-49　进行底侧第一道尺寸的标注

4）在"标注"工具栏中单击"线性"按钮 ⊢┤ 和"连续"按钮 ┼┼┼，对图形的底侧进行第二、三道尺寸的标注，如图 8-50 所示。

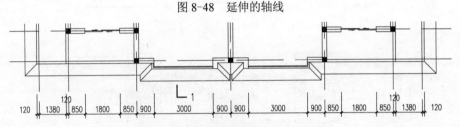

图 8-50　进行底侧第二、三道尺寸的标注

5）使用上面同样的方法，单击"标注"工具栏中"线性"按钮 ⊢┤ 和"连续"按钮 ┼┼┼，对图形的顶、左、右侧进行尺寸的标注，如图 8-51 所示。

6）同样，在"标注"工具栏中单击"线性"按钮 ⊢┤ 和"连续"按钮 ┼┼┼，对图形内部进行尺寸标注，如图 8-52 所示。

⊃ 8.2.10　定位轴线标注

对图形尺寸标注完成后，接下来进行定位轴号的标注。

1）单击"图层"工具栏的"图层控制"下拉列表框，将"0"图层置为当前图层。

2）执行"圆"（C）和"直线"（L）命令，绘制直径为 800mm 的圆，在圆的上侧象限点绘制高 1700mm 的垂直线段；再使用"绘图|块|定义属性"命令，打开"属性定义"对话框，选择"轴号文字"文字样式，定义相应的属性，如图 8-53 所示。

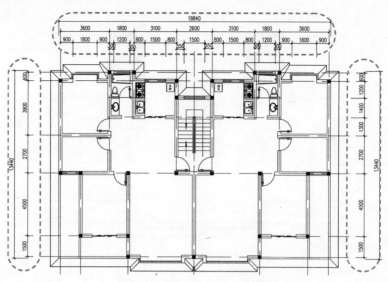

图 8-51　进行另外的尺寸标注

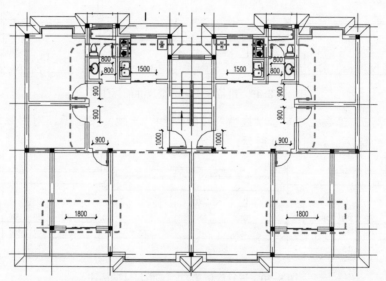

图 8-52　进行图形内部尺寸的标注

图 8-53　绘制轴线编号

3）执行"写块"命令（W），将上一步绘制的对象保存为"案例\08\轴线编号.dwg"文件，如图8-54所示。

图8-54　保存"轴线编号"图块

4）单击"图层"工具栏的"图层控制"下拉列表框，将"轴线编号"图层置为当前图层。

5）执行"插入"命令（I），将"案例\08\轴线编号.dwg"插入到图形底侧相应的位置，并分别修改编号值，如图8-55所示。

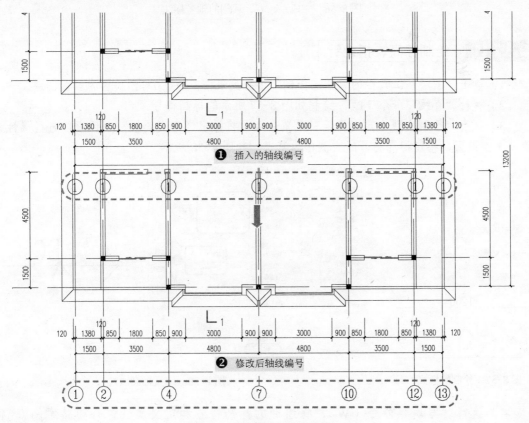

图8-55　进行底侧定位轴线的标注

6）同上，执行镜像（MI）、插入块（I）、复制（CO）等命令，对图形的左、右、顶三侧进行轴号的标注，结果如图 8-56 所示。

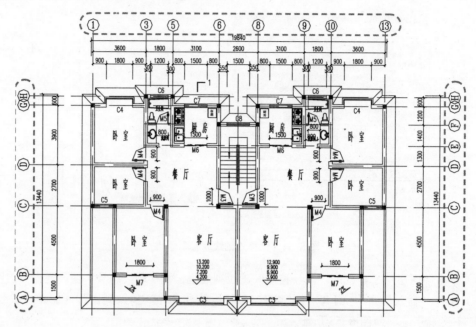

图 8-56 完成左、右、顶侧的轴号标注

🔿 8.2.11 绘制标高、指北针

1）单击"图层"工具栏的"图层控制"下拉列表框，将"0"图层置为当前图层。

2）执行"直线"命令（L），绘制如图 8-57 所示的标高符号。

3）执行"绘制 | 块 | 定义属性"菜单命令，将弹出"定义属性"对话框，进行属性设置及文字设置，指定标高符号的右侧作为基点，如图 8-58 所示。

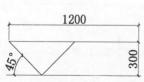

图 8-57 绘制的标高符号

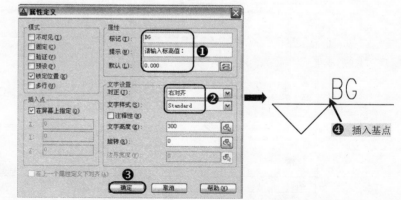

图 8-58 定义标高属性

4）执行"写块"命令（W），将绘制的标高符号和定义属性保存为"案例\08\标高.dwg"图块文件，如图 8-59 所示。

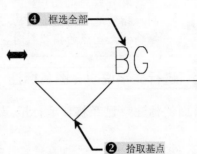

图 8-59　保存"标高"图块

5）单击"图层"工具栏的"图层控制"下拉列表框中，选择"标高"图层作为当前图层。

6）执行"插入"命令（I），将"案例\08\标高.dwg"插入到相应的位置，并分别修改标高值，如图 8-60 所示。

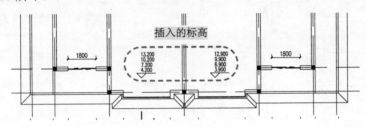

图 8-60　进行标高标注

7）单击"图层"工具栏的"图层控制"下拉列表框，将"0"图层置为当前图层。

8）执行"圆"命令（C），在相应的位置绘制半径为 2400mm 的圆，在执行"多段线"命令（PL），圆的上侧"象限点"作为起始点至下侧"象限点"作为端点，多段线起始点宽度为 0mm，下侧宽度为 300mm，再执行"单行文字"命令（MT），圆上侧输入"N"，从而完成指北针的绘制，如图 8-61 所示。

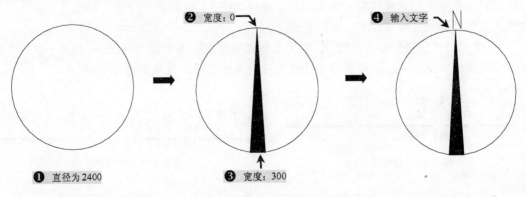

图 8-61　绘制的指北针

> **提示** 　　在建筑平面图中，应画出指北针，一般圆的直径为 24，用细实线绘制。指针尾部的宽度宜为 3，指针头部应注"北"或"N"字。如果需要绘制较大直径的指北针时，则指针宽度为直径的 1/8。

➲ 8.2.12　进行文字说明、图名标注

通过前面的标注，已经将住宅标准层平面图标注完毕，接下来开始对图形文字的标注。

1）单击"图层"工具栏的"图层控制"下拉列表框，将"文字标注"图层置为当前图层。

2）执行"单行文字"命令（DT），选择"图内文字"文字样式，在相应的位置输入门窗文字，如图 8-62 所示。

3）执行"单行文字"命令（DT），在相应的位置输入厨房、餐厅、卫生间、洗脸间、客厅、卧室等，结果如图 8-63 所示。

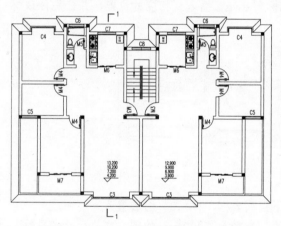

图 8-62　进行"门窗"的文字标注 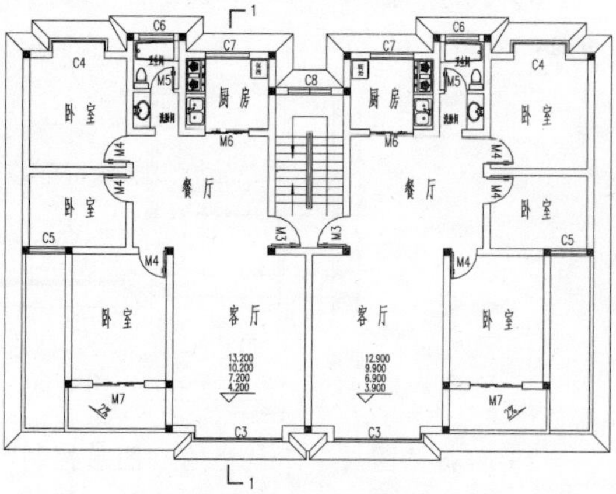　　　　　　图 8-63　进行图内文字的标注

4）在"样式"工具栏中选择"图名"文字样式，单击工具栏中"单行文字"按钮 AI，设置其对正方式为"居中"，然后在相应的位置输入"单元式住宅标准层平面图"和比例"1∶100"，然后分别选择相应的文字对象，按〈Ctrl+1〉键打开"特性"面板，并修改相应文字大小为"1000"和"500"，如图 8-64 所示。

5）使用"多段线"命令（PL），在图名的底侧绘制一条宽度为 60mm 的水平多段线；再使用"直线"命令（L），绘制与多段线等长的水平线段，效果如图 8-65 所示。

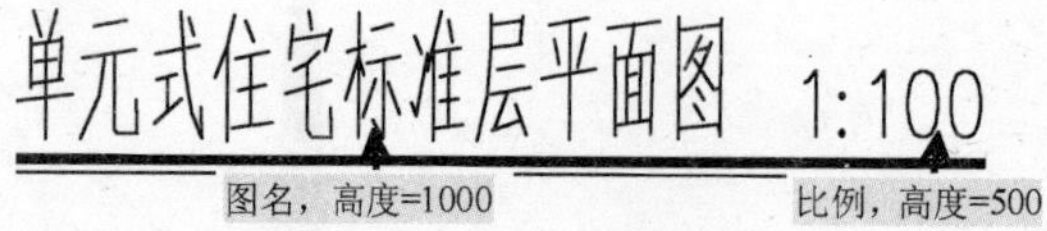

单元式住宅标准层平面图 1:100
　　　　图名，高度=1000　　　　　　比例，高度=500

图 8-64　进行图名标注

单元式住宅标准层平面图 1:100

图 8-65　多段线的绘制

6）至此，单元式住宅标准层平面图绘制完毕，用户可按〈Ctrl+S〉组合键进行保存。

为了使读者更加牢固地掌握建筑平面图的绘制技巧，并能达到熟能生巧的目的，可以按照前面的步骤和方法（对光盘中"案例\08\住宅平面图-拓展.dwg"文件）的一层平面图、六层平面图和七层平面图进行绘制，如图8-66～68所示。

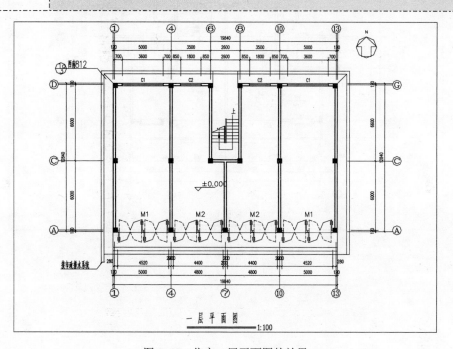

图8-66　住宅一层平面图的效果

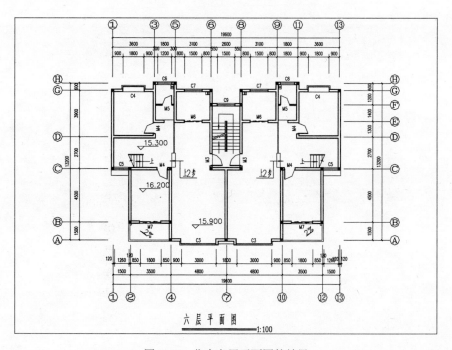

图8-67　住宅六层平面图的效果

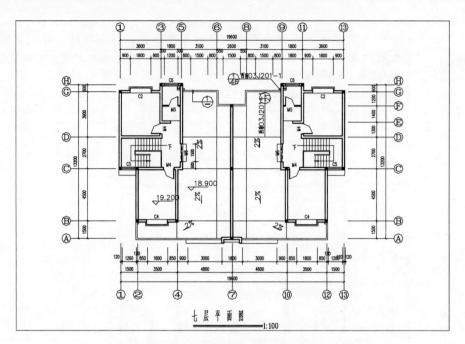

图 8-68　住宅七层平面图的效果

第9章 建筑立面图的绘制方法

本章导读

建筑立面图是建筑物与建筑物立面相平行的投影面上投影所得到的正投影图,它主要用来表示建筑物的体型和外貌、外墙装修、门窗的位置与形式,以及遮阳板、窗台、窗套、屋顶水箱、檐口、阳台、雨篷等构配件各部位的标高和必要尺寸,是建筑物施工中进行高度控制的技术依据。

本章节通过对某小区住宅正立面图的绘制,包括调用绘图环境、立面墙体、立面门窗、镜像、阵列操作,最后进行尺寸、轴号、标高、文字、图名的标注。在章节的最后"拓展学习"中,让读者自行去演练该住宅的其他层立面图,从而牢固掌握建筑立面图的绘制方法和技巧。

学习目标

📖 掌握建筑立面图的基础知识
📖 绘制建筑的立面墙体、立面窗、屋顶等
📖 进行尺寸、轴号、标高、文字标注

预览效果图

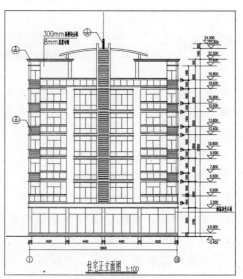

→ 9.1　建筑立面图的概述

在进行建筑立面图的设计和绘制过程中，首先应掌握建筑立面图的形成、内容与命名，再掌握通过 AutoCAD 软件进行建筑立面图绘制时的要求、方法和绘制过程。

○ 9.1.1　建筑立面图的形成、内容和命名

建筑立面图是建筑物各个方向的外墙面以及可见的构配件的正投影图，简称为立面图。如图 9-1 所示就是一栋建筑的两个立面图。

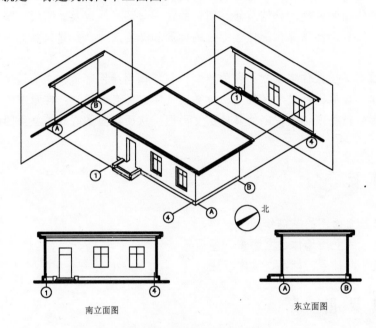

南立面图　　　　　　　　　东立面图

图 9-1　建筑立面图的形成

　　提示　　某些平面图形状曲折的建筑物，可绘制展开立面图，圆形或多边形平面的建筑物，可分段展开绘制立面图，但均应在图名后加注"展开"二字。

由于建筑立面图是建筑施工中控制高度和外墙装饰效果的重要技术依据，那么在绘制前也应清楚需绘制的内容，建筑立面图的主要内容如下。

1）图名、比例。

2）两端的定位轴线和编号。

3）建筑物的体形和外貌特征。

4）门窗的大小、样式、位置及数量。

5）各种墙面、台阶、阳台等建筑构造与构件的具体位置、大小、形状、做法。

6）立面高程及局部需要说明的尺寸。

7）详图的索引符号及施工说明等。

建筑立面图的名称有三种命名方式。

- 按主要出入口或外貌特征命名：主要出入口或外貌特征显著的一面称为正立面图，其余的立面图相应地称为背立面图、左侧立面图、右立面图。
- 按建筑物朝向来命名：建筑物的某个立面面向哪个方向，就是该方向的立面，如南立面图、北立面图、东立面图、西立面图。
- 按建筑首尾轴线编号来命名：按照观察者面向建筑物从左到右的轴线顺序命名，如①～⑤立面图、⑤～①立面图。

　　　　对于以上的三种命名方式在立面图中都可采用，但是每套施工图只能采用其中的一种方式命名。

①～⑤立面图若改以主要入口命名，也可称为正立面图，或北立面图，如图 9-2 所示。

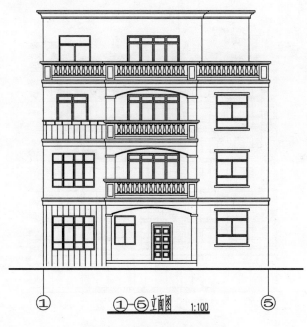

图9-2　建筑立面图的命名

⊃ 9.1.2　建筑立面图的绘图方法与步骤

在绘制建筑立面图时，用户可遵循以下的方法来进行绘制。

1）选择比例，确定图纸幅面。

2）绘制轴线、地坪线及建筑物的外围轮廓线。

3）绘制阳台、门窗。

4）绘制外墙立面的造型细节。

5）标注立面图的文本注释。

6）立面图的尺寸标注。

7）立面图的符号标注，如高程符号、索引符号、轴标号等。

↘ 9.2　单元式住宅正立面图的绘制

> 素材　视频\09\单元式住宅正立面图的绘制.avi
> 案例\09\单元式住宅正立面图.dwg

　　在绘制该单元式住宅的正立面图时，首先将第 8 章的"单元式住宅标准层平面图.dwg"打开，将其另存为"单元式住宅正立面图.dwg"，从而借用已经建立好的绘图环境，包括图层、文字样式、标注样式等；根据左侧套房的墙体结构绘制立面墙体的引申线段；再根据需要绘制立面凸窗、推拉门和阳台，并将其安装在相应的位置；再对其一层楼的立面图单元楼进行垂直镜像，完成两个单元楼的立面图效果；再绘制屋顶；最后对其进行尺寸、标高、轴标号及图名的标注，其最终效果如图 9-3 所示。

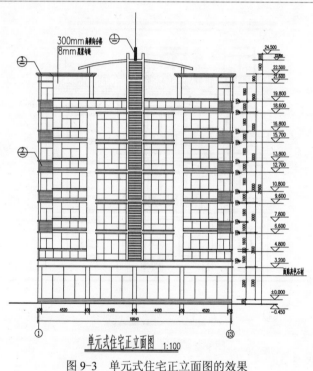

图 9-3　单元式住宅正立面图的效果

⇒ 9.2.1　调用平面图的绘图环境

　　为了能够更加快速地绘制其建筑立面图对象，用户可以将其绘制好的平面图文件打开，将其另存为"立面图"文件，并适当的创建新的图层对象，从而调用其平面图的绘图环境。

　　1）启动 AutoCAD 2013 软件，选择"文件丨打开"菜单命令，将"案例\08\单元式住宅标准层平面图.dwg"文件打开。

　　2）再选择"文件丨另存为"菜单命令，将该文件另存为"案例\09\单元式住宅正立面图.dwg"，从而调用该平面图的绘图环境。

　　3）在"图层"工具栏的"图层控制"下拉列表框中，关闭"尺寸标注"、"文字标注"、

"标高"、"轴线编号"、"散水"和"剖切符号"图层，如图 9-4 所示。

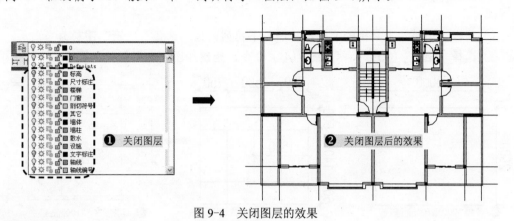

图 9-4 关闭图层的效果

9.2.2 绘制立面墙体及地坪线轮廓

在绘制立面图之前，首先根据其平面图的相应墙体，绘制相应的引申线段，从而形成立面轮廓对象。

1）选择"格式丨图层"菜单命令，在弹出的"图层特性管理器"面板中新建"地坪线"图层，设置其线宽为 0.70mm，如图 9-5 所示。

> 地坪线　　　🔆　　🔓　■白　CONTIN...　━━　0.70 毫米

图 9-5 新建"地坪线"图层

2）在"图层"工具栏的"图层控制"下拉列表框中，选择"墙体"图层作为当前图层。

3）使用"直线"命令（L），分别过最左下侧套房的墙体对象向下绘制相应的垂直线段，如图 9-6 所示。

4）使用"移动"命令（M），将绘制的墙体轮廓线水平向右进行移动，再使用"直线"命令（L），过其墙体轮廓线绘制一条水平的线段，再使用"偏移"命令（O），将其水平线段向上偏移 3650mm，如图 9-7 所示。

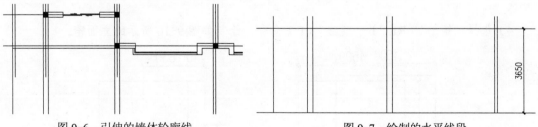

图 9-6 引伸的墙体轮廓线　　　　　　图 9-7 绘制的水平线段

5）再单击"图层"工具栏中"图层控制"下拉列表框的"地坪线"图层，从而将底侧的水平线段设置为"地坪线"。

9.2.3 绘制及插入立面门窗

在绘制立面图的立面窗和阳台时，首先根据要求绘制相应的立面凸窗、阳台和推拉窗，再确定立面窗和阳台的位置，然后将其绘制好的立面凸窗、阳台和推拉窗对象安装到相应的位置即可。

1）单击"图层"工具栏的"图层控制"下拉列表框，选择"门窗"图层为当前层。

2）选择"矩形"（REC）、"直线"（L）命令，绘制如图9-8所示的立面窗。

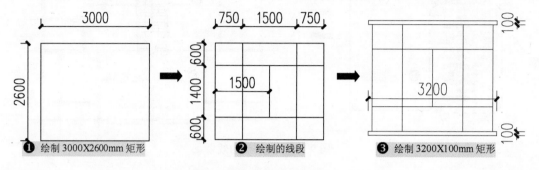

图9-8 绘制的立面窗"C3"

3）执行"写块"命令（W），将弹出"写块"对话框，然后将绘制的立面窗保存为"案例\09\C3.dwg"图块，如图9-9所示。

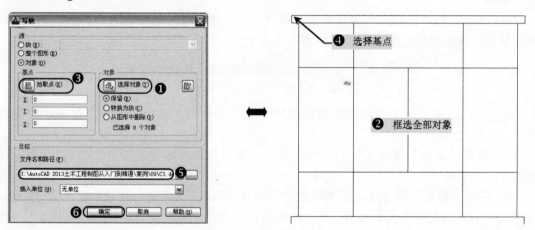

图9-9 创建"C3"图块

4）选择"矩形"（REC）、"直线"（L）命令，绘制如图9-10所示的立面窗。

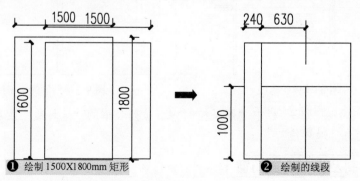

图9-10 绘制的立面窗"C5"

5）选择"矩形"（REC）、"直线"（L）命令，绘制如图9-11所示的立面栏杆。

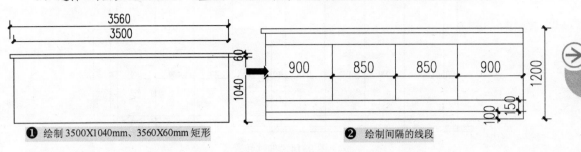

❶ 绘制3500X1040mm、3560X60mm 矩形   ❷ 绘制间隔的线段

图9-11　绘制的"LG"

6）选择"矩形"（REC）、"直线"（L）命令，绘制如图9-12所示的推拉门。

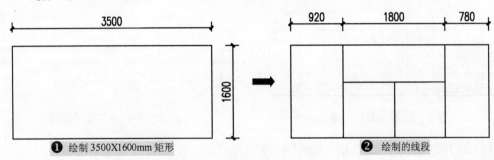

❶ 绘制3500X1600mm 矩形   ❷ 绘制的线段

图9-12　绘制的推拉门"M7"

7）选择"矩形"（REC）、"直线"（L）命令，绘制如图9-13所示的空调搁板。

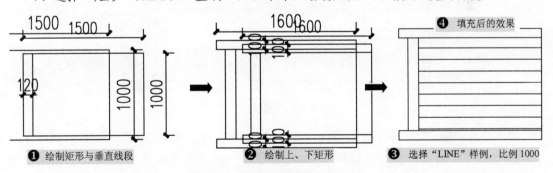

❶ 绘制矩形与垂直线段   ❷ 绘制上、下矩形   ❸ 选择"LINE"样例，比例1000   ❹ 填充后的效果

图9-13　绘制的空调搁板"KTB"

8）执行"写块"命令（W），将弹出"写块"对话框，然后将前面绘制的立面窗、立面门、空调搁板，分别保存为"案例\09"文件夹下"C5.dwg、LG.dwg、M7.dwg、KTB.dwg"文件。

9）执行"偏移"命令（O），将底侧的水平线段向上各偏移 150mm、150mm、150mm和2400mm，再将左侧的垂直线段向右各偏移400mm、4个1130mm、400mm、4个1100mm和200mm，如图9-14所示。

10）使用"修剪"命令（TR），修剪掉多余的线段，结果如图9-15所示。

11）使用"偏移"命令（O），将上一步图形的上侧水平线段向上各偏移 100mm、500mm、100mm 和2700mm，如图9-16所示。

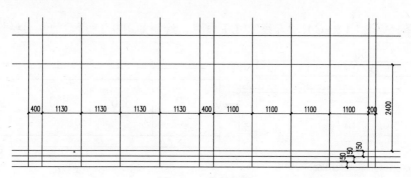

图 9-14　偏移线段

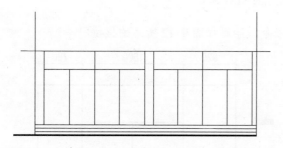

图 9-15　修剪后的效果

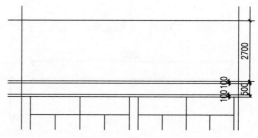

图 9-16　偏移水平线段

12）选择"矩形"（REC）、"直线"（L）命令，绘制如图 9-17 所示的图形。

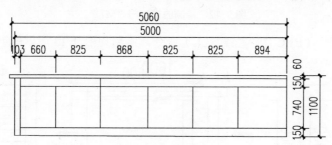

图 9-17　绘制的图形

13）选择"移动"命令（M），将上一步绘制的图形移动到相应的位置，如图 9-18 所示。

14）使用"偏移"命令（O），将左侧的垂直线段向右各偏移 1500mm、3500mm、920mm、3200mm、140mm 和 660mm，如图 9-19 所示。

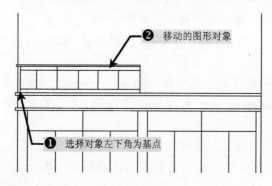

图 9-18　移动对象

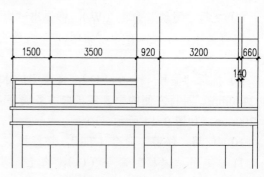

图 9-19　偏移垂直线段

15）使用"插入"命令（I），将"案例\09\C3.dwg"图块插入到右上侧相应的位置，如图9-20所示。

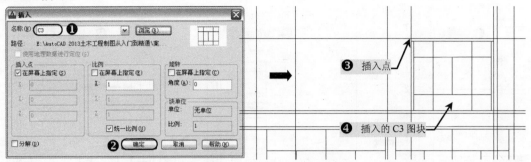

图9-20 插入"C3"图块

16）再使用"插入"命令（I），将C5、M7、LG、KTB 4个图块插入到相应的位置，如图9-21所示。

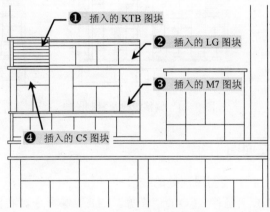

图9-21 插入另外的图块

17）使用"偏移"（O）和"修剪"（TR）、"删除"（E）等命令，将插入图块下侧处的水平线段向上偏移2800mm、200mm和2800mm，再做相应的修剪操作，且删除掉作插入图块用的辅助线段，结果如图9-22所示。

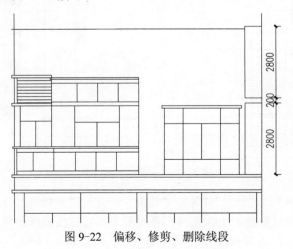

图9-22 偏移、修剪、删除线段

18）使用"复制"（CO）命令，将前面插入的 5 个图块向上分别进行一定距离的复制操作，如图 9-23 所示。

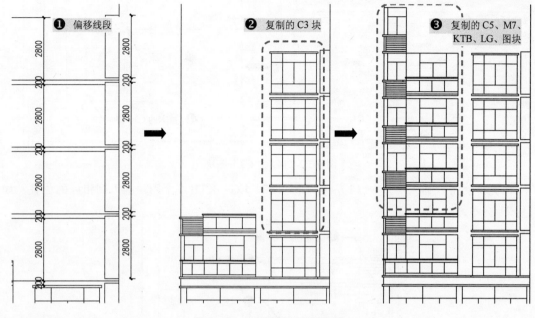

图 9-23　偏移线段及复制图块

⇨ 9.2.4　绘制屋顶立面图

插入立面门窗后，接下来绘制屋顶处的线段。

1）执行"直线"（L）、"偏移"（O）、"修剪"（TR）等命令，在图形的右上角屋顶处绘制及偏移线段，如图 9-24 所示。

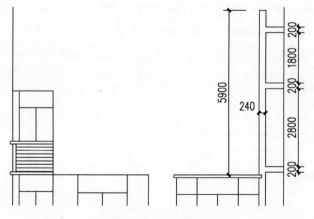

图 9-24　绘制及偏移线段

2）执行"插入"（I）、"分解"（X）、"镜像"（MI）、"直线"（L）、"修剪"（TR）等命令，在图形上侧相应的位置插入 LG 图块；再进行左、右镜像操作；将 2 个图块进行分解操作；然后进行编辑操作，结果如图 9-25 所示。

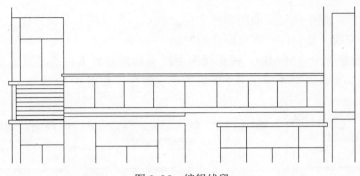

图 9-25　编辑线段

3）执行"直线"（L）、"矩形"（REC）命令，在图顶上侧绘制如图 9-26 所示的图形。

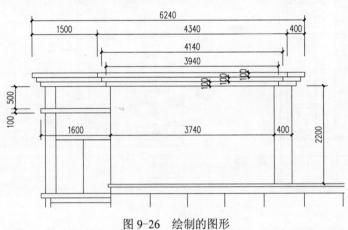

图 9-26　绘制的图形

4）执行"圆弧"（A）、"直线"（L）、"修剪"（TR）、"矩形"（REC）等命令，绘制如图 9-27 所示的图形。

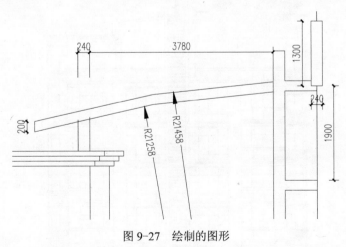

图 9-27　绘制的图形

➲ 9.2.5　垂直镜像单元式住宅

前面已经绘制了墙体、柱子、门窗、屋顶等立面图，已经将其中的一套住宅的立面图绘制完成。根据要求，整个住宅立面图由两个单元组成，所以将其左侧的住宅立面图向右进行垂直镜像，从而完成一整套住宅正立面图的绘制。

1）执行"镜像"命令（MI），框选视图中所有的图形对象，选择最右侧的垂直轴线作为镜像的轴线，从而向右侧进行住宅立面图的垂直镜像，如图 9-28 所示。

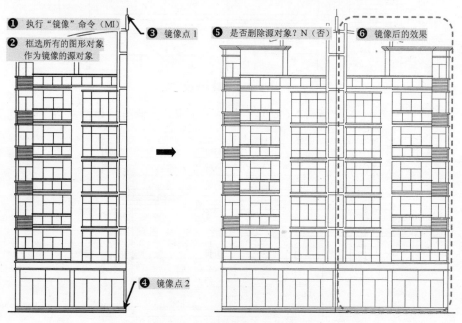

图 9-28　垂直镜像单元式住宅

2）使用"图案填充"（H）、"删除"（E）等命令，将镜像后的重复垂直线段删除掉，再对立面楼梯处进行"STEEL"样例的填充操作，结果如图 9-29 所示。

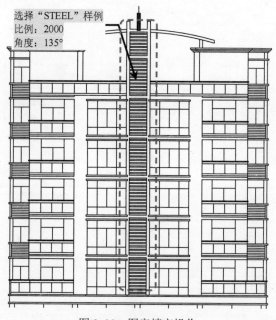

图 9-29　图案填充操作

⊃ 9.2.6 进行尺寸、标高、轴号标注

通过前面的绘制，已经将该单元式住宅正立面图绘制完毕，接下来进行相应的标注。

1）单击"图层"工具栏的"图层控制"下拉列表框，将"尺寸标注"图层置为当前图层。

2）在"标注"工具栏中单击"线性"按钮 ⊢ 和"连续"按钮 ⊬ ，对图形的右侧、底侧进行尺寸标注，如图9-30所示。

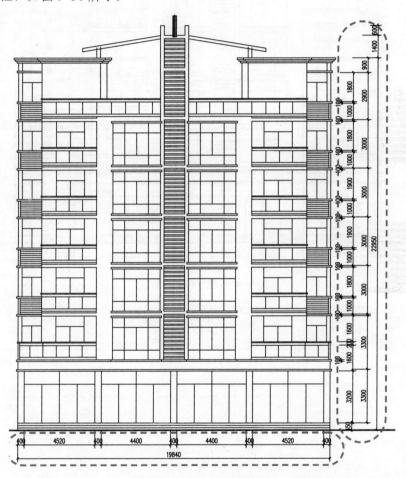

图9-30 进行尺寸的标注

3）单击"图层"工具栏的"图层控制"下拉列表框中，选择"标高"图层作为当前图层。

4）执行"插入"命令（I），将"案例\09\标高.dwg"插入到图形右侧的位置，并分别修改标高值，如图9-31所示。

5）单击"图层"工具栏的"图层控制"下拉列表框，将"轴线编号"图层置为当前图层。

6）执行"插入"命令（I），将"案例\09\轴线编号.dwg"插入到图形底侧相应的位置，并分别修改编号值，如图9-32所示。

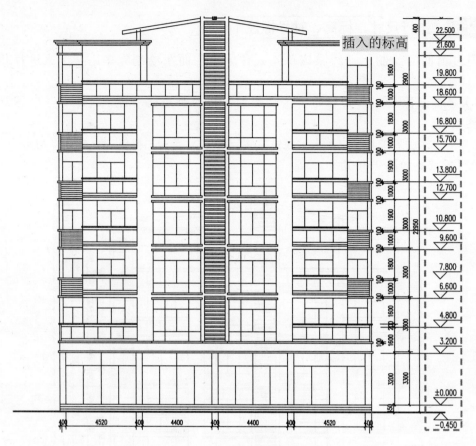

图 9-31　进行标高的标注

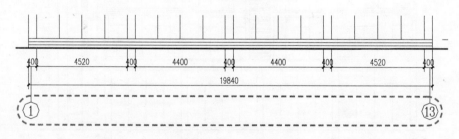

图 9-32　进行定位轴线的标注

⇒ 9.2.7　绘制详图符号、文字标注

对单元式住宅正立面图进行标注后，接下来绘制详图符号和进行文字的标注。

1）单击"图层"工具栏的"图层控制"下拉列表框中，选择"0"图层作为当前图层。

2）执行"引线标注"（QL）、圆（C）"等命令，分别绘制半径为 1000mm 的圆；再在两个圆之间绘制一引线，从而表示详图符号，如图 9-33 所示。

3）单击"图层"工具栏的"图层控制"下拉列表框中，选择"文字标注"图层作为当前图层。

4）再执行"单行文字"命令（DT），选择"图内文字"文字样式，在圆内输入文字 1、

2、3，其文字高度为 500mm；并在数字下面绘制一宽度为 50mm 的多段线，如图 9-34 所示。

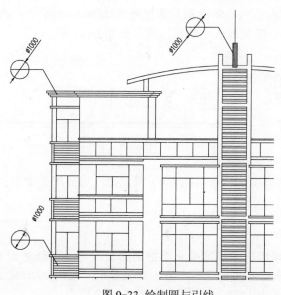

图 9-33 绘制圆与引线

图 9-34 绘制的详图符号

5）执行"单行文字"命令（DT），在图形顶侧、右下侧处分别输入文字说明，如图 9-35 所示。

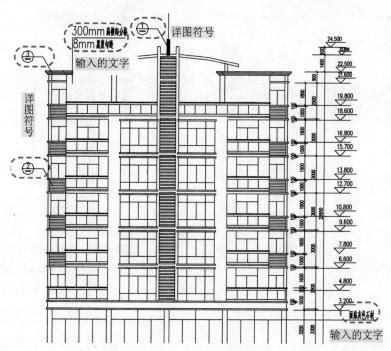

图 9-35 进行文字的标注

6）在"样式"工具栏中选择"图名"文字样式，单击工具栏中"单行文字"按钮 [AI]，设置其对正方式为"居中"，然后在相应的位置输入"单元式住宅正立面图"和比例"1：100"，然后分别选择相应的文字对象，按〈Ctrl+1〉键打开"特性"面板，并修改相应文字大小为"1500"和"750",如图 9-36 所示。

7）使用"多段线"命令（PL），在图名的底侧绘制一条宽度为 60mm 的水平多段线；再使用"直线"命令（L），绘制与多段线等长的水平线段，效果如图 9-37 所示。

图 9-36　输入图名

图 9-37　多段线的绘制

8）至此，单元式住宅正立面图绘制完毕，使用〈Delete〉键删除不需要的平面图图形对象，然后用户可按〈Ctrl+S〉组合键文件进行保存。

拓展学习：

为了使读者更加牢固地掌握建筑立面图的绘制技巧，并能达到熟能生巧的目的，可以参照前面的步骤和方法（对光盘中"案例\09\住宅立面图-拓展.dwg"文件）进行绘制，如图 9-38 和图 9-39 所示。

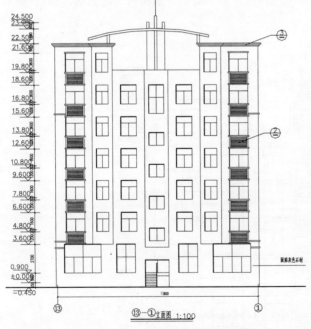

图 9-38　⑬—①立面图的效果

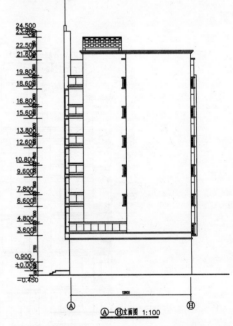

图 9-39　Ⓐ—Ⓗ立面图的效果

第 10 章　建筑剖面图的绘制方法

本章导读

　　建筑剖面图主要是用来表示房屋内部的分层、结构形式、构造方式、材料、做法、各部位间的联系及其高度等情况。在施工过程中，建筑剖面图是进行分层、砌筑内墙、铺设楼板、屋面板楼梯和内部装修等工作的依据，与建筑平面图、立面图互相配合，表示房屋的全局，它是房屋施工图中最基本的图样。

　　本章节主要讲解了建筑剖面图的形成、内容和命名、建筑剖面图的绘制要求、识读方法和绘制方法等基础知识。通过某单元式住宅楼"1-1 剖面图"的绘制，引领读者掌握建筑剖面图的绘制方法。在"拓展学习"部分中，将该楼层"2-2 剖面图"的效果展现出来，让读者自行按照前面的方法进行绘制，从而让读者更加牢固地掌握建筑剖面图的绘制方法。

学习目标

　　📖 掌握建筑剖面图的基础知识
　　📖 绘制楼层剖面墙线、安装门窗、填充楼板等
　　📖 进行尺寸、轴号、标高、文字标注

预览效果图

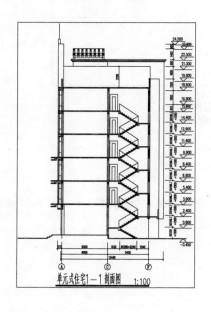

单元式住宅1-1 剖面图　1:100

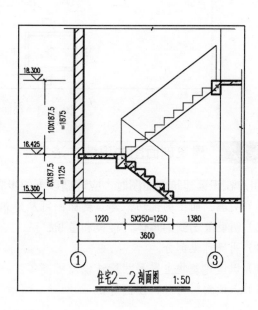

住宅2-2 剖面图　1:50

↘ 10.1 建筑剖面图的概述

建筑剖面图用以表示建筑内部的结构构造、垂直方向的分层情况、各层楼地面、屋顶的构造及相关尺寸、标高等。

⊃ 10.1.1 建筑剖面图的形成、内容和命名

建筑剖面图，简称剖面图，它是假想用一个铅垂线剖切面将房屋剖切开后移去靠近观察者的部分，作出剩下部分的投影图。

剖面图用以表示房屋内部的结构及构造方式，如屋面（楼、地面）形式、分层情况、材料、做法、高度尺寸及各部位的联系等。它与平、立面图互相配合用于计算工程量，指导各层楼板和屋面板施工、门窗安装和内部装修等，是不可缺少的重要图样之一。

剖面图的数量是根据房屋的复杂情况和施工实际需要决定的，剖切面的位置（一般横向，即平行于侧面，必要时也可纵向，即平行于正面），要选择在房屋内部构造较复杂、有代表性的部位，如门窗洞口和楼梯间等位置，并通过洞口中。若为多层房屋，应选择在楼梯间或层高不同、层数不同的部位。

剖面图的图名符号应与底层（一层）平面图上剖切符号相对应。如 1-1 剖面图、2-2 剖面图等，如图 10-1 所示。

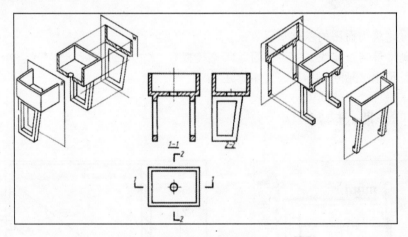

图 10-1　剖面示意图

⊃ 10.1.2 建筑剖面图的识读方法

用户在识读建筑剖面图时，应遵循以下的步骤。

1）明确剖面图的剖切。建筑剖面图可从建筑底层平面图中找到剖切平面的剖切位置。

2）明确被剖到的墙体、楼板和屋顶。

3）明确可见部分。

4）识读建筑物主要尺寸标注以及标高等。

5）识读索引符号、图例等。

如图 10-2 所示为某住宅建筑剖面图，此建筑剖面图的阅读方法如下。

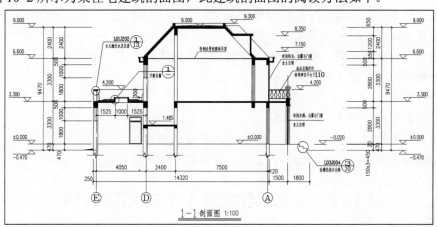

图 10-2　1-1 剖面图

1）明确剖面图的位置。如图 10-2 所示的"1-1 剖面图"可从底层平面图找到剖切平面的位置，1-1 为从客厅到厨房的剖切，中间经过楼梯间的休息平台。因此 1-1 剖面图中绘制出了楼梯间、厨房和客厅的剖面。

2）明确被剖到的墙体、楼板和屋顶。从如图 10-2 所示上可以看出，被剖到的墙体有Ⓐ轴线墙体、Ⓓ轴线墙体、Ⓔ轴线墙体以及墙体上面的门窗洞口。其中Ⓐ轴线底层为客厅，二层之上为卧室，底层Ⓐ轴线上为入口处大门，故有门的图例；二层之上剖到的则是卧室通往阳台的门的位置。从图中可以看出，底层门口处有一封闭走廊，走廊上层则是二楼的室外阳台外面的露台，露台的栏杆采用成品宝瓶形栏杆。底层Ⓓ轴线处为楼梯间的休息平台，由于剖切后观看方向，此图中没有可见的楼梯踏步，只有被剖到的休息平台板的厚度。底层Ⓓ与Ⓔ轴线之间为厨房，厨房Ⓔ轴线墙体上有一高窗，厨房为单层建筑，厨房屋面处女儿墙高度900，屋面有一天窗。看屋面部分可知，本建筑为带阁楼建筑，阁楼为非居住部分，用轻钢龙骨吊顶与二层分隔。最上部为部分有组织排水平屋面，预留泄水孔排水，两侧为坡屋面坡度 45°，坡屋面一侧留有老虎窗。老虎窗具体尺寸另见详图表示。

3）明确可见部分。在 1-1 剖面中，主要可见部分为底层厨房处。住宅两侧相对比较独立，各自有楼梯通向二层，住宅二层两侧相互独立没有连通。但在底层厨房处设置一门连接两独立部分。

4）识读建筑物主要尺寸标注。在 1-1 剖面中，主要的各部分高度尺寸、标高等。从图中可以看出该住宅层高为 3.3m。另外 1-1 剖面上还标注了走廊、休息平台、露台等处的标高及尺寸。图中还标注了天窗的具体位置。

5）识读索引符号、图例等。在 1-1 剖面中，女儿墙、天窗、花岗石台阶等出均有索引符号，女儿墙与花岗石台阶索引自标准图集，天窗索引符号显示详图在本页图纸中。对于剖到的墙体，砖墙不表示图例，对于剖到的楼板、楼梯梯段板、过梁、圈梁，材料均为钢筋混凝土，在建筑剖面图中则涂黑表示。

➲ 10.1.3　建筑剖面图的绘制方法

用户在绘制建筑剖面图时，应遵循以下的步骤方法来进行绘制。

1）设置绘图环境，或选用符合要求的样板图形。

2）参照平面图，绘制竖向定位轴线。

3）参照立面图，绘制水平定位轴线。

4）绘制室内外地平线、外墙轮廓、楼面线、屋面线。

5）绘制细部如梁板等构件。

6）绘制门窗。

7）绘制剖面屋顶和檐口建筑构件。

8）绘制剖面楼梯、踏步、阳台、雨篷、水箱等辅助构件。

9）绘制标注尺寸、标高、编号、型号、索引符号和文字说明。

➔ 10.2 单元式住宅楼 1-1 剖面图的绘制

素材 视频\10\单元式住宅 1-1 剖面图的绘制.avi
案例\10\单元式住宅 1-1 剖面图.dwg

　　用户在绘制建筑剖面图时，首先应以其对应的建筑平面图、立面图为依据，并根据平面图上作的剖切符号，从而开始绘制相应的剖面图。在本例中，用户应首先根据"第 8 章\单元式住宅标准层平面图.dwg"和"第 9 章\单元式住宅正立面图.dwg"等文件，从而绘制 1-1 剖面图的剖面墙线、绘制及安装门窗、绘制楼梯、填充楼板及楼梯；最后对其进行尺寸、标高、图名的标注，其最终效果如图 10-3 所示。

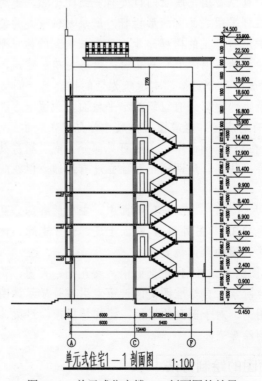

图 10-3 单元式住宅楼 1-1 剖面图的效果

⟳ 10.2.1　设置绘图环境

与住宅楼标准层平面图、正立面图相同，在正式绘制住宅楼 1-1 剖面图之前，首先应设置与所给图形相匹配的绘图环境。

1．绘图区的设置

1）启动 AutoCAD 2013 软件，选择"文件 | 新建"菜单命令，打开"选择样板"对话框，然后选择"acadiso"作为新建的样板文件。

2）选择"文件 | 另存为"菜单命令，打开"图形另存为"对话框，将文件另存为"案例\10\单元式住宅 1-1 剖面图.dwg"图形文件。

3）选择"格式 | 单位"菜单命令，打开"图形单位"对话框，将长度单位类型设定为"小数"，精度为"0.000"，角度单位类型设定为"十进制"，精度精确到"0.00"。

4）选择"格式 | 图形界限"菜单命令，依照提示，设定图形界限的左下角为(0,0)，右上角为(42000,29700)。

5）再在命令行输入<Z>→<空格>→<A>，使输入的图形界限区域全部显示在图形窗口内。

2．规划图层

由前面如图 10-3 所示可知，该住宅楼 1-1 剖面图主要由轴线、门窗、墙体、楼梯、标高、文本标注、尺寸标注等元素组成，因此绘制剖面图形时，需建立如表 10-1 所示的图层。

表 10-1　图层设置

序　号	图层名	线　宽	线　型	颜　色	描述内容	打印属性
1	轴线	默认	ACAD_ISO004	红色	定位轴线	打印
2	轴线编号	默认	实线	绿色	轴线圆及文字	打印
3	填充	默认	实线	83 色	楼板、楼梯填充	不打印
4	墙体	0.30	实线	黑色	墙体	打印
5	楼板	0.30	实线	8 色	楼板对象	打印
6	楼梯	默认	实线	洋红	楼梯对象	打印
7	门窗	默认	实线	绿色	门窗	打印
8	地坪线	0.70	实线	黑色	室内及室外地坪	打印
9	标高	默认	实线	红色	标高符号及文字	打印
10	尺寸标注	默认	实线	蓝色	尺寸线	打印
11	文字标注	默认	实线	黑色	图名	打印
12	其他	默认	实线	黑色	附属构件	打印

1）选择"格式 | 图层"菜单命令，将打开"图层特性管理器"面板，根据前面如表 10-1 所示来设置图层的名称、线宽、线型和颜色等，如图 10-4 所示。

2）选择"格式 | 线型"菜单命令，打开"线型管理器"对话框，单击"显示细节"按钮，打开细节选项组，输入"全局比例因子"为 100，然后单击"确定"按钮，如图 10-5 所示。

⟳ 10.2.2　绘制各层的剖面墙线

此单元式住宅楼房由底层、标准层和一个屋顶层组成，其标准层的墙体结构是相同的，所以用户可先绘制一层、标准层楼的剖面墙线，再绘制屋顶层的墙面墙线。

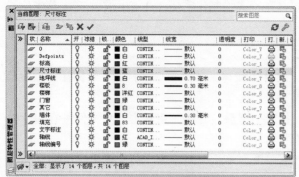

图 10-4　规划图层　　　　　　　　　　　　图 10-5　设置线型比例

> **提示**　用户在绘制剖面图时，首先要绘制剖切部分的辅助线，并且要做到与其平面图一一对应，故用户应打开其相应的标准层平面图图形对象，再按照剖切位置的墙体对象作相应的辅助轴线。

1）执行"文件 | 打开"菜单命令，将"案例\09\单元式住宅标准层平面图.dwg"文件打开，框选所有的图形对象，在键盘上按下〈Ctrl+C〉组合键，将选中的图形对象复制到"内存"中。

2）再单击"窗口"菜单下的"单元式住宅 1-1 剖面图.dwg"文件，使之成为当前图形文件；然后在键盘上按下〈Ctrl+V〉组合键，将上一步复制的对象粘贴到当前的空白文件。

3）执行"旋转"命令（RO），将平面图对象旋转-90°；再单击"图层控制"中下拉列表框，将"尺寸标注"、"文字标注"、"轴线编号"、"设施"、"门窗"、"散水"等图层关闭，其效果如图 10-6 所示。

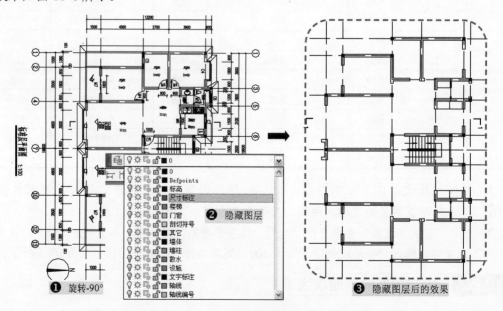

图 10-6　隐藏图层

4）单击"图层"工具栏的"图层控制"下拉列表框，将"墙体"图层置为当前图层。

5）执行"直线"命令（L），在旋转后图形的底侧绘制垂直线段，将每两根"墙体"线中间的垂直线段转换为"轴线"，如图10-7所示。

6）使用"移动"命令（M），将绘制的垂直线段水平向右移动；再执行"构造线"命令（XL），绘制一条水平构造线段，如图10-8所示。

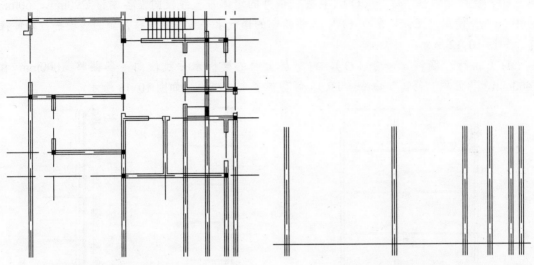

图10-7　绘制垂直线段　　　　　　　　图10-8　移动并绘制水平构造线

7）执行"偏移"命令（O），将水平构造线向上各偏移 450mm、900mm 和 10 个 1500mm、3000mm，如图10-9所示。

8）使用"修剪"命令（TR），修剪掉多余的线段；并将最底侧的水平线段转换为"地坪线"图层，且"合并"为一条宽度为 50mm 的多段线；再将其他的水平线段转换为"楼板"图层，如图10-10所示。

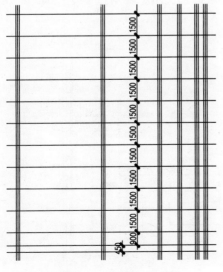

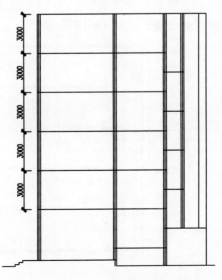

图10-9　偏移水平构造线　　　　　　　图10-10　修剪多余的线段

> **提示** 此处隐藏了"轴线"图层，为了方便观察修剪线段后的效果。

9）执行"偏移"命令（O），将楼板水平线段向下各偏移 100mm、400mm、700mm；使用"修剪"命令（TR），修剪掉多余的线段，如图 10-11 所示。

10）执行"偏移"命令（O），将左侧最外的墙体垂直线段向左各偏移 290mm、60mm 和 100mm；使用"延伸"命令（EX），将绘制的楼板水平线段向偏移得到的线段进行延伸操作，如图 10-12 所示。

11）执行"偏移"命令（O），将每层上面的楼板水平线段向下各偏移 1000mm 和 1400mm，再使用"修剪"命令（TR），修剪掉多余的线段，如图 10-13 所示。

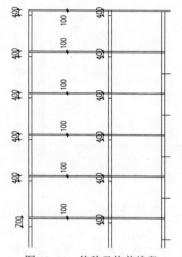
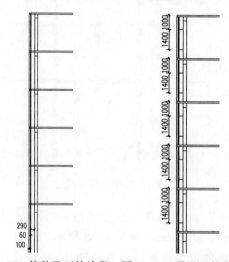

图 10-11 偏移及修剪线段　　图 10-12 偏移及延伸线段　图 10-13 偏移及修剪线段

12）使用"修剪"命令（TR），修剪掉多余的线段，如图 10-14 所示。

13）执行"多段线"命令（PL），绘制多段线对象，再使用"复制"命令（CO），复制到相应的位置，如图 10-15 所示。

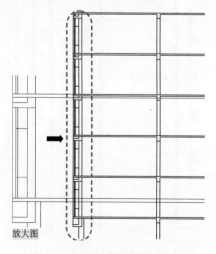
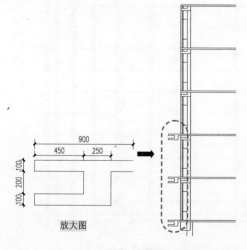

图 10-14 修剪多余的线段　　　　　图 10-15 绘制多段线和复制操作

14）执行"偏移"（O）、"延伸"（EX）、"修剪"（TR）等命令，将相应位置的墙线向右各偏移 1260mm 和 240mm，再进行延伸和修剪操作，结果如图 10-16 所示。

15）执行"偏移"（O）、"直线"（L）、"修剪"（TR）等命令，对图形右侧的楼板进行编辑操作，如图 10-17 所示。

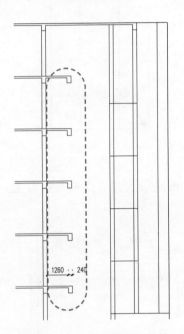

图 10-16　偏移及修剪线段

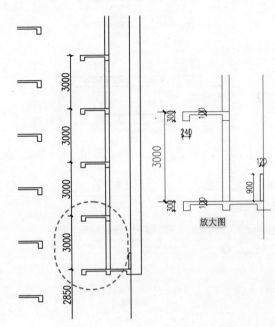

图 10-17　偏移及修剪线段

⊃ 10.2.3　绘制并安装门窗

首先通过多线、矩形来绘制门窗，再开启相应的洞口，最后安装到相应的位置即可。

1）单击"图层"工具栏的"图层控制"下拉列表框，选择"门窗"图层为当前层。

2）选择"矩形"（REC）、"偏移"（O）命令，绘制如图 10-18 所示的立面门。

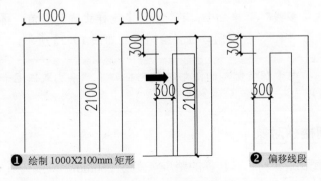

❶ 绘制 1000X2100mm 矩形　❷ 偏移线段

图 10-18　绘制的立面门

3）执行"写块"命令（W），将弹出"写块"对话框，然后将绘制的立面窗保存为"案例\10\M3.dwg"图块，如图 10-19 所示。

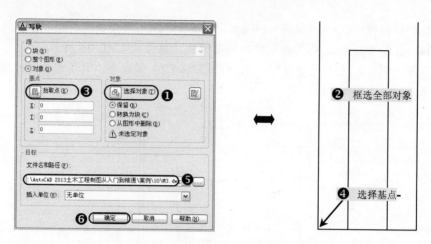

图 10-19　创建 "M3" 图块

4）使用 "插入" 命令（I），将 "案例\10\M3.dwg" 图块插入到右侧的相应位置，如图 10-20 所示。

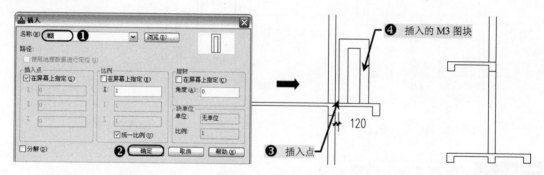

图 10-20　插入 "M3" 图块

5）使用上述同样的方法，对其他楼板处插入门面门图块，如图 10-21 所示。

6）执行 "偏移" 命令（O），将楼板水平线段向上各偏移，从而形成窗洞口，如图 10-22 所示。

7）执行 "格式｜多线" 菜单命令，将 "C" 多线样式置为当前；再执行 "多线" 命令（ML），其对正方式为 "无"，在窗洞口位置绘制窗，如图 10-23 所示。

 提示　　由于在绘制剖面图形时复制粘贴了 "单元式住宅平面图.dwg"，所以可以直接调用 "C" 多线样式。

● 10.2.4　绘制楼梯对象

在绘制剖面图楼梯对象时，其楼梯的踏步宽度为 280mm，高度为 150mm、167mm，休息台宽度为 1420mm，扶手栏杆高度为 900mm。

1）单击 "图层" 工具栏的 "图层控制" 下拉列表框，将 "楼梯" 图层置为当前图层。

2）执行 "多段线"（PL）、"复制"（CO）命令，在图形的地坪线位置绘制宽度 280mm、高度 150mm 的直角踏步；再将绘制的踏步复制 7 次，如图 10-24 所示。

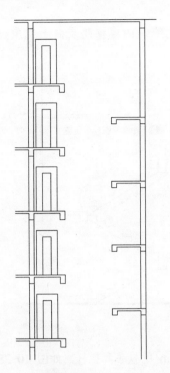

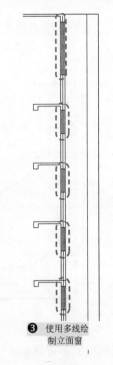

图 10-21　插入门块　　　　图 10-22　偏移及修剪线段　　　图 10-23　绘制多线对象

3）使用上述同样的方法，在上侧绘制高度为 167mm 的楼梯踏步，如图 10-25 所示。

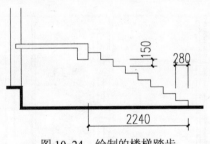

图 10-24　绘制的楼梯踏步

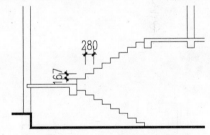

图 10-25　绘制上侧的楼梯踏步

4）执行"直线"命令（L），经过楼梯踏步的拐角点绘制两条斜线段；再执行"偏移"命令（O），将绘制的斜线段向外各偏移 100mm；再将多余的斜线段删除掉，并进行修剪、延伸操作，如图 10-26 所示。

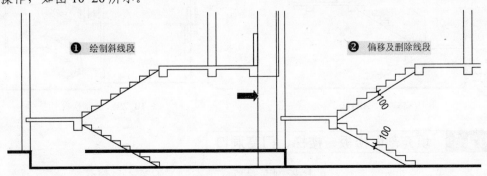

图 10-26　绘制及偏移线段

5）使用"镜像"（MI）、"移动"（M）等命令，将第二次绘制的楼梯踏步向上镜像操作，然后进行相应的移动编辑操作，如图 10-27 所示。

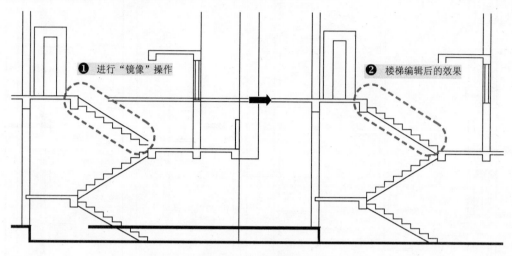

图 10-27　镜像操作

6）使用"直线"命令（L），在踏步相应的位置绘制高 900mm 的扶手和栏杆，如图 10-28 所示。

7）使用"复制"命令（CO），将前面绘制的扶手和高度为 167mm 的楼梯踏步对象，以右侧休息平台为基点，向上复制 4 次，结果如图 10-29 所示。

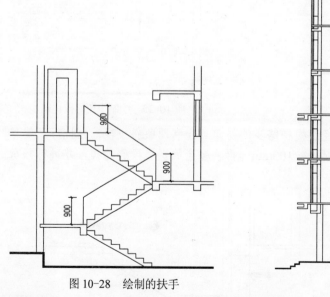

图 10-28　绘制的扶手

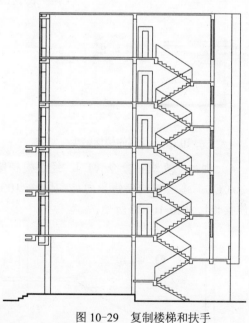

图 10-29　复制楼梯和扶手

⊃ **10.2.5**　**填充剖面楼板、楼梯、门窗洞口**

根据要求，该单元式住宅楼的楼板剖面对象应填充钢筋混凝土材料。

1）单击"图层"工具栏的"图层控制"下拉列表框，将"填充"图层置为当前图层。

2）执行"图案填充"命令（H），对其剖面楼板进行图案填充，选择样例"AR-CONC"，比例为20；对剖面楼梯进行"SOLID"样例的填充，结果如图10-30所示。

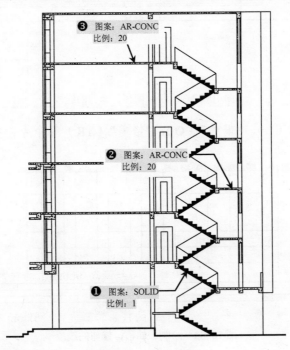

图10-30　图案填充

⊃ 10.2.6　绘制屋顶剖面图

通过前面的绘制，已经将该单元式住宅正立面图绘制完毕，接下来进行相应的标注。

1）单击"图层"工具栏的"图层控制"下拉列表框，将"其他"图层置为当前图层。

2）执行"直线"（L）、"偏移"（O）、"修剪"（TR）等命令，在剖面图顶侧绘制如图10-31所示的线段。

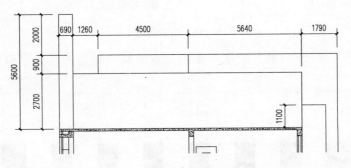

图10-31　绘制、偏移、修剪的线段

3）执行"直线"（L）、"偏移"（O）、"修剪"（TR）等命令，在剖面图顶侧绘制如图10-32所示的线段。

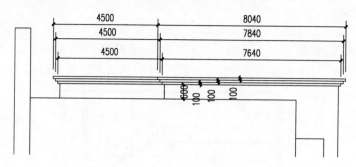

图 10-32　绘制、偏移、修剪的线段

4）执行"直线"（L）、"偏移"（O）、"修剪"（TR）等命令，在剖面图顶侧绘制如图 10-33 所示的线段。

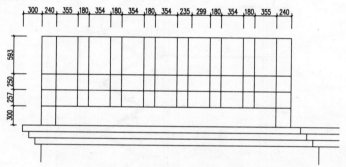

图 10-33　绘制、偏移、修剪的线段

5）执行"矩形"（REC）命令，捕捉交点，分别绘制线宽为 50mm 的矩形，如图 10-34 所示。

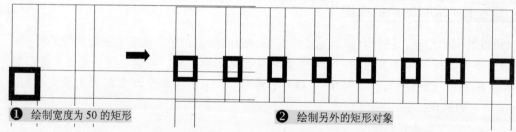

❶ 绘制宽度为 50 的矩形　　　❷ 绘制另外的矩形对象

图 10-34　绘制线宽矩形

6）执行"图案填充"（H）命令，在上一步绘制的矩形内填充"SOLID"样例，如图 10-35 所示。

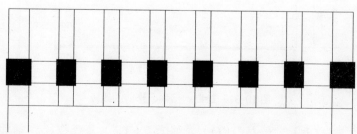

图 10-35　绘制的矩形对象

7）执行"偏移"（O）命令，将上侧的水平线段向下各偏移 5mm、6mm、9mm、17mm、26mm、40mm、57mm、84mm 和 136mm，如图 10-36 所示。

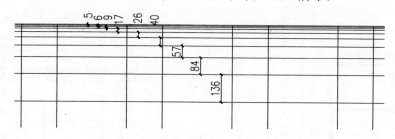

图 10-36　偏移水平线段

8）执行"修剪"（TR）命令，修剪掉多余的线段，结果如图 10-37 所示。

9）执行"直线"（L）、"矩形"（REC）命令，在屋顶最上面绘制表示避雷针的对象，如图 10-38 所示。

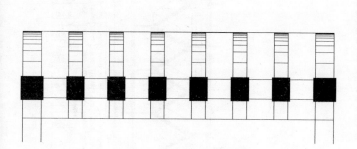

图 10-37　修剪多余的线段

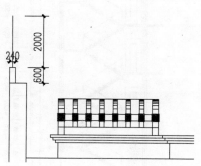

图 10-38　绘制的避雷针

➲ 10.2.7　进行尺寸、标高、轴号、文字标注

通过前面的绘制，已经将该单元式住宅正立面图绘制完毕，接下来进行相应的标注。

1）单击"图层"工具栏的"图层控制"下拉框，将"尺寸标注"图层置为当前图层。

2）在"标注"工具栏中单击"线性"按钮和"连续"按钮，对图形底侧进行尺寸标注，如图 10-39 所示。

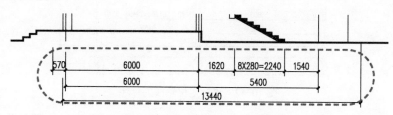

图 10-39　进行底侧尺寸线的标注

3）在"标注"工具栏中单击"线性"按钮和"连续"按钮，对图形的右侧进行尺寸标注，如图 10-40 所示。

4）单击"图层"工具栏的"图层控制"下拉列表框中，选择"标高"图层作为当前图层。

5）执行"插入"命令（I），将"案例\10\标高.dwg"插入到相应的位置，并分别修改标高值，如图 10-41 所示。

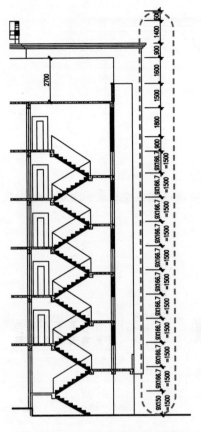

图 10-40　进行右侧尺寸线的标注

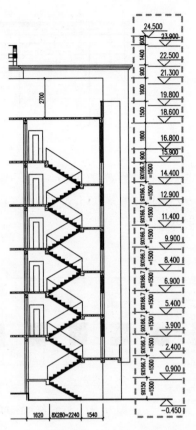

图 10-41　进行标高标注

6）单击"图层"工具栏的"图层控制"下拉列表框，将"轴线编号"图层置为当前图层。

7）执行"插入"命令（I），将"案例\10\轴线编号.dwg"插入到图形底侧相应的位置，并分别修改编号值，如图 10-42 所示。

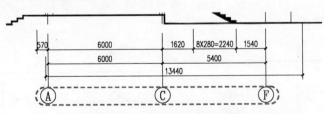

图 10-42　进行定位轴线的标注

8）单击"图层"工具栏的"图层控制"下拉列表框，将"文字标注"图层置为当前图层。

9）在"样式"工具栏中选择"图名"文字样式，再单击工具栏中"单行文字"按钮 ，设置其对正方式为"居中"，然后在相应的位置输入"单元式住宅 1-1 剖面图"和比例"1:100"，按下〈Ctrl+1〉组合键，打开"特性"面板，并修改相应文字大小为"1500"和"750"。

10）使用"多段线"命令（PL），在图名的上侧绘制一条宽度为 60mm 的水平多段线；再使用"直线"命令（L），绘制与多段线等长的水平线段，效果如图 10-43 所示。

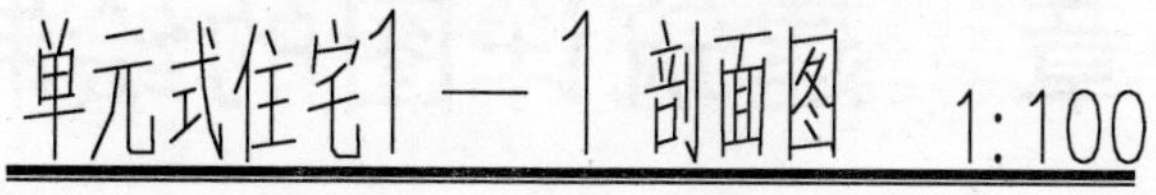

单元式住宅1—1 剖面图　1:100

图 10-43　进行图名标注

11）至此，单元式住宅 1-1 剖面图绘制完毕，删除不需要的平面图图形对象，用户可按〈Ctrl+S〉组合键文件进行保存。

在拓展学习：

　　为了使读者更加牢固地掌握建筑剖面图的绘制技巧，并能达到熟能生巧的目的，可以参照前面的步骤和方法（对光盘中"案例\10\住宅 2-2 剖面图.dwg"文件）进行绘制，如图 10-44 所示。

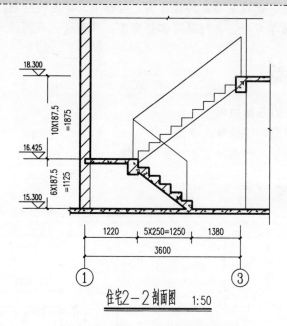

图 10-44　住宅 2-2 剖面图的效果

第11章 建筑详图的绘制方法

本章导读

在建筑施工图中，对房屋的一些细部构造，如形状、层次、尺寸、材料和做法等，由于建筑平面、立面、剖面图通常采用 1∶100、1∶200 等较小的比例绘制，无法完全将建筑物表达清楚。因此，在施工图设计过程中，常常按实际需要在建筑平面、立面、剖视图中另外绘制详细的图形来表现施工图样。

本章节通过对建筑详图基础知识、主要内容、绘制方法、剖切图例，以及外墙、楼梯、门窗等详图的识读掌握。通过某墙身大样详图、楼梯节点详图的绘制，引领读者掌握其详图的绘制，在最后的拓展学习中，自行练习部分详图，从而达到巩固练习的目的。

学习目标

📖 掌握建筑详图的基础知识
📖 绘制墙身大样图、楼梯节点详图
📖 进行尺寸、轴号、标高、文字、图名标注

预览效果图

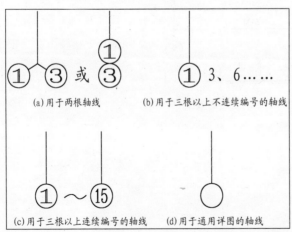

(a)用于两根轴线　　(b)用于三根以上不连续编号的轴线

(c)用于三根以上连续编号的轴线　　(d)用于通用详图的轴线

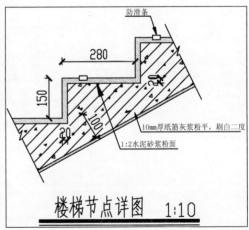

楼梯节点详图　1:10

↘ 11.1 建筑详图的概述

建筑详图用以表示建筑内部的结构构造、垂直方向的分层情况、各层楼地面、屋顶的构造及相关尺寸、标高等。

⊃ 11.1.1 建筑详图的特点

建筑详图是建筑内部的施工图，因为建立平、立、剖面图一般采用较小的比例，因而某些建筑构件（如门、窗、楼梯、阳台等）和某些剖面节点（如窗台、窗顶、台阶等）部位的样式，以及具体的尺寸、做法、材料等都不能在这些图中表达清楚，因此必须配合建筑详图才能表达清楚，可见建筑详图是建筑各视图的补充。

建筑详图的比例应优先选用 1:1、1:2、1:5、1:10、1:20、1:50，必要时也可选用 1:3、1:4、1:15、1:25、1:30、1:40。

建筑详图的图线，按照《建筑制图标准》，被剖切到的抹灰层和楼地面的面层线用中实线画。对比较简单的详图，可只采用线宽为 b 和 0.25b 的两种图线，其他与建筑平面图、立面图、剖面图相同，如图 11-1 所示。

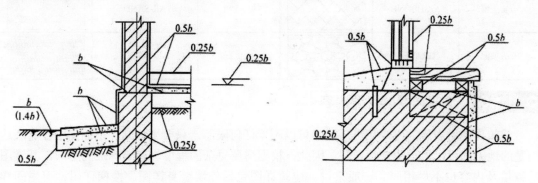

图 11-1 建筑详图图线宽度选用示例

 当一个详图适用几根定位轴线时，应同时注明各有关轴线的编号，但对通用详图的定位轴线，应只画圆，不注轴线编号，如图 11-2 所示。

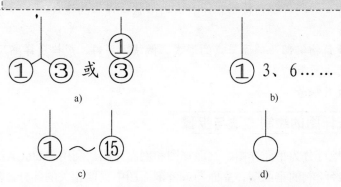

图 11-2 一个详图适用于几根定位轴线时的编号

a) 用于两根轴线　b) 用于三根以上不连续编号的轴线　c) 用于三根以上连续编号的轴线　d) 用于通用详图的轴线

⊇ 11.1.2　建筑详图剖切材料的图例

在绘制建筑详图时，剖切面的材料一般用图例表示，其常用的建筑详图剖切材料的图例如表 11-1 所示。

表 11-1　剖面填充图例

材 料 名 称	图案代号	图　例	材 料 名 称	图案代号	图　例
墙身剖面	ANSI31	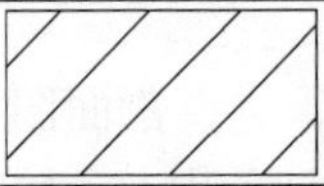	绿化地带	GRASS	
砖墙面	AR-BRELM	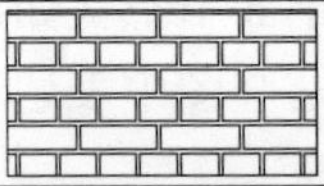	草地	SWAMP	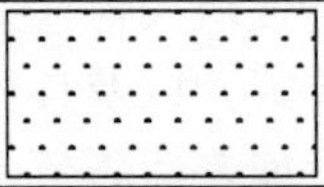
玻璃	AR-RROOF		钢筋砼	ANSI31+AR-CONC	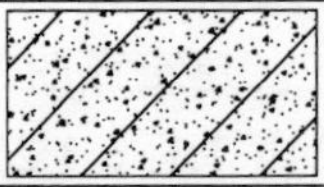
砼（混凝土）	AR-CONC	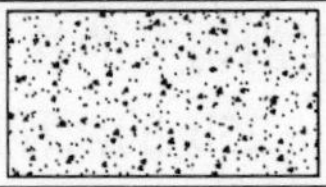	多孔材料	ANSI37	
夯实土壤	AR-HBONE		灰、砂土	AR-SAND	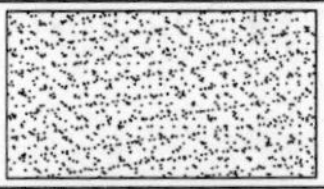
石头坡面	GRAVEL	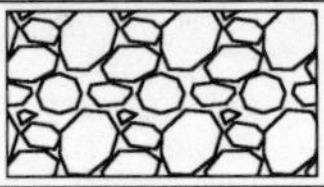	文化石	AR-RSHKE	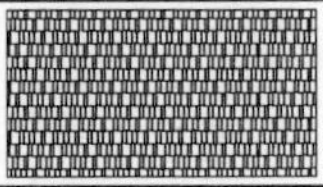

⊇ 11.1.3　建筑详图的主要内容

建筑详图所表现的内容相当广泛，可以不受任何限制，只要平、立、剖面图中没有表达清楚的地方都可以用详图进行说明。因此，根据房屋复杂的程度、建筑标准的不同，其详图的数量及内容也不尽相同。一般来讲，建筑详图包括外墙墙身详图、楼梯详图、卫生间详图、门窗详图以及阳台、雨棚和其他固定设施的详图。建筑详图中需要表明以下内容。

1）详图的名称、图例。

2）详图符号及其编号以及还需要另画详图时的索引符号。

3）建筑构配件（如门、窗、楼梯、阳台）的形状、详细构造。

4）细部尺寸等。

5）详细说明建筑物细部及剖面节点的形式、做法、用料、规格及详细尺寸。

6）表示施工要求及制作方法。

7）定位轴线及其编号。

⊇ 11.1.4　建筑详图的绘制方法与步骤

建筑详图相应地可分为平面详图、立面详图和剖面详图。利用 AutoCAD 绘制建筑详图时，可以首先从已经绘制的平面图、立面图或者剖面图中提取相关的部分，然后再按照详图的要求进行其他的绘制工作。具体步骤如下。

1）从相应图形中提取与所绘详图的有关内容。

2）对所提取的相关内容进行修改，形成详图的草图。

3）根据详图绘制的具体要求，对草图进行修改。

4）调整详图的绘图比例，一般为1:50或1:20。

5）若为平面详图，则需要进行室内设施的布置，如卫生间详图中就必须绘制各种卫生用具详图。

6）填充材料和内容。各种详图中的剖切的部分都应该绘制填充材料符号。

7）标注文本和尺寸。要求标注得比较详细。

以卫生间为例，卫生间洁具定位一般以某水管定位线为基准，其他设备边缘线定位，标注时需要标注出设备定位尺寸和房间的周围净尺寸。同时还应标出室内标高、排水方向及坡度等。文本标注用于详细说明各个部件的做法。

↘ 11.2 墙身大样详图的绘制

素材 视频\11\墙身大样详图的绘制.avi
案例\11\墙身大样详图.dwg

用户在绘制墙身大样详图时，首先根据需要设置绘图环境，包括设置图纸界限、规划图层、设置文字、标注样式，并保存为样板文件等；再根据需要绘制墙身大样的轮廓，并对其进行图案填充，再对其进行引线文字说明标注、尺寸标注、图名标注等，其最终效果如图11-3所示。

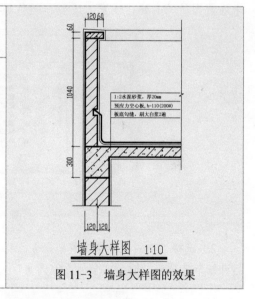

图11-3 墙身大样图的效果

⊃ 11.2.1 设置绘图环境

建筑详图相对于建筑平面图、立面图、剖面图而言一般采用较大的绘制比例，因此需重新设置与详图相匹配的绘图环境。

1. 绘图区的设置

1）启动 AutoCAD 2013 软件，选择"文件 | 保存"菜单命令，将文件另存为"案例\11\墙身大样详图.dwg"图形文件。

2）选择"格式 | 单位"菜单命令，打开"图形单位"对话框，将长度单位类型设定为"小数"，精度为"0.000"，角度单位类型设定为"十进制"，精度精确到"0.00"。

3）选择"格式 | 图形界限"菜单命令，依照提示，设定图形界限的左下角为(0,0)，右上角为(42000,29700)。

4）再在命令行输入 <Z>→<空格>→<A>，使输入的图形界限区域全部显示在图形窗口内。

2. 规划图层

由图 11-3 所示可知，该住宅楼 1-1 剖面图主要由轴线、门窗、墙体、楼梯、标高、文本标注、尺寸标注等元素组成，因此绘制剖面图形时，需建立如表 11-1 所示的图层。

表 11-1　图层设置

序　号	图 层 名	线　宽	线　型	颜　色	打印属性
1	墙面	默认	实线	洋红	打印
2	墙体	0.30mm	实线	黑色	打印
3	轴线	默认	点画线	红色	打印
4	图案填充	默认	实线	黑色	打印
5	尺寸标注	默认	实线	蓝色	打印
6	文字标注	默认	实线	黑色	打印

1）选择"格式丨图层"菜单命令，将打开"图层特性管理器"面板，根据表 11-1 所示来设置图层的名称、线宽、线型和颜色等，如图 11-4 所示。

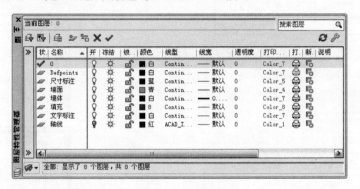

图 11-4　规划图层

2）选择"格式丨线型"菜单命令，打开"线型管理器"对话框，单击"显示细节"按钮，打开细节选项组，输入"全局比例因子"为 10，然后单击"确定"按钮，如图 11-5 所示。

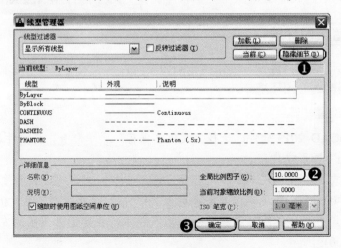

图 11-5　设置线型比例

3）利用"格式 | 文字样式"菜单命令，按照如表 11-2 所示的各文字样式，对每一种样式进行字体、高度、宽度因子进行设置，如图 11-6 所示。

表 11-2 文字样式

文字样式名	打印到图纸上的文字高度	图形文字高度（文字样式高度）	宽 度 因 子	字体	大字体
图内文字	3.5	350		Tssdeng	gbcbig
图名	5	500	0.7	Tssdeng	gbcbig
尺寸文字	3.5	0		tssdeng
轴号文字	5	500		Comples

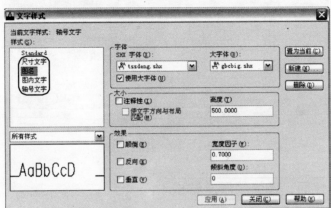

图 11-6 文字样式

4）利用"格式 | 标注样式"菜单命令，创建"建筑详图-10"标注样式，单击"继续"按钮后，则进入到"新建标注样式"对话框，然后分别在各选项卡中设置相应的参数，其设置后的效果如表 11-3 所示。

表 11-3 "建筑详图-10"标注样式的参数设置

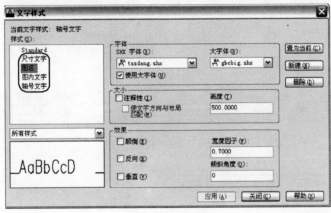

5）选择"文件 | 另存为"菜单命令，打开"图形另存为"对话框，选择文件类型为 "AutoCAD 图形样板(*.dwt)"，在"文件名"文本框中输入"建筑详图"，然后单击"保存" 按钮，如图 11-7 所示。

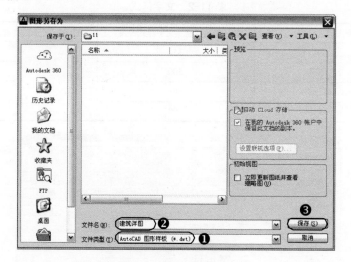

图 11-7　保存为样板文件

⤵ 11.2.2　绘制墙面、墙体的层次结构

首先绘制和偏移垂直构造线，使用多段线来绘制每段墙体的墙面，并向内偏移形成墙体，然后对其进行修剪等操作，从而完成对墙面、墙体层次结构的绘制。

1）单击"图层控制"中下拉列表框，将"轴线"图层置为当前图层。

2）执行"构造线"命令（XL），绘制一垂直的构造线；再执行"偏移"命令（O），将构造线向右各偏移 20mm、80mm、40mm、20mm、20mm、40mm、40mm、20mm 和 700mm，如图 11-8 所示。

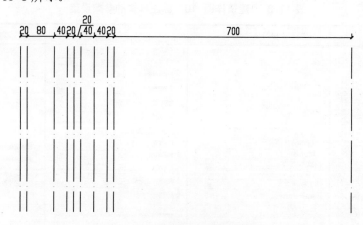

图 11-8　绘制及偏移垂直构造线

3）执行"构造线"命令（XL），绘制一水平的构造线；再执行"偏移"命令（O），将构造线向下各偏移 10mm、20mm、60mm、680mm、60mm、260mm、20mm、20mm、

100mm、20mm、180mm 和270mm，如图 11-9 所示。

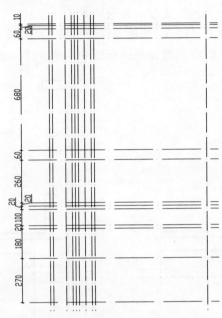

图 11-9   绘制及偏移水平构造线

4）单击"图层"工具栏的"图层控制"下拉列表框，将"墙面"图层置为当前图层。

5）执行"多段线"命令（PL），按照要求绘制相应的墙面多段线，如图 11-10 所示。

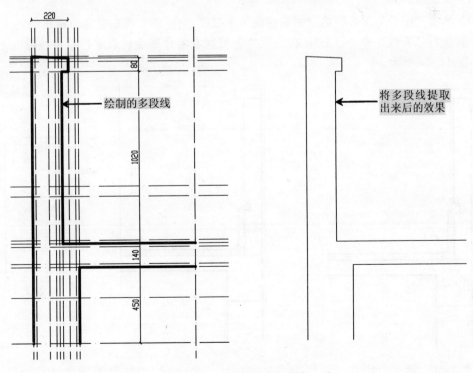

图 11-10   绘制墙面多段线

6）单击"图层"工具栏的"图层控制"下拉列表框，将"墙体"图层置为当前图层。按下〈Ctrl+1〉快捷键打开"特性"面板，将全局宽度设为 10。

7）再执行"多段线"命令（PL），按照要求绘制相应的墙体多段线，如图 11-11 所示。

8）执行"删除"命令（E），将辅助用的轴线全部删除掉，效果如图 11-12 所示。

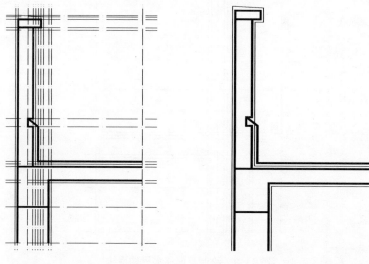

图 11-11　绘制墙体多段线　　　　图 11-12　删除轴线后的效果

9）执行"圆角"命令（F），在相应的位置进行半径为 40mm 和 60mm 的圆角操作，如图 11-13 所示。

10）单击"图层"工具栏的"图层控制"下拉框，将"0"图层置为当前图层。

11）执行"直线"命令（L），在图形的下侧和右侧分别绘制表示折断的线段和水平线段，如图 11-14 所示。

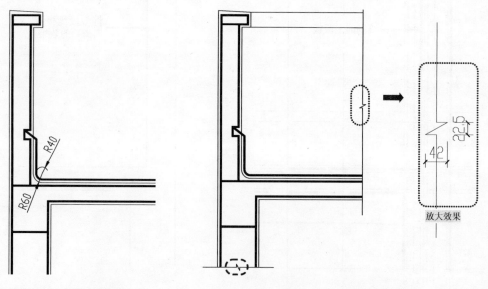

图 11-13　进行圆角操作　　　　　图 11-14　绘制折断线段

➡ 11.2.3 填充图案

根据建筑详图剖切材料的图例，应填充混凝土、夯实土壤、灰砂土、墙身剖面等。

1）单击"图层"工具栏的"图层控制"下拉列表框，将"填充"图层置为当前图层。

2）执行"图案填充"命令（H），选择相应的样例，分别进行图案填充，如图 11-15 所示。

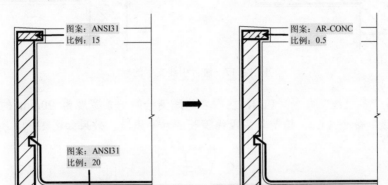

图 11-15 图案的填充

➡ 11.2.4 进行尺寸及文字标注

通过前面的绘制，已将墙身大样详图绘制完毕，并进行了图案的填充操作，接下来进行尺寸标注和文字标注。

1）单击"图层"工具栏的"图层控制"下拉列表框，将"尺寸标注"图层置为当前图层。

2）在"标注"工具栏中单击"线性"按钮 ⊢ 和"连续"按钮 ⊢⊢，对图形进行尺寸标注，如图 11-16 所示。

3）单击"图层"工具栏的"图层控制"下拉列表框中，选择"文字标注"图层作为当前图层。

4）执行"直线"命令（L），绘制文字标注的引线；再执行"单行文字"命令（DT），输入相应的文字，结果如图 11-17 所示。

5）在"样式"工具栏中选择"图名"文字样式，单击工具栏中"单行文字"按钮 AI，设置其对正方式为"居中"，在相应的位置输入"墙身大样图"和比例"1∶10"，然后分别选择相应的文字对象，按〈Ctrl+1〉快捷键打开"特性"面板，并修改相应文字大小为"150"和"80"。

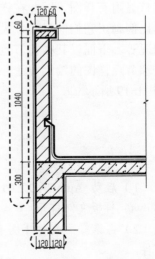

图 11-16 进行尺寸的标注

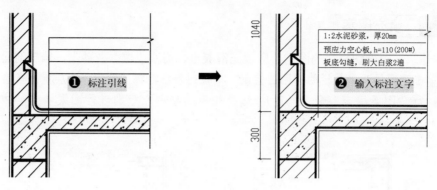

图 11-17　进行引线文字的标注

6）使用"多段线"命令（PL），在图名的底侧绘制一条宽度为 20mm 的水平多段线；再使用"直线"命令（L），绘制与多段线等长的水平线段，效果如图 11-18 所示。

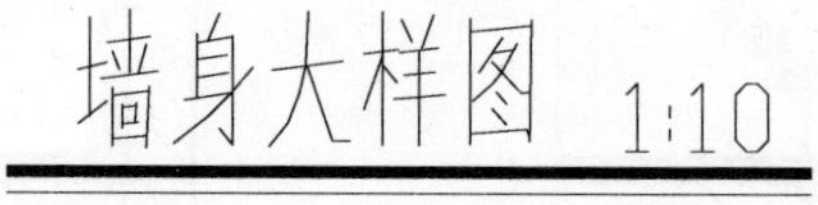

墙身大样图　1:10

图 11-18　进行图名的标注

7）至此，墙身大样详图绘制完毕，用户可按〈Ctrl+S〉快捷键文件进行保存。

↘ 11.3　楼梯节点详图的绘制

素材　视频\11\楼梯节点详图的绘制.avi
案例\11\楼梯节点详图.dwg

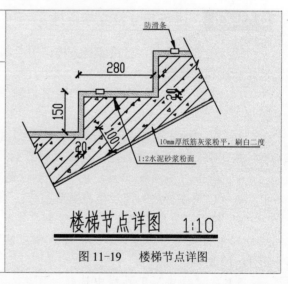

打开"案例\11\单元式住宅 1-1 剖面图.dwg"文件可以看出，踏步、扶手和栏杆应该另附有详图，因此在详图中需要用更大的比例画出它们的形式、大小、材料及构造情况等。下面以其楼梯节点详图为例，讲解楼梯节点详图的绘制方法，其最终的效果如图 11-19 所示。

图 11-19　楼梯节点详图

1）启动 AutoCAD 2013 软件，选择"文件｜打开"菜单命令，将"案例\11\建筑详图.dwt"样板文件打开。

2）再选择"文件｜另存为"菜单命令，将其另存为"案例\11\楼梯节点详图.dwg"文件。

3）执行"插入"命令（I），将"案例\10\单元式住宅 1-1 剖面图.dwg"文件，以外部图块的方式插入到当前文件中，从而参照相关的尺寸数据，如图 11-20 所示。

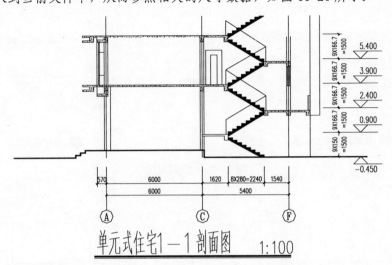

图 11-20 单元式住宅 1-1 剖面图效果

4）执行"多段线"（PL）命令，绘制踏步宽 280mm、高为 150mm 的几个踏步对象；再执行"直线"（L）、"偏移"（O）、"删除"（E）等命令，过踏步的拐角点绘制斜线段，并对其斜线段偏移 100mm，并删除掉之前绘制的斜线段，然后绘制图形两侧表示折断符号的线段，如图 11-21 所示。

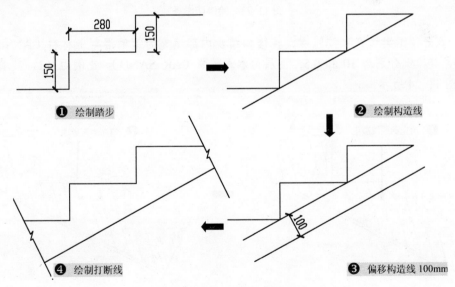

图 11-21 绘制的楼梯踏步

5）执行"偏移"（O）命令，将表示踏面的多段线向外偏移 20mm，将梯段板线向外侧偏移 10mm；再使用"修剪"（TR）命令，将多余的线段进行修剪，如图 11-22 所示。

6）执行"矩形"（REC）命令，在踏面上绘制 30×17mm 的矩形防滑条，再执行"修剪"（TR）命令，再将矩形内的线段修剪掉，结果如图 11-23 所示。

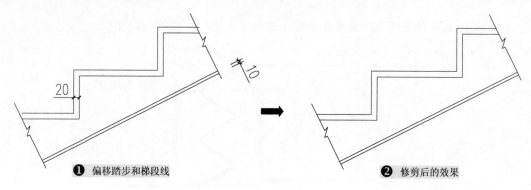

图 11-22　绘制面层

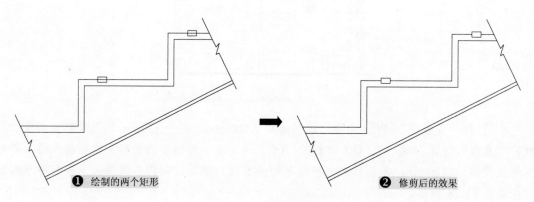

图 11-23　绘制防滑条

7）单击"图案填充"按钮 ，在楼梯踏步内部填充为钢筋混凝土材料（ANSI31+AR-CONC），其比例分别为 10 和 0.5；面层为水泥砂浆（AR-SAND），比例为 0.1，其填充后的效果如图 11-24 所示。

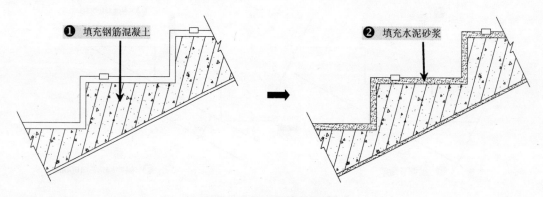

图 11-24　进行图案填充

8）执行"引线标注"（QL）命令，绘制标注引线；再执行"文字"（DT）命令，选择"图内文字"文字样式，文字大小为"20"，在相应的位置输入文字说明，如图 11-25 所示。

9）单击"标注"工具栏中"线性"标注按钮 和"对齐"标注按钮 ，对楼梯节点详图进行相应的尺寸标注，如图 11-26 所示。

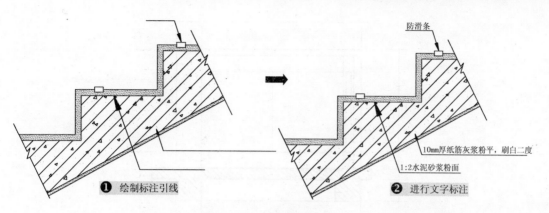

图 11-25　进行文字说明

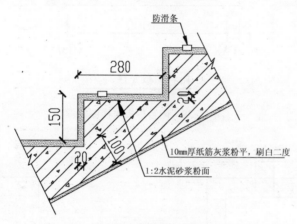

图 11-26　进行尺寸标注

10）在"样式"工具栏中选择"图名"文字样式，单击工具栏中"单行文字"按钮 **Aʸ**，设置其对正方式为"居中"，然后在相应的位置输入"楼梯节点详图"和比例"1：10"，然后分别选择相应的文字对象，按〈Ctrl+1〉快捷键打开"特性"面板，并修改相应文字大小为"100"和"50"。

11）使用"多段线"命令（PL），在图名的底侧绘制一条宽度为 10mm 的水平多段线；再使用"直线"命令（L），绘制与多段线等长的水平线段，效果如图 11-27 所示。

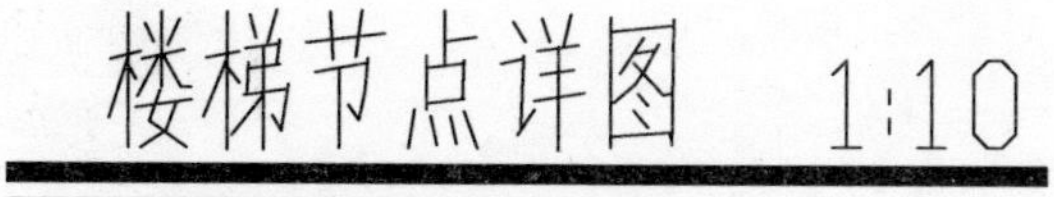

楼梯节点详图　1:10

图 11-27　进行图名标注

12）至此，该楼梯节点详图已经绘制完毕，用户可按〈Ctrl+S〉快捷键对其进行保存。

拓展学习：
　　为了使读者更加牢固地掌握其绘制技巧，并能达到熟能生巧的目的，可以参照前面的步骤和方法（对光盘"案例\11\详图拓展.dwg"文件）进行绘制，如图 11-28 和图 11-29 所示。

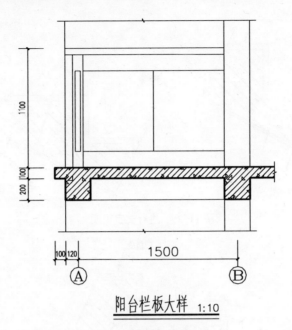

阳台栏板大样 1:10

图 11-28　阳台栏板大样图

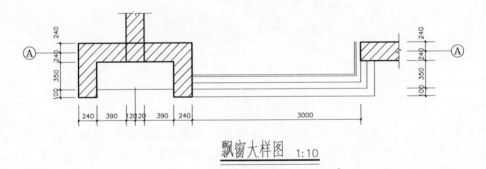

飘窗大样图 1:10

图 11-29　飘窗大样图

第12章 建筑结构图制图标准（2010版）

本章导读

根据原建设部关于印发《2007 年工程建设标准规范制订、修订计划（第一批）》的通知的要求，本标准由中国建筑标准设计研究院会同有关单位在原《建筑结构制图标准》GB/T50105—2001 的基础上修订而成的。

本标准在修订过程中，编制组经过广泛调查研究，认真总结工程实践经验，参考有关国际标准和国外先进标准，并在广泛征求意见的基础上，最后经审查定稿。

本标准共分 6 章，主要技术内容包括：总则、基本规定、混凝土结构、钢结构、木结构、常用构件代号。

学习目标

- 掌握结构制图的一般规定
- 掌握钢筋的一般和简化表示方法
- 掌握预埋件、预留孔洞的表示方法
- 掌握常用型钢的表示方法
- 掌握螺栓、孔、电焊铆钉的表示方法
- 掌握焊缝的表示方法和尺寸标注
- 掌握常用木构件断面的表示方法
- 掌握木构件连接的表示方法
- 掌握常用构件代号

预览效果图

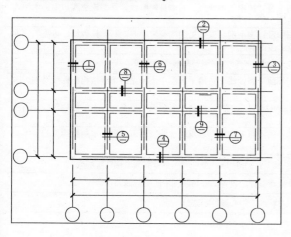

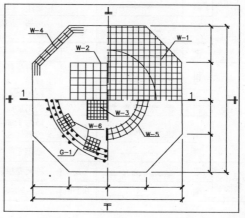

12.1 总　则

1）为了统一建筑结构专业制图规则，保证制图质量，提高制图效率，做到图面清晰、简明，符合设计、施工、存档的要求，适应工程建设的需要，特制定本标准。

2）本标准是建筑结构专业制图的基本规定，适应于工程制图中下列制图方式绘制的图样。

◆ 计算机制图。
◆ 手工制图。

3）本标准适用于建筑结构专业下列工程制图。

◆ 新建、改建、扩建工程的各阶段设计图、竣工图。
◆ 原有建筑物、构筑物和总平面的实测图。
◆ 通用设计图、标准设计图。

4）计算机制图规则和计算机制图图层管理等内容宜符合现行国家标准《房屋建筑制图统一标准》GB/T 50001 相关规定。

5）建筑结构制图除应符合本标准外，尚应符合国家现行有关标准的规定。

12.2　一般规定

1）图线宽度 b，应按现行国际标准《房屋建筑制图统一标准》GB/T50001—2001 中的有关规定选用。

2）每个图样应根据复杂程度与比例大小，先选用适当基本线宽度 b，再选用相应的线宽。根据表达内容的层次，基本线宽 b 和线宽比可适当的增加或减少。

3）建筑结构专业制图，应选用表 12-1 的图线。

表 12-1　图线

名　称		线　型	线宽	一般用途
实线	粗		b	螺栓、钢筋线、结构平面图中的单线结构构件线、钢木支撑及系杆线，图名下横线、剖切线
	中粗		0.7b	结构平面图及详图中剖切或可见的墙身轮廓线、基础轮廓线、钢、木结构轮廓线、钢筋线
	中		0.5b	结构平面图中及详图中剖切或可见的墙身轮廓线、基础轮廓线、可见的钢筋混凝土构件轮廓线、钢筋线
	细		0.25b	标注引出线、标高符号线、索引符号线、尺寸线
虚线	粗		b	不可见的钢筋线、螺栓线、结构平面图中不可见的单线结构构件线及钢、木支撑线
	中粗		0.7b	结构平面图中的不可见构件、墙身轮廓线及不可见钢、木结构构件线、不可见的钢筋线
	中		0.5b	结构平面图中的不可见构件、墙身轮廓线及不可见钢、木结构构件线、不可见的钢筋线
	细		0.25b	基础平面图中的管沟轮廓线、不可见的钢筋混凝土构件轮廓线
单点长画线	粗		b	柱间支撑、垂直支撑、设备基础轴线图中的中心线
	细		0.25b	定位轴线、对称线、中心线、重心线

（续）

名　称		线　型	线宽	一般用途
双点长画线	粗		b	预应力钢筋线
	细		0.25b	原有结构轮廓线
折断线			0.25b	断开界线
波浪线			0.25b	断开界线

4）在同一张图纸中，相同比例的各图样，应选用相同的线宽组。

5）绘图时根据图样的用途，被绘物体的复杂程度，应选用表12-2中的常用比例，特殊情况下也可选用可用比例。

表 12-2　比例

图　名	常 用 比 例	可 用 比 例
结构平面图 基础平面图	1∶50、1∶100、1∶150	1∶60、1∶200
圈梁平面图、总图中管沟、地下设施等	1∶200、1∶500	1∶300
详图	1∶10、1∶20、1∶50	1∶5、1∶30、1∶25

6）当构件的纵、横向断面尺寸相差悬殊时，可在同一详图中的纵向、横向选用不同的比例绘制。轴线尺寸与构件尺寸也可选用不同的比例绘制。

7）构件的名称应用代号来表示，代号后应用阿拉伯数字标注该构件的型号或编号，也可为构件的顺序号。构件的顺序号采用不带角标的阿拉伯数字连续编排。常用的构件代号见附录A的规定。

8）当采用标准、通用图集中的构件时，应用该图集中的规定代号或型号注写。

9）结构图应采用正投影法绘制如图12-1和图12-2所示，特殊情况下也可采用仰视投影绘制。

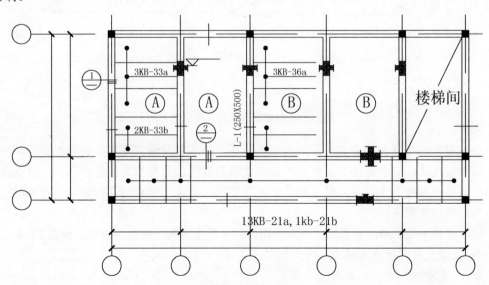

图 12-1　用正投影法绘制预制楼板结构平面图

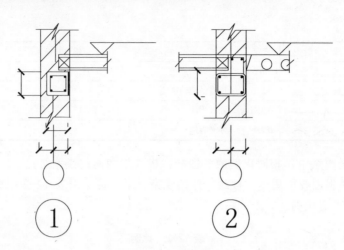

图 12-2　节点详图

10）在结构平面图中，构件应采用轮廓线表示，如能用单线表示清楚时，也可用单线表示。定位轴线应与建筑平面图或总平面图一致，并标注结构标高。

11）在结构平面图中，如若干部分相同时，可只绘制一部分，并用大写的拉丁字母（A、B、C、...）外加细实线圆圈表示相同部分的分类符号。分类符号圆圈直径为 8mm 或 10mm。其他相同部分仅标注分类符号。

12）桁架式结构的几何尺寸图可用单线图表示。杆件的轴线长度尺寸应标注在构件的上方，如图 12-3 所示。

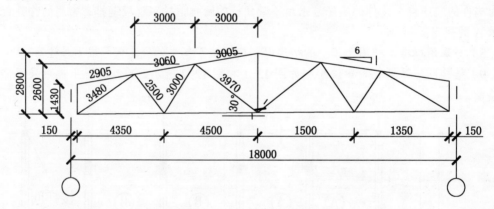

图 12-3　对称桁架几何尺寸标注方法

13）在杆件布置和受力均对称的桁架单线图中，若需要时可在桁架的左半部分标注杆件的几何轴线尺寸，右半部分标注杆件的内力值和反力值；非对称的桁架单线图，可在上方标注杆件的几何轴线尺寸，下方标注杆件的内力值和反力值。竖杆的几何轴线尺寸可标注在左侧，内力值标注在右侧。

14）结构平面图中的剖面图、断面详图的编号顺序宜按下列规定编排，如图 12-4 所示。

◆ 外墙按顺时针方向从左下角开始编号。

◆ 内横墙从左至右，从上至下编号。

◆ 内纵墙从上至下，从左至右编号。

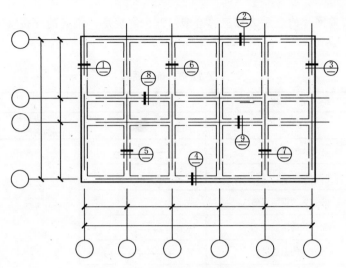

图 12-4　详图编号顺序表示方法

15）在结构平面图中的索引位置处，粗实线表示剖切位置，引出线所在一侧应为投射方向。

16）索引符号应由细实线绘制的直径为 8~10mm 的圆和水平直径线组成。

17）被索引出的详图应以详图符号表示，详图符号的圆应以直径为 14mm 的粗实线绘制。圆内的直径线为细实线。

18）被索引的图样与索引位置在同一张图纸内时，应按如图 12-5 所示的规定进行编排。

19）详图与被索引的图样不在同一张图纸内时应按如图 12-6 所示的规定进行编排，索引符号和详图符号内的上半圆中注明详图编号，在下半圆中注明被索引的图纸编号。

图 12-5　被索引图样同在一张
图纸内的表示方法

图 12-6　详图与被索引图样不在同一张
图纸内的表示方法

20）构件详图的纵向较长，重复较多时，可用折断线断开，适当省略重复部分。

21）图样的图名和标题栏内的图名应能准确表达图样、图纸构成的内容，做到简练、明确。

22）图纸上所有的文字、数字和符号等，应字体端正、排列整齐、清楚正确，避免重叠。

23）图样及说明中的汉字宜采用长仿宋体，图样下的文字高度不宜小于 5mm，说明中的文字高度不宜小于 3mm。

24）拉丁字母、阿拉伯数字、罗马数字的高度，不应小于 2.5mm。

↘ 12.3　混凝土结构

⊃ 12.3.1　钢筋的一般表示方法

1）普通钢筋的一般表示方法应符合表 12-3 的规定。预应力钢筋的表示方法应符合表

12-4 的规定。钢筋网片的表示方法应符合表 12-5 的规定。钢筋的焊接接头的表示方法应符合表 12-6 的规定。

表 12-3　普通钢筋

序　号	名　　称	图　例	说　明
1	钢筋横断面	●	下图表示长、短钢筋投影重叠时，短钢筋的端部用 45°斜画线表示
2	无弯钩的钢筋端部	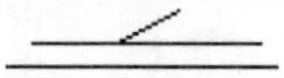	
3	带半圆形弯钩的钢筋端部		
4	带直钩的钢筋端部		
5	带丝扣的钢筋端部		
6	无弯钩的钢筋搭接	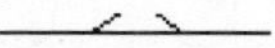	
7	带半圆弯钩的钢筋搭接		
8	带直钩的钢筋搭接		
9	花篮螺丝钢筋接头		
10	机械连接的钢筋接头	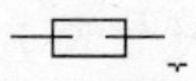	用文字说明机械连接的方式（如冷挤压或直螺纹等）

表 12-4　预应力钢筋

序　号	名　　称	图　例
1	预应力钢筋或钢绞线	
2	后张法预应力钢筋断面 无粘结预应力钢筋断面	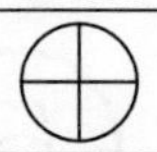
3	预应力钢筋断面	
4	张拉端锚具	
5	固定端锚具	
6	锚具的端视图	
7	可动连接件	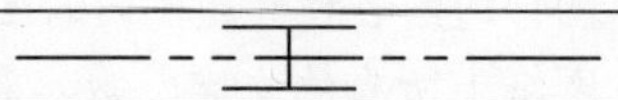
8	固定连接件	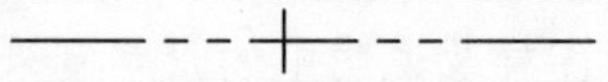

表 12-5　钢筋网片

序　号	名　　称	图　例
1	一片钢筋网平面图	 W-1
2	一行相同的钢筋网平面图	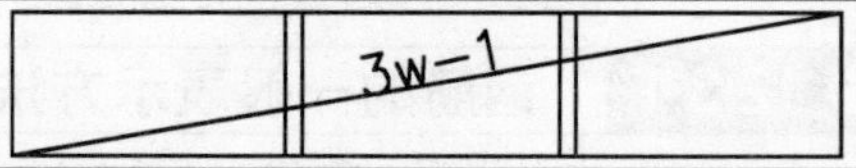 3W-1

注：用文字注明焊接或绑扎网片。

表 12-6 钢筋的焊接接头

序号	名称	接头形式	标注方法
1	单面焊接的钢筋接头		
2	双面焊接的钢筋接头		
3	用帮条单面焊接的钢筋接头		
4	用帮条双面焊接的钢筋接头		
5	接触对焊的钢筋接头（闪光焊、压力焊）		
6	坡口平焊的钢筋接头		
7	坡口立焊的钢筋接头		
8	用角钢或扁钢做连接板焊接的钢筋接头		
9	钢筋或螺（锚）栓与钢板穿孔塞焊的接头		

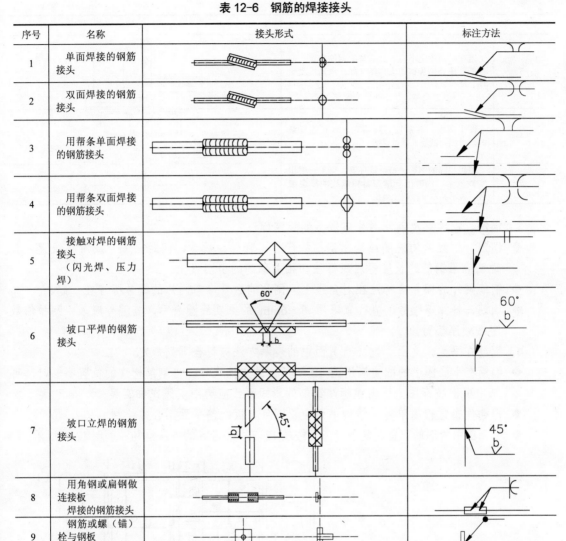

2）钢筋的画法应符合表 12-7 的规定。

表 12-7 钢筋画法

序 号	名 称	图 例
1	在结构楼板中配置双层钢筋时，底层钢筋的弯钩应向上或向左，顶层钢筋的弯钩则向下或向右	
2	钢筋混凝土墙体配双层钢筋时，在配筋立面图中，远面钢筋的弯钩向上或向左面；近面钢筋的弯钩向下或向右（JM 近面，YM 远面）	

(续)

序 号	名 称	图 例
3	若在断面图中不能表达清楚的钢筋布置，应在断面图外增加钢筋大样图（如：钢筋混凝土墙、楼梯等）	
4	图中所表示的箍筋、环筋等，若布置复杂时，可加画钢筋大样及说明	或
5	每组相同的钢筋、箍筋或环筋，可用一根粗实线表示，同时用一端带斜短画线的横穿细线，表示其钢筋及起止范围	

3）钢筋、钢丝束及钢筋网片应按下列规定标注。

◆ 钢筋、钢丝束的说明应给出钢筋的代号、直径、数量、间距、编号及所在位置，其说明应沿钢筋的长度标注或标注在相关钢筋的引出线上。

◆ 钢筋网片的编号应标注在对角线上。网片的数量应与网片的编号标注在一起。

◆ 钢筋、杆件等编号的直径宜采用 5～6mm 的细实线圆表示，其编号应采用阿拉伯数字按顺序编写。

4）钢筋在平面、立面、剖（断）面中的表示方法应符合下列规定。

◆ 钢筋在平面图中的配置应用图 12-7 所示的方法表示。当钢筋标注的位置不够时，可采用引出线标注。引出线标注钢筋的斜短画线应为中实线或细实线。

◆ 当构件布置较简单时，结构平面布置图可与板配筋平面图合并绘制。

◆ 平面图中的钢筋配置较复杂时，可按表 12-7 中序号 5 的方法绘制，如图 12-8 所示。

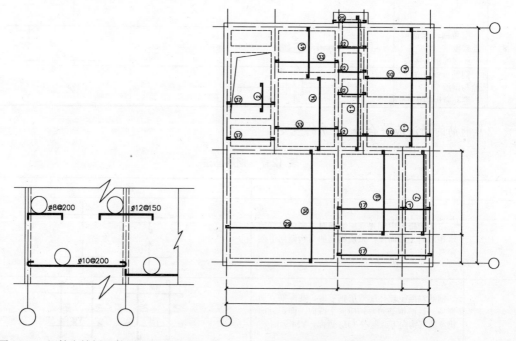

图 12-7　钢筋在楼板配筋图中的表示方法　　　　图 12-8　楼板配筋较复杂的表示方法

◆ 钢筋在立面、断面图中的配置，应用图12-9所示的方法表示。

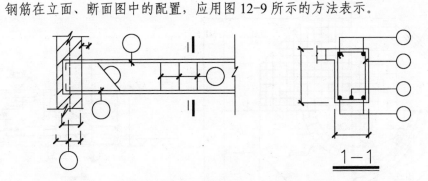

图 12-9　梁纵、横断面图中钢筋的表示方法

5）构件配筋图中箍筋的长度尺寸，应指箍筋的里皮尺寸。弯起钢筋的高度尺寸应指钢筋的外皮尺寸，如图 12-10 所示。

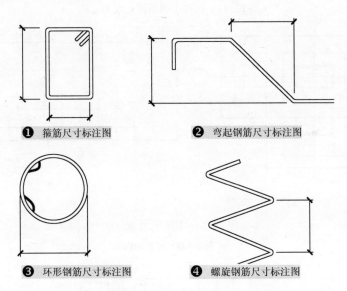

❶ 箍筋尺寸标注图　　❷ 弯起钢筋尺寸标注图

❸ 环形钢筋尺寸标注图　　❹ 螺旋钢筋尺寸标注图

图 12-10　钢箍尺寸标注法

⊃ 12.3.2　钢筋的简化表示方法

1）当构件对称时，采用详图绘制构件中的钢筋网片，用 1/2 或 1/4 表示，如图 12-11 所示。

2）钢筋混凝土构件配筋较简单时，宜按下列规定绘制配筋平面图。

◆ 独立基础在平面模板图左下角，绘出波浪线，绘出钢筋并标注钢筋的直径、间距等，如图 12-12a 所示。

◆ 其他构件可在某一部位绘出波浪线，绘出钢筋并标注钢筋的直径、间距等，如图 12-12b 所示。

3）对称的钢筋混凝土构件，可在同一图样中一半表示模板，另一半表示配筋，如图 12-13a 所示。

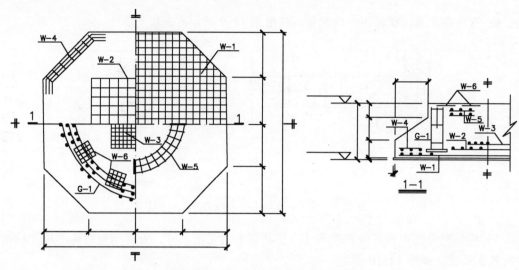

图 12-11　构件中钢筋简化表示方法

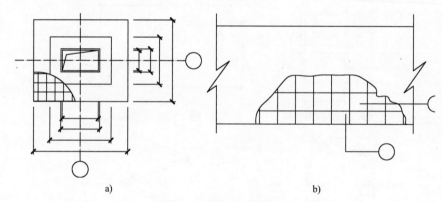

a)　　　　　　　　　　　　　　　　b)

图 12-12　钢箍尺寸标注法

a) 独立基础　b) 其他构件

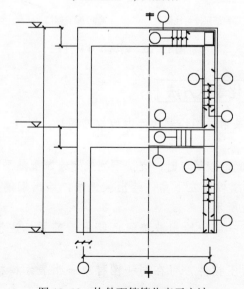

图 12-13　构件配筋简化表示方法

⊃ 12.3.3　文字注写构件的表示方法

1）在再浇混凝土结构中，构件的截面和配筋等数值可采用文字注写方式表达。

2）按结构层绘制的平面布置图中，直接用文字表达各类构件的编号（编号中含有构件的类型代号和顺序号）、断面尺寸、配筋及有关数值。

3）混凝土柱可采用列表注写和在平面布置图中截面注写方式，并应符合下列规定。

◆ 列表注写应包括柱的编号、各段的起止标高、断面尺寸、配筋、断面形状和箍筋的类型等有关内容。

◆ 截面注写可在平面布置图中，选择同一编号的柱截面，直接在截面中引出断面尺寸、配筋的具体数值等，并应绘制柱的起止高度表。

4）混凝土剪力墙可采用列表和截面注写方式，并应符合下列规定。

◆ 列表注写分别在剪力墙柱表、剪力墙身表及剪墙梁表中，按编号绘制截面配筋图并注写断面尺寸和配筋等。

◆ 截面注写可在平面布置中按编号，直接在墙柱、墙身和墙梁上注写断面尺寸、配筋等具体数值的内容。

5）混凝土梁可采用在平面布置图的平面注写和截面注写方式，并应符合下列规定。

◆ 平面注写可在梁平面布置图中，分别在不同编号的梁中选择一个，直接注写编号、断面尺寸、跨数、配筋的具体数值和相对高差（无高差可不注写）等内容。

◆ 截面标注可在平面布置图中，分别在不同编号的梁中选择一个，用剖面号引出截面图形并在其上标注断面尺寸、配筋的具体数值等。

6）重要构件或较复杂的构件，不宜采用文字标注方式表达构件的截面尺寸和配筋等有关数值，宜采用绘制构件详图的表示方法。

7）基础、楼梯、地下室结构等其他构件，当采用文字标注方式绘制图纸时，可采用在平面布置图上直接标注有关具体数值，也可采用列表标注的方式。

8）采用文字标注构件的尺寸、配筋等数值的图样，应绘制相应的节点做法及标准构造详图。

⊃ 12.3.4　预埋件、预留孔洞的表示方法

1）在混凝土构件上设置预埋件时，可在平面图或立面图上表示。引出线指向预埋件，并标注预埋件的代号，如图 12-14 所示。

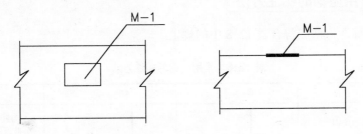

图 12-14　预埋件的表示方法

2）在混凝土构件的正、反面同一位置均设置相同的预埋件时，引出线为一条实线和一

条虚线并指向预埋件，同时在引出横线上标注预埋件的数量及代号，如图 12-15 所示。

3）在混凝土构件的正、反面同一位置设置编号不同的预埋件时，引出线为一条实线和一条虚线并指向预埋件。引出横线上标注正面预埋件代号，引出横线下标注反面预埋件代号，如图 12-16 所示。

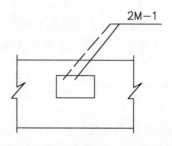

图 12-15　同一位置正、反面（相同）

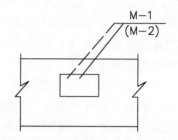

图 12-16　同一位置正、反面（不相同）

4）在构件上设置预留孔、洞或预埋套管时，可在平面或断面图中表示。引出线指向预留（埋）位置，引出横线上方标注预留孔、洞的尺寸，预埋套管的外径。横线下方标注孔、洞（套管）的中心标高或底标高，如图 12-17 所示。

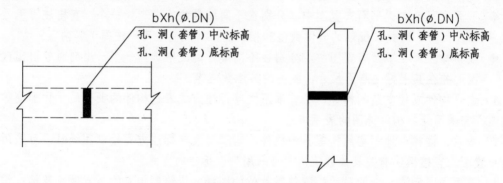

图 12-17　预留孔、洞及预埋套管的表示方法

↘ 12.4　钢　结　构

⊃ 12.4.1　常用型钢的标注方法

常用型钢的标注方法应符合表 12-8 中的规定。

表 12-8　常用型钢的标注方法

序 号	名 称	截 面	标 注	说 明
1	等边角钢	∟	∟ b*t	b 为肢宽 t 为肢厚
2	不等边角钢	∟ B	∟ B*b*t	B 为长肢宽 b 为短肢宽 t 为肢厚

（续）

序　号	名　称	截　面	标　注	说　明
3	工字钢	⊥	⊥N　Q⊥N	轻型工字钢加注 Q 字
4	槽钢	Ϲ	ϹN　QϹN	轻型槽钢加注 Q 字
5	方钢	◨ b	□ b	
6	扁钢	▭ b	$\dfrac{-bXt}{L}$	
7	钢板	▬	$\dfrac{-bXt}{L}$	宽*厚 / 板长
8	圆钢	⊘	⌀d	
9	钢管	○	DNXX d*t	d 为外径 t 为壁厚
10	薄壁方钢管	□	B□ b*t	
11	薄壁等肢角钢	L	BL b*t	
12	薄壁等肢卷边角钢	⌐ a	B⌐ b*a*t	
13	薄壁槽钢	Ϲ h	BϹ b*h*t	薄壁型钢 加注 B 字 t 为壁厚
14	薄壁卷边槽钢	Ϲ a	BϹ a*b*h*t	
15	薄壁卷边 Z 型钢	Ƶ h a	BƵ a*b*h*t	
16	T 型钢	⊤	TW XX / TM XX / TN XX	TW 为宽翼 T 型钢 TM 为中翼 T 型钢 TN 为窄翼 T 型钢
17	H 型钢	H	HW XX / HM XX / HN XX	HW 为宽翼 H 型钢 HM 为中翼 H 型钢 HN 为窄翼 H 型钢
18	超重机钢轨	⊥	⬚QUXX	详细说明产品 规格型号
19	轻轨及钢轨	⊥	⬚XXkg/m 钢轨	

⮞ **12.4.2　螺栓、孔、电焊铆钉的表示方法**

螺栓、孔、电焊铆钉的表示方法应符合表 12-9 中的规定。

表 12-9　螺栓、孔、电焊铆钉的表示方法

序　号	名　　称	图　例	说　明
1	永久螺栓		
2	高强螺栓		
3	安装螺栓		1. 细"+"线表示定位线 2. M 表示螺栓型号 3. Ø 表示螺栓孔直径 4. d 表示膨胀螺栓、电焊铆钉直径 5. 采用引出线标注螺栓时，横线上标注螺栓规格，横线下标注螺栓直径
4	胀锚螺栓		
5	圆形螺栓孔		
6	长圆形螺栓孔		
7	电焊铆钉		

➲ 12.4.3　常用焊缝的表示方法

1）焊接钢构件的焊缝除应按现行的国家标准《焊缝符号表示法》（GB 324）中的规定外，还应符合本节的各项规定。

2）单面焊缝的标注方法应符合下列规定。

◆ 当箭头指向焊缝所在的一面时，应将图形符号和尺寸标注在横线的上方，如图 12-18a 所示；当箭头指向焊缝所在另一面（相对应的那面）时，应将图形符号和尺寸标注在横线的下方，如图 12-18b 所示。

◆ 表示环绕工作件周围的焊缝时，其围焊焊缝符号为圆圈，绘在引出线的转折处，并标注焊角尺寸 K，如图 12-18c 所示。

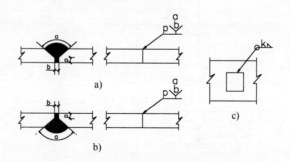

图 12-18　单面焊缝的标注方法

3）双面焊缝的标注，应在横线的上、下都标注符号和尺寸。上方表示箭头一面的符号和尺寸，下方表示另一面的符号和尺寸，如图 12-19a 所示；当两面的焊缝尺寸相同时，只需在横线上方标注焊缝的符号和尺寸，如图 12-19b、c、d 所示。

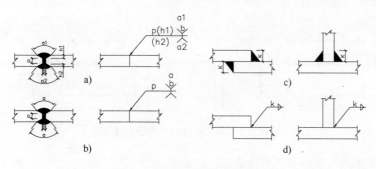

图 12-19　双面焊缝的标注方法

4）3 个和 3 个以上的焊件相互焊接的焊缝，不得作为双面焊缝标注。其焊缝符号和尺寸应分别标注，如图 12-20 所示。

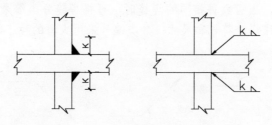

图 12-20　3 个以上焊件的焊缝标注方法

5）相互焊接的 2 个焊件中，当只有 1 个焊件带坡口时（如单面 V 形），引出线箭头必须指向带坡口的焊件，如图 12-21 所示。

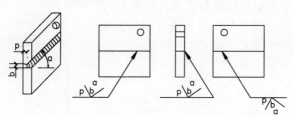

图 12-21　1 个焊件带坡口的焊缝标注方法

6）相互焊接的 2 个焊件，当为单面带双边不对称坡口焊缝时，引出线箭头必须指向较大坡口的焊件，如图 12-22 所示。

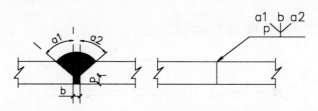

图 12-22　不对称坡口的焊缝标注方法

7）当焊缝分布不规则时，在标注焊缝符号的同时，宜在焊缝处加中实线（表示可见焊缝），或加细栅线（表示不可见焊缝），如图 12-23 所示。

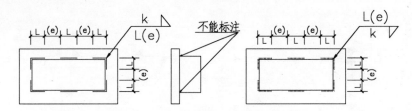

图 12-23　不对称坡口的焊缝标注方法

8）相同焊缝符号应按下列方法表示。

◆ 在同一图形上，当焊缝型式、断面尺寸和辅助要求均相同时，可只选择一处标注焊缝的符号和尺寸，并加注"相同焊缝符号"，相同焊缝符号为 3/4 圆弧，绘在引出线的转折处，如图 12-24a 所示。

◆ 在同一图形上，当有数种相同的焊缝时，可将焊缝分类编号标注。在同一类焊缝中可选择一处标注焊缝符号和尺寸。分类编号采用大写的拉丁字母 A、B、C……，如图 12-24b 所示。

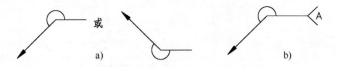

图 12-24　相同焊缝的表示方法

9）需要在施工现场进行焊接的焊件焊缝，应标注"现场焊缝"符号。现场焊缝符号为涂黑的三角形旗号，绘在引出线的转折处，如图 12-25 所示。

10）图样中较长的角焊缝（如焊接实腹钢梁的翼缘焊缝），可不用引出线标注，而直接在角焊缝旁标注焊缝尺寸值 K，如图 12-26 所示。

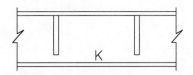

图 12-25　现场焊缝的表示方法　　　　　　图 12-26　较长焊缝的表示方法

11）熔透角焊缝的符号应如图 12-27 所示方式标注。熔透角焊缝的符号为涂黑的圆圈，绘在引出线的转折处。

12）局部焊缝应按如图 12-28 所示方式标注。

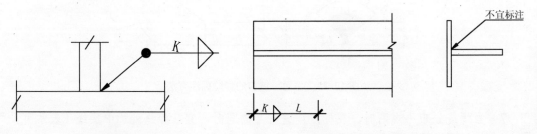

图 12-27　熔透角焊缝的标注方法　　　　　图 12-28　局部焊缝的标注方法

⊃ **12.4.4** 尺寸标注

1）两构件的两条很近的重心线，应在交汇处将其各自向外错开，如图 12-29 所示。

2）弯曲构件的尺寸，应沿其弧度的曲线标注弧的轴线长度，如图 12-30 所示。

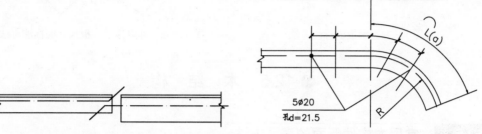

图 12-29 两构件重心线不重合的表示方法   图 12-30 弯曲构件尺寸的标注方法

3）切割的板材，应标注各线段的长度及位置，如图 12-31 所示。

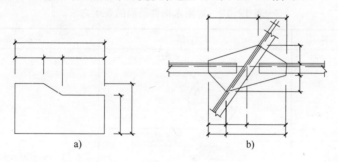

a)   b)

图 12-31 切割板材尺寸的标注方法

4）不等边角钢的构件，必须标注出角钢一肢的尺寸，如图 12-32 所示。

5）节点尺寸，应注明节点板的尺寸和各杆件螺栓孔中心或中心距，以及杆件端部至几何中心线交点的距离，如图 12-32 和图 12-33 所示。

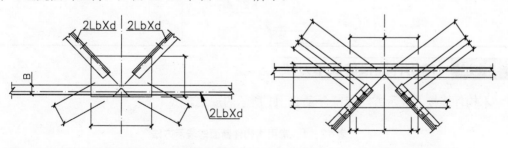

图 12-32 节点尺寸及不等边角钢的标注方法   图 12-33 节点尺寸的标注方法

6）双型钢组合截面的构件，应注明缀板的数量及尺寸，如图 12-34 所示。引出横线上方标注缀板的数量及缀板的宽度、厚度，引出横线下方标注缀板的长度尺寸。

7）非焊接的节点板，应注明节点板的尺寸和螺栓孔中心与几何中心线交点的距离，如图 12-35 所示。

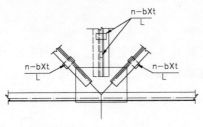

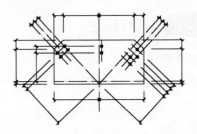

图 12-34 缀板的标注方法　　　　　图 12-35 非焊接节点板尺寸的标注方法

↘ 12.5 木 结 构

● 12.5.1 常用木构件断面的表示方法

常用木构件断面的表示方法应符合表 12-10 所示的规定。

表 12-10 常用木构件断面的表示方法

序 号	名 称	图 例	说 明
1	圆木	∅或d	
2	半圆木	½∅或d	1. 木材的断面图均应画出横纹线或顺纹线 2. 立面图一般不画木纹线，但木键的立面图均须画出木纹线
3	方木	bXh	
4	木板	bXh或h	

● 12.5.2 木构件连接的表示方法

木构件连接的表示方法应符合表 12-11 所示的规定。

表 12-11 常用木构件断面的表示方法

序 号	名 称	图 例	说 明
1	钉连接正面画法 （看得见钉帽的）	n∅dXL	

（续）

序　号	名　　称	图　例	说　明
2	钉连接背面画法（看不见钉帽的）	nødXL	
3	木螺钉连接正面画法（看得见钉帽的）	nødXL	
4	木螺钉连接背面画法（看不见钉帽的）	nødXL	
5	螺栓连接	nødXL	1．当采用双螺母时，应加以注明 2．当采用钢夹板时，可不画垫板线
6	杆件连接		仅用于单线图中
7	齿连接		

↘ 12.6　常用构件代号

在建筑结构施工图中，其制图标准中规定了一些代号来代表一些构件名称，如表 12-11 所示。

表 12-11　常用构件代号

序号	名　　称	代号	序号	名　　称	代号	序号	名　　称	代号
1	板	B	19	圈梁	QL	37	承台	CT
2	屋面板	WB	20	过梁	GL	38	设备基础	SJ
3	空心板	KB	21	连系梁	LL	39	桩	ZH
4	槽形板	CB	22	基础梁	JL	40	挡土墙	DQ

（续）

序号	名　称	代号	序号	名　称	代号	序号	名　称	代号
5	折板	ZB	23	楼梯梁	TL	41	地沟	DG
6	密肋板	MB	24	框架梁	KL	42	柱间支撑	ZC
7	楼梯板	TB	25	框支梁	KZL	43	垂直支撑	CC
8	盖板或沟盖板	GB	26	屋面框架梁	WKL	44	水平支撑	SC
9	挡雨板或檐口板	YB	27	檩条	LT	45	梯	T
10	吊车安全走道板	DB	28	屋架	WJ	46	雨篷	YP
11	墙板	QB	29	托架	TJ	47	阳台	YT
12	天沟板	TGB	30	天窗架	CJ	48	梁垫	LD
13	梁	L	31	框架	KJ	49	预埋件	M
14	屋面梁	WL	32	刚架	GJ	50	天窗端壁	TD
15	吊车梁	DL	33	支架	ZJ	51	钢筋网	W
16	单轨吊车梁	DDL	34	柱	Z	52	钢筋骨架	G
17	轨道连接	DGL	35	框架柱	KZ	53	基础	J
18	车挡	CD	36	构造柱	GZ	54	暗桩	AZ

提示

　　1）预制钢筋混凝土构件、现浇钢筋混凝土构件、钢构件和木构件，一般可直接采用本表的构件代号。在绘图中，当需要区别上述构件的材料种类时，可在构件代号前加注材料代号，并在图纸中加以说明。
　　2）预应力钢筋混凝土构件的代号，应在构件代号前加注"Y-"，如Y-DL 表示预应力钢筋混凝土吊车梁。

第13章 基础平面图与详图的绘制方法

本章导读

基础图是表示建筑物地面以下基础部分的平面布置和详细构造的图样，包括基础平面图和详图，它们是施工放线、开挖基坑、砌筑或浇注基础的依据。

本章节通过对基础平面图和基础详图特点的讲解，以及对住宅楼基础平面图和地桩详图实例的绘制，引领读者掌握基础平面图和详图的绘制方法，让用户真正掌握基础平面图和详图的绘制技巧。

学习目标

- 掌握基础平面图和基础详图的相关知识
- 绘制住宅楼基础平面图
- 绘制住宅楼地柱详图

预览效果图

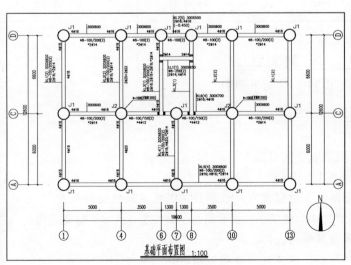

基础平面布置图 1:100

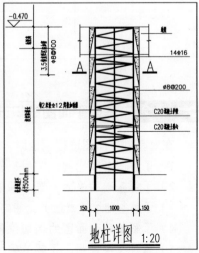

地柱详图 1:20

↘ 13.1 基础平面图的概述

基础是表示建筑物（相对标高±0.000）以下与土壤直接接触的部分，它是建筑物的组成部分，承受建筑物上部结构传来的全部荷载，并将这些荷载和自身重量传给地基。它是施工时在地基上放线、确定基础结构的位置、开挖基坑和砌筑基础的依据。

⊃ 13.1.1 基础平面图的形成与表达

基础平面图是用一个假想的水平剖切平面沿房屋底层室内地面附近将整幢房屋剖开，移去剖切平面以上的房屋和基础四周的土层，向下作正投影所得到的水平剖面图。

在基础平面图中，只画出剖切到的基础墙、柱轮廓线（用中实线表示）和投影可见的基础底部的轮廓线（用细实线表示），以及基础梁等构件（用粗点画线表示），而对其他的细部如砖砌大放脚的轮廓线均省略不画。基础平面图中采用的比例、图例以及定位轴线编号和轴线尺寸应与建筑平面图一致。如图 13-1 所示为某小区单元式住宅基础平面布置图。

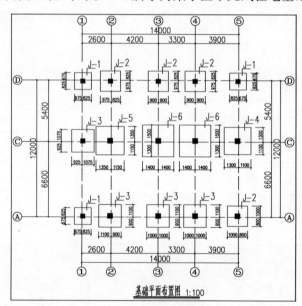

图 13-1 基础平面图

⊃ 13.1.2 基础平面图的识读

在对基础平面图进行识读时，应从以下几方面入手。

1）了解图名和比例。常用比例为 1：100 或 1：200。

2）了解基础的平面布置、基础底面宽度以及与定位轴线的关系及轴线间的尺寸。

3）了解基础墙（或柱）、基础梁、±0.000 以下预留孔洞的平面位置、尺寸、标高等情况。

4）了解基础断面图的剖切位置及其编号。

5）通过文字说明，了解基础的用料、施工注意事项等情况。

6）识读基础平面图时，要与其他有关图样相配合，特别是首层平面图和楼梯详图，因为基础平面图中的某些尺寸、平面形状、构造等情况已在这些图中表达清楚了。

⊃ 13.1.3 基础平面图的绘图步骤

1）画出与建筑平面图相一致的定位轴线。
2）画出基础墙（或柱）的边线及基础底部边线。
3）画出不同断面图的剖切线及其编号。
4）画出其他细部。
5）标注轴线间的尺寸、基础及墙（或柱）的平面尺寸等。
6）注写有关文字说明。

↘ 13.2 基础详图的概述

基础详图主要表明基础各组成部分的具体形状、尺寸、材料、配筋及基础埋深等。基础的形式根据建筑物的上部结构形式、荷载大小、地基的承载力及施工条件等来确定。

⊃ 13.2.1 基础详图的分类

根据构造的不同，常见的基础形式有条形基础、独立基础、片筏基础、箱形基础、桩基础等。按照所采用的材料不同，基础又可分为砖石基础、混凝土基础、钢筋混凝土基础等。

至于独立基础，除画出基础的断面图外，有时还需要画出柱基的平面图，并在平面图中采用局部剖面表达底板配筋。

同一幢房屋，由于各处有不同的荷载和不同的地基承载力，下面就有不同的基础。对每一种不同的基础，都应分别画出详图，详图编号应与基础平面图上标注的剖切线编号相一致。

⊃ 13.2.2 条形基础

当建筑物上部结构采用墙体承重时，基础常沿墙身连续设置，做成长条形。多用于地基条件较好、浅基础的砌体结构。常以砖、石、混凝土等材料为主，断面形式多为放大台阶式。一般用垂直断面图来表示。其组成示意如图 13-2 所示。

其图线要求是：凡剖到的基础墙、大放脚、基础垫层等的轮廓线画成粗实线，断面内画材料图例。防潮层、室内外地坪线等位置一般用粗实线表示。

进行尺寸标注时，应标注出基础各部分（如：基础墙、大放脚、基础垫层等）的详细尺寸以及室内外地面标高和基础底面（基础埋置深度）的标高。如图 13-3 所示。

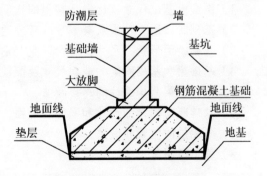

图 13-2 条形基础的组成部分

⊃ 13.2.3 独立基础

当建筑物上部结构采用框架结构时，柱子下的基础常单独设置，称为独立基础。常见的形式有阶梯形、锥形（现浇柱下的钢筋混凝土基础）、杯形（预制柱下的基础）等。一般用平面图和垂直断面图来表示。

其图线要求是：平面图中可见的投影轮廓线用中实线表示，局部剖面中的钢筋网及柱子的断面配筋用粗实线表示。详图中剖到部分的外形线可用中实线表示，钢筋及室内外地面线可用粗实线表示。

进行尺寸标注时，平面图中应表示出基础的长、宽及钢筋的尺寸。详图中则应表明基础的长、高尺寸，钢筋尺寸、室内外地面及基础底面的标高尺寸。如图13-4所示。

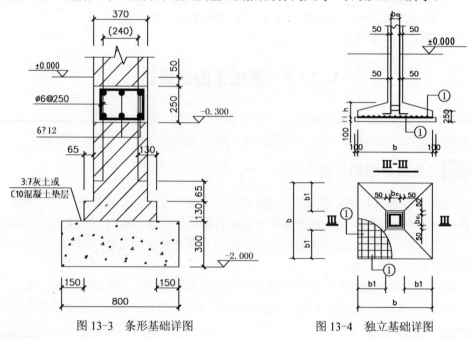

图 13-3　条形基础详图　　　　　　图 13-4　独立基础详图

13.2.4　基础详图的图示内容

在基础详图中，主要包括以下几方面的内容。

1）图名或基础代号、比例。常用的比例为 1∶20。

2）基础断面图中轴线及其编号。若为通用断面图，则轴线圆圈内不注编号。

3）基础断面形状、尺寸、材料以及配筋。

4）基础梁和基础圈梁的截面尺寸及配筋。

5）基础圈梁与构造柱的连接做法。

6）基础断面的详细尺寸和室内外地面、基础垫层底面的标高。

7）防潮层的位置和做法。

8）施工说明等。

 提示　　基础详图的比例较大，墙身部分应给出墙体的材料图例，基础部分若绘制钢筋的配置，则不在绘出钢筋混凝土材料图例。详图的数量由基础构造形式决定，不同构造部分应单独绘出，相同部分可在基础平面图中标出相同的编号即可。

↘ 13.3 住宅楼基础平面图的绘制

素
材
视频\13\基础平面图的绘制.avi
案例\13\基础平面图.dwg

用户在绘制基础平面布置图时，首先根据需要设置绘图环境，包括设置图纸界限、规划图层、设置文字、标注样式，并保存为样板文件等；打开"案例\13\单元式住宅底层平面图.dwg"文件，参照相应的尺寸，进行基础平面图绘制，最后进行尺寸标注、配筋文字说明、图名标注等，其最终效果如图 13-5 所示。

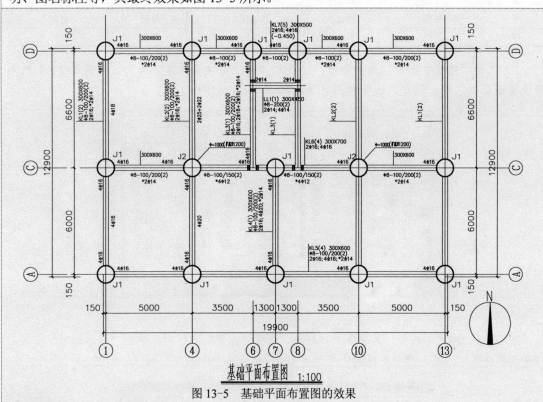

基础平面布置图 1:100

图 13-5 基础平面布置图的效果

⟳ 13.3.1 设置绘图环境

从图 13-5 所示的基础平面布置图所知，在绘制图形前，需要设置与之匹配的绘图环境。

1. 设置绘图环境

1）启动 AutoCAD 2013 软件，将空白文件保存为"案例\13\基础平面布置图.dwg"文件。

2）选择"格式 | 图形界限"菜单命令，依照提示，设定图形界限的左下角为（0，0），右上角为（42000，29700）。

3）在命令行输入<Z>→<空格>→<A>，使输入的图形界限区域全部显示在图形窗口内。

2. 规划图层

绘制结构施工图前，需建立如表 13-1 所示的图层。

表 13-1　图层设置

序　号	图 层 名	线 宽	线 型	颜 色	打 印 属 性
1	轴线	默认	ACAD_IS004W100	红色	不打印
2	柱	0.3mm	实线	黑色	打印
3	梁	默认	实线	黑色	打印
4	水平钢筋标注	默认	实线	洋红色	打印
5	垂直钢筋标注	默认	实线	104 色	打印
6	轴线编号	默认	实线	绿色	打印
7	尺寸标注	默认	实线	蓝色	打印
8	文字标注	默认	实线	黑色	打印
9	钢筋	默认	实线	红色	打印
10	其他	默认	实线	黑色	打印

1）选择"格式 | 图层"菜单命令，将打开"图层特性管理器"面板，根据表 14-1 所示来设置图层的名称、线宽、线型和颜色等，如图 13-6 所示。

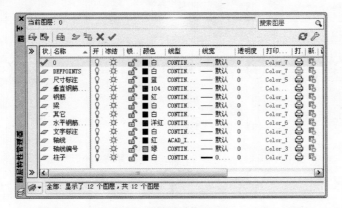

图 13-6　规划图层

2）选择"格式 | 线型"菜单命令，打开"线型管理器"对话框，单击"显示细节"按钮，打开细节选项组，输入"全局比例因子"为 100，然后单击"确定"按钮，如图 13-7 所示。

图 13-7　设置线型比例

3．设置文字样式

用户在 AutoCAD 中要输入一些钢筋符号时，首先应将光盘中"案例\CAD 钢筋符号字体库"文件夹中的所有文件复制到 AutoCAD 2013 软件安装位置的"Fonts"文件夹，然后设置相应的钢筋符号字体，再在相应的位置输入相应的代号即可。表 13-2 给出了 AutoCAD 中钢筋符号所对应的代号。

表 13-2 AutoCAD 中钢筋符号所对应的代号

输 入 代 号	符　　号	输 入 代 号	符　　号
%%c	符号φ	%%172	双标下标开始
%%d	度符号	%%173	上下标结束
%%p	±号	%%147	对前一字符画圈
%%u	下划线	%%148	对前两字符画圈
%%130	Ⅰ级钢筋⏀	%%149	对前三字符画圈
%%131	Ⅱ级钢筋⏀	%%150	字串缩小 1/3
%%132	Ⅲ级钢筋⏀	%%151	Ⅰ
%%133	Ⅳ级钢筋⏀	%%152	Ⅱ
%%130%%145ll%%146	冷轧带肋钢筋	%%153	Ⅲ
%%130%%145j%%146	钢绞线符号	%%154	Ⅳ
%%1452%%146	平方	%%155	Ⅴ
%%1453%%146	立方	%%156	Ⅵ
%%134	小于等于≤	%%157	Ⅶ
%%135	大于等于≥	%%158	Ⅷ
%%136	千分号	%%159	Ⅸ
%%137	万分号	%%160	Ⅹ
%%138	罗马数字Ⅺ	%%161	角钢
%%139	罗马数字Ⅻ	%%162	工字钢
%%140	字串增大 1/3	%%163	槽钢
%%141	字串缩小 1/2(下标开始)	%%164	方钢
%%142	字串增大 1/2(下标结束)	%%165	扁钢
%%143	字串升高 1/2	%%166	卷边角钢
%%144	字串降低 1/2	%%167	卷边槽钢
%%145	字串升高缩小 1/2(上标开始)	%%168	卷边 Z 型钢
%%146	字串降低增大 1/2(上标结束)	%%169	钢轨
%%171	双标上标开始	%%170	圆钢

选择"格式│文字样式"菜单命令，按照表 13-3 所示的各种文字样式对每一种样式进行字体、高度、宽度因子的设置，如图 13-8 所示。

4．设置标注样式

1）选择"格式│标注样式"菜单命令，创建"基础图-100"，单击"继续"按钮，出现"新建标注样式"对话框，然后分别在各选项卡中设置相应的参数，其设置的效果如表 13-4

所示。

表 13-3　文字样式

文字样式名	打印到图纸上的文字高度	图形文字高度（文字样式高度）	宽度因子	字体丨大字体
图内文字	3.5	350		Tssdeng丨gbcbig
图名	5	500		Tssdeng丨gbcbig
尺寸文字	3.5	0	0.7	tssdeng
轴号文字	5	500		Comples
配筋文字	3.5	350		Tssdeng丨Tssdchn

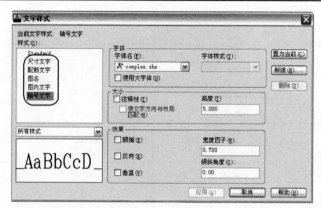

图 13-8　文字样式

表 13-4　"基础图-100"标注样式的参数设置

"选"选项卡	"符号和箭头"选项卡	"文字"选项卡	"调整"选项卡

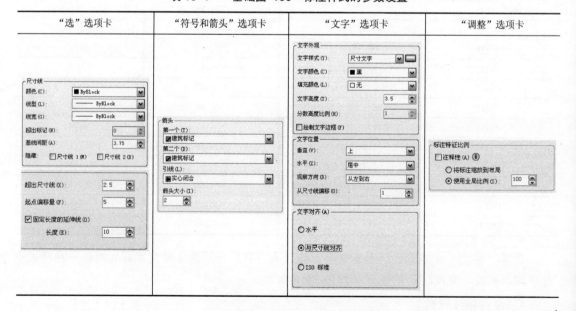

2）选择"文件丨另存为"菜单命令，打开"图形另存为"对话框，选择文件类型为"AutoCAD 图形样板(*.dwt)"，保存到"案例\13"文件夹下，并在"文件名"文本框中输入"基础图"，然后单击"保存"按钮，如图 13-9 所示。

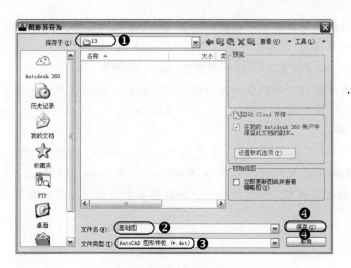

图 13-9　保存为样板文件

⊃ 13.3.2　绘制基础平面图

首先打开案例中"单元式住宅底层平面图.dwg"，参照相关的数据，从而绘制基础平面图。

1）执行"文件 | 另存为"菜单命令，将当前的样板文件另存为"基础平面图.dwg"文件。

2）选择"文件 | 打开"菜单命令，将"案例\13\单元式住宅底层平面图.dwg"文件打开，效果如图 13-10 所示。

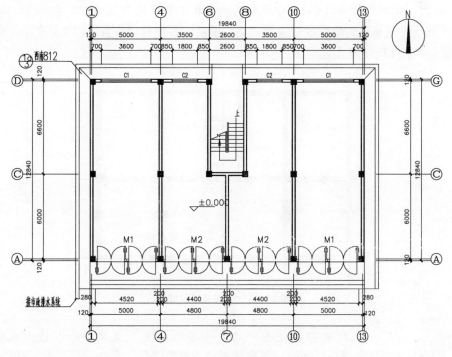

图 13-10　打开的文件

3）使用鼠标框选所有的图形对象，按下〈Ctrl+C〉组合键，将其复制到内存中。

4）在"窗口"菜单下选择"基础平面图.dwg"文件，使之成为当前文档，然后按下〈Ctrl+V〉组合键，将其粘贴到"基础平面图.dwg"文件中。

5）单击"图层控制"中的下拉列表框，将"轴线"图层置为当前图层。

6）执行"构造线"命令（XL），绘制长 22600mm 和高 16200mm，且互相垂直的构造线，如图 13-11 所示。

7）执行"偏移"命令（O），将底侧的水平线段向上偏移 6000mm、4540mm 和 1960mm；将左侧的垂直线段向右各偏移 5000mm、3500mm、1300mm、1300mm、3500mm 和 5000mm；再执行"修剪"（TR）命令，修剪掉多余的线段，结果如图 13-12 所示。

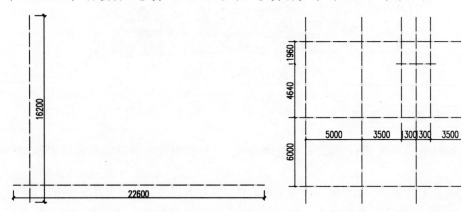

图 13-11 绘制的构造线   图 13-12 偏移及修剪线段

8）执行"偏移"命令（O），将所有的水平和垂直线段分别向左、右、上、下各偏移 150mm；然后将偏移得到的线段转换为"梁"图层。再执行"修剪"（TR）命令，修剪掉多余的线段，如图 13-13 所示。

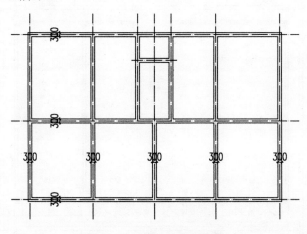

图 13-13 偏移及修剪线段

提示 　　此处也可以使用"格式｜多线样式"菜单命令，设置偏移图元 150mm 和–150mm；然后使用"多线"（ML）命令进行"梁"线的绘制。

9）单击"图层控制"中的下拉列表框，将"柱子"图层置为当前图层。

10）执行"圆"（C）命令，捕捉轴线的夹点，绘制直径为 1000mm 的圆；再执行"复制"（CO）命令，将绘制的圆对象复制到相应的夹点上，如图 13-14 所示。

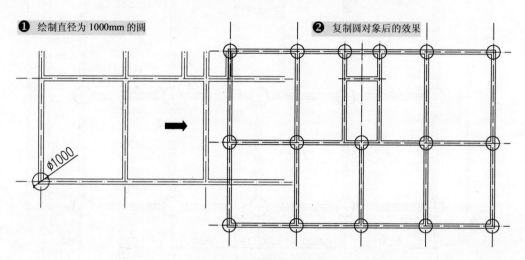

❶ 绘制直径为 1000mm 的圆　　　❷ 复制圆对象后的效果

φ1000

图 13-14　绘制及复制柱子

11）再执行"修剪"（TR）命令，修剪掉圆对象周围多余的梁线段，如图 13-15 所示。

12）单击"图层控制"中的下拉列表框，将"钢筋"图层置为当前图层。

13）再执行"多段线"（PL）命令，绘制宽度为 45mm，长度为 300 的水平和垂直多段线对象，且每两个箍筋对象之间间隔100mm，如图 13-16 所示。

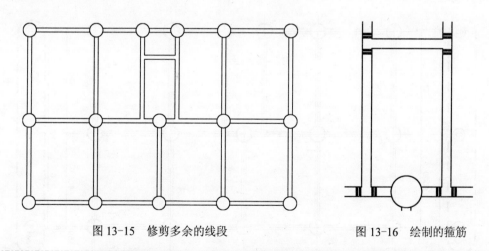

图 13-15　修剪多余的线段　　　　　图 13-16　绘制的箍筋

提示　　此处为了观察线段修剪后的效果，暂时关闭了"轴线"图层。

14）单击"图层控制"中的下拉列表框，将"尺寸标注"图层置为当前图层。

15）单击"标注"工具栏中的"线性"按钮和"连续"按钮，对图形左、右、底侧进行尺寸标注，如图 13-17 所示。

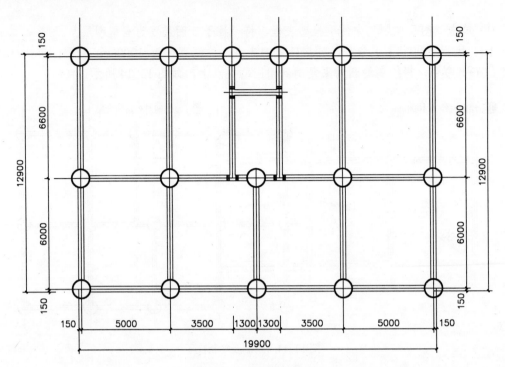

图 13-17   进行尺寸标注

16）单击"图层控制"中的下拉列表框，将"轴线编号"图层置为当前图层。

17）执行"插入"（I）命令，将"案例\13\轴线编号.dwg"图块，插入到相应的位置，并修改其属性值，如图 13-18 所示。

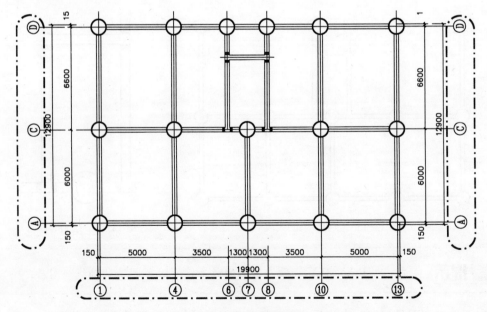

图 13-18   插入轴线编号

18）单击"图层控制"中的下拉列表框，将"水平钢筋标注"图层置为当前图层。

19）在"样式"工具栏中选择"配筋文字"文字样式，单击工具栏中"单行文字"按钮，或使用（DT）命令，输入相应的文字内容，其大小为"250"，如图 13-19 所示。

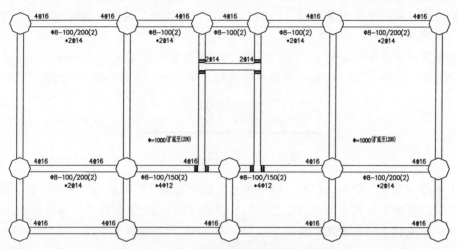

图 13-19　输入水平钢筋的文字

 提示　在输入配筋符号时，最好使用单行文字（DT）命令。

20）分别将"垂直钢筋钢筋"、"文字标注"图层置为当前图层。

21）使用上述同样的方法，输入相应的文字内容，结果如图 13-20 所示。

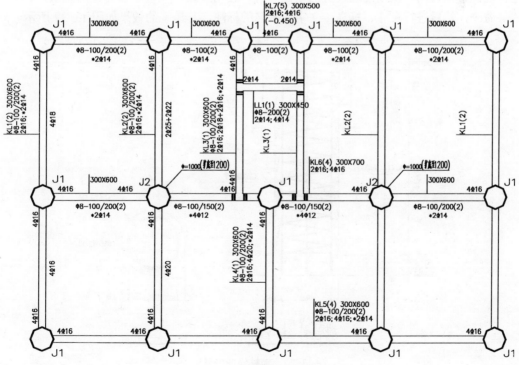

图 13-20　输入的文字

22）在"样式"工具栏中选择"图名"文字样式，单击工具栏中"单行文字"按钮 ，设置其对正方式为"居中"，然后在相应的位置输入"基础平面布置图"和比例"1：100"，然后分别选择相应的文字对象，按〈Ctrl+1〉键打开"特性"面板，并修改相应文字大小为"1000"和"500"。

23）使用"多段线"命令（PL），在图名的底侧绘制一条宽度为 20mm 的水平多段线；再使用"直线"命令（L），绘制与多段线等长的水平线段，效果如图 13-21 所示。

基础平面布置图 1:100

图 13-21　进行图名的标注

24）执行"复制"命令（CO），将"单元式住宅底层平面图.dwg"文件中的"指北针"对象，复制到基础平面图中的相应位置；然后使用〈Delete〉键删除掉不需要的图形对象。

至此，住宅楼基础平面图绘制完毕，按〈Ctrl+S〉组合键保存文件。

➔ 13.4　住宅楼地柱详图的绘制

> 素
> 材　视频\13\地柱详图的绘制.avi
> 　　案例\13\地柱详图.dwg

在详图中需要用更大的比例画出它们的形式、大小、材料及构造情况等。下面以其住宅楼地桩详图为例，调用前面设置的绘图环境，使用直线、偏移、修剪、图案填充、多段线等命令，然后进行尺寸、标高、文字、图名的标注，其最终的效果如图 13-22 所示。

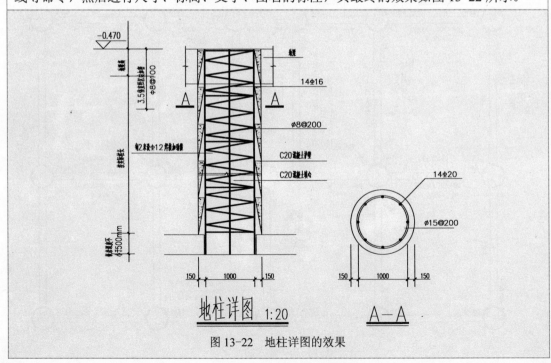

图 13-22　地柱详图的效果

⊃ 13.4.1　调用绘图环境

调用案例中保存的样板文件，将其保存为新的文件。

1）启动 AutoCAD 2013 软件，选择"文件｜打开"菜单命令，将"案例\13\基础图.dwt"样板文件打开。

2）再选择"文件｜另存为"菜单命令，将其保存为"案例\13\地柱详图.dwg"文件。

⊃ 13.4.2　绘制地桩详图

使用直线、偏移、修剪、多段线、填充等命令，从而绘制住宅楼的地桩详图。

1）单击"图层控制"中的下拉列表框，将"0"图层置为当前图层。

2）执行"构造线"（XL）命令，绘制一垂直线段；再执行"偏移"（O）命令，将垂直线段向右各偏移 700mm、120mm、30mm 和 500mm，如图 13-23 所示。

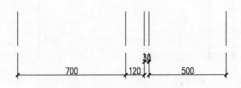

图 13-23　绘制及偏移垂直线段

3）使用上面同样的方法，绘制一水平的构造线段；再将绘制的水平线段向上各偏移 400mm 和 740mm，如图 13-24 所示。

4）使用"直线"（L）"修剪"（TR）等命令，绘制连接的斜线段，并将多余的线段进行修剪，如图 13-25 所示。

5）按〈Ctrl+1〉键打开"特性"面板，将右侧垂直的线段宽度设为"20"；再使用"镜像"（MI）命令，框选左侧的图形对象向右进行镜像操作，如图 13-26 所示。

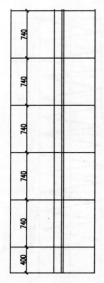
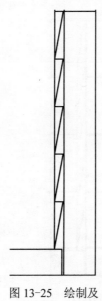
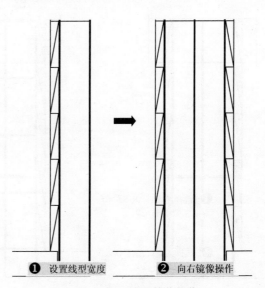

图 13-24　绘制及偏移
　　　水平线段

图 13-25　绘制及
　　　修剪线段

图 13-26　进行镜像操作

6）使用"偏移"（O）命令，将底侧的水平线段向上各偏移 1600mm、30mm、1800mm 和 700mm，如图 13-27 所示。

7）使用"偏移"（O）"修剪"（TR）等命令，将中间的垂直线段向左、右各偏移 900mm，在相应的位置绘制表示折断的符号，并将多余的线段进行修剪，如图 13-28 所示。

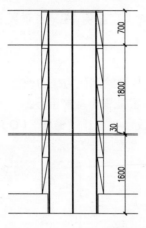

图 13-27　偏移水平线段

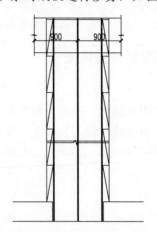

图 13-28　偏移及修剪线段

8）单击"图层控制"中的下拉列表框，将"其他"图层置为当前图层。

9）使用"图案填充"（H）命令，选择相应的样例和比例，进行图案填充操作，如图 13-29 所示。

10）使用"多段线"（PL）命令，在图形的中间位置绘制宽度为 20mm 的水平多段线，如图 13-30 所示。

11）使用"多段线"（PL）命令，在相应的位置绘制连接的斜多段线对象，如图 13-31 所示。

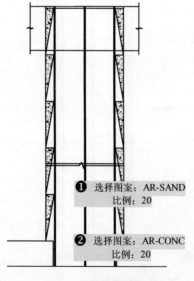

❶ 选择图案：AR-SAND
比例：20

❷ 选择图案：AR-CONC
比例：20

图 13-29　图案填充

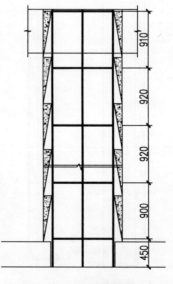

图 13-30　绘制多段线

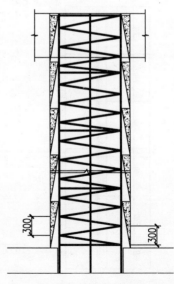

图 13-31　绘制斜线段

12）使用"圆"（C）命令，在空白区域位置分别绘制直径为 1000mm、1060mm、1300mm 的圆，如图 13-32 所示。

13）使用"圆环"命令（DO），绘制内径为 0，外径为 50mm 的圆环，如图 13-33 所示。

14）使用"阵列"（AR）命令，选择圆环对象，以任意一个圆为路径，进行项目数为 8 的路径（PA）阵列，结果如图 13-34 所示。

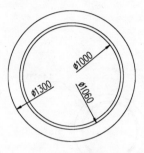
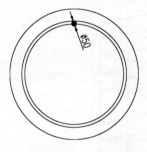
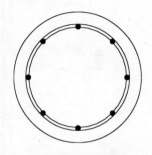

图 13-32　绘制圆　　　　图 13-33　绘制圆环　　　　图 13-34　阵列操作

15）单击"图层控制"中的下拉列表框，将"尺寸标注"图层置为当前图层。

16）单击"标注"工具栏中的"线性"按钮和"连续"按钮，对图形主要尺寸进行标注，如图 13-35 所示。

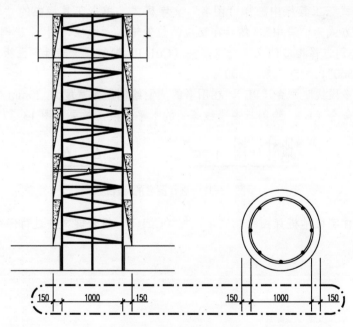

图 13-35　进行尺寸标注

17）执行"插入"（I）命令，将"案例\13\标高.dwg"图块，插入到相应的位置，并修改其属性值。

18）单击"图层控制"中的下拉列表框，将"文字标注"图层置为当前图层。

19）单击工具栏中的"单行文字"按钮，分别输入相应的文字说明，其文字大小为

"130"，如图 13-36 所示。

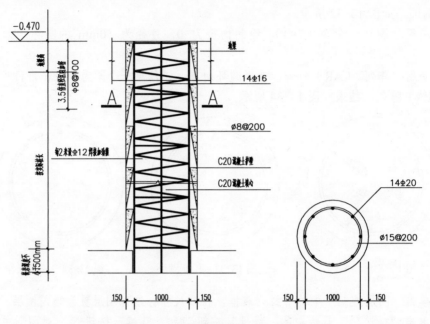

图 13-36 插入标高和输入文字说明

20）在"样式"工具栏中选择"图名"文字样式，单击工具栏中的"单行文字"按钮 Ａ，设置其对正方式为"居中"，然后在相应的位置输入"地柱详图"、比例"1:20"和图名"A—A"，然后分别选择相应的文字对象，按〈Ctrl+1〉键打开"特性"面板，并修改相应文字大小分别为"500"、"250"和"300"。

21）使用"多段线"命令（PL），在图名的底侧绘制一条宽度为 20mm 的水平多段线；再使用"直线"命令（L），绘制与多段线等长的水平线段，效果如图 13-37 所示。

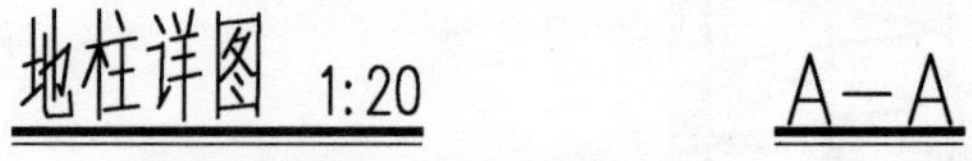

地柱详图 1:20   A—A

图 13-37 进行图名的标注

22）至此，住宅楼地桩详图绘制完毕，按〈Ctrl+S〉组合键文件进行保存。

第14章 楼层结构平面图的绘制方法

本章导读 ✔

　　楼层结构平面图，也称楼层结构平面布置图，是表示楼面板及其下面的墙、梁、柱等承重构件的平面布置图样。用于表示各层的梁、板、柱、过梁和圈梁等的平面布置、构造、配筋情况，是结构施工图时布置或安放各层承重构件的依据。

　　本章节通过楼层结构平面图的形成、图示方法、识读等知识的讲解，以及标高-0.470 至3.880 层柱结构图和标高 3.880 层板配筋图两个实例，引领读者掌握楼层结构图的绘制方法；再通过板配筋图的绘制，让用户真正掌握楼梯结构图的绘制技巧。

学习目标 ✔

📖 掌握楼层结构平面图的基础知识
📖 绘制标高-0.470 至 3.880 层柱结构图
📖 绘制标高 3.880 层板配筋图

预览效果图 ✔

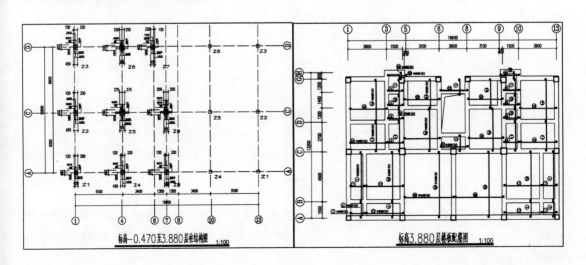

↘ 14.1 楼层结构平面图的概述

楼层结构平面图，也称楼层结构平面布置图，是假想沿楼面将建筑物水平剖切后所得楼面的水平投影。它反映出每层楼面上板、梁及楼面下层的门窗过梁布置以及现浇楼面板的构造及配筋情况。它是结构施工时构件制作和吊装就位的依据。

⊃ 14.1.1 楼层结构平面图的形成

楼层结构平面图用于表示楼板以及其下面的墙、梁、柱等承重构件的平面布置，或现浇楼板的构造和配筋。如果在其平面图中，未能完全表示清楚之外，需要给出结构剖面图，如图 14-1 所示。

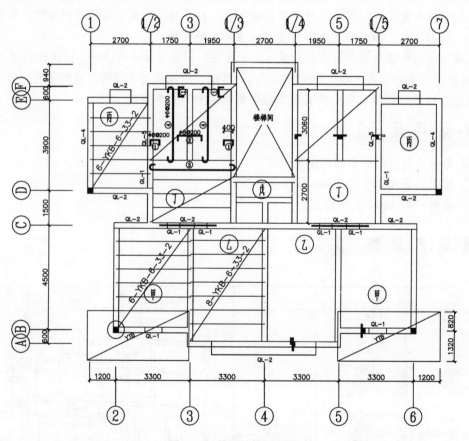

图 14-1 楼层结构平面图

在楼层结构平面图中，对于现浇楼板应表示出楼板的厚度、配筋情况。板中的钢筋用粗实线表示，板下的墙用细线表示，梁、圈梁、过梁等用粗点画线表示。柱、构造柱用断面（涂黑）表示。

一般情况下，梁和板的布置可画在同一张图纸上，但在实际施工中，是将梁全部搁置和浇铸完后，再搁板。因此，实际工程中，可将梁和板的结构布置平面图分开绘制，以免标注太多太乱而不清晰。

⊃ 14.1.2　楼层结构平面图的图示内容

通过楼层结构平面图表达，主要有这样四个方面的作用：

1）每层的梁、板、柱、墙等承重构件的平面布置。

2）说明各构件在房屋中的位置。

3）构造之间的关系。

4）现场安装与制作的施工依据。

那么，在楼层结构平面图中，主要有以下几方面的内容。

1）相同的各层可只画一个楼层结构平面图，但应注明合用各层的名称。

2）常用比例：1:100、1:200 或 1:50。

3）可见的钢筋混凝土楼板轮廓线用细实线表示。

4）被剖切到的墙身轮廓线用中实线表示。

5）楼板下不可见的墙身轮廓线用中虚线表示。

6）被剖切到的钢筋混凝土柱子用断面涂黑，即填充 SOLID 样例表示。

⊃ 14.1.3　楼层结构平面图的识读方法

楼层结构平面图主要表示板、梁、墙等的布置情况。对现浇板，一般要在图中反映板的配筋情况，若是预制板则反映板的选型、排列、数量等。梁的位置、编号以及板梁墙的连接或搭接情况等都要在图中反映出来。另外楼层结构平面图还反映圈梁、过梁、雨篷、阳台等的布置。若构造复杂时，也可单独成图。

1）熟悉线型。可见的钢筋混凝土楼板的轮廓线用细实线，剖切到的墙身轮廓线用中实线表示，楼板下面不可见的墙身轮廓线用中虚线表示，剖切到的钢筋混凝土柱子用涂黑表示。

2）查看构件代号、编号、定位轴线等了解各构件的位置和数量。在如图 14-1 所示的楼层结构平面图中，从构件代号及定位轴线查看。

① 柱：轴线 2-B、6-B 处有 Z-1；轴线 1-dwg、7-dwg 处有 Z-2。

② 板：厨卫为现浇板 B；卧室为预制板 YKB；阳台为阳台板 YTB。

③ 梁：房屋四周及部分内墙为圈梁，有 QL-1、QL-2（又分为窗套与一般情况）、QL-3、QL-4、QL-5、QL-6。门顶位置处有过梁：GL-1、GL-2.厨卫现浇板下有梁执行"直线"命令（L）-1。

④ 楼梯间另有详图。

● 楼梯间一般有用打对角交叉线的方格表示。

● 了解承重形式（砖墙、或梁柱等）、荷载的传递情况。

● 了解楼层现浇板、预制板的情况。

● 再细看各构件的布置、配筋、连接情况。

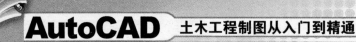
↘ 14.2 标高-0.470 至 3.880 层柱结构图的绘制

素材 视频\14\标高-0.470 至 3.880 层柱结构图的绘制.avi
案例\14\标高-0.470 至 3.880 层柱结构图.dwg

在用户在绘制柱子结构图时，调用 13 章节设置的"基础图.dwt"样板文件，绘制轴网线、柱子、钢筋对象，然后进行配筋文字说明、尺寸标注、图名标注等，其最终效果如图 14-2 所示。

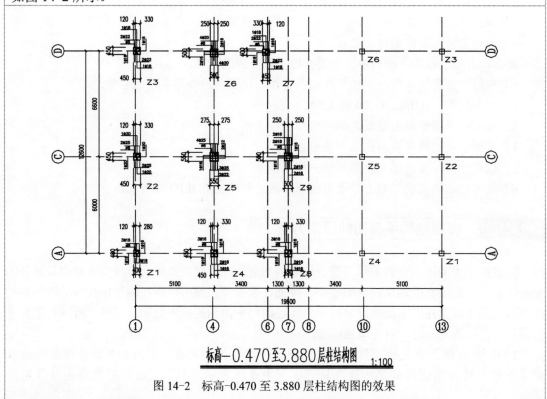

图 14-2　标高-0.470 至 3.880 层柱结构图的效果

⊃ 14.2.1　调用绘图环境

本章节调用第 13 章已设置好的"基础图.dwt"样板文件，从而绘制楼层柱结构图。

1）启动 AutoCAD 2013 软件，选择"文件丨打开"菜单命令，将"案例\13\基础图.dwt"样板文件打开。

2）再选择"文件丨另存为"菜单命令，将其保存为"案例\14\标高-0.470 至 3.880 层柱结构图.dwg"文件。

⊃ 14.2.2　绘制柱结构图

分别绘制轴网线、墙柱、配筋等对象，从而完成标高-0.470 至 3.880 层柱结构图的绘制。

1）单击"图层控制"中的下拉列表框，将"轴线"图层置为当前图层。

2）执行"构造线"命令（XL），绘制长 22600mm 和高 16200mm，且互相垂直的构造线，如图 14-3 所示。

3）执行"偏移"命令（O），将底侧的水平线段向上偏移 6000mm 和 6600mm；将左侧的垂直线段向右各偏移 5100mm、3400mm、1300mm、1300mm、3400mm 和 5100mm，结果如图 14-4 所示。

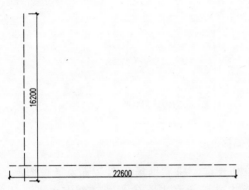

图 14-3　绘制的构造线

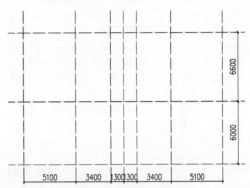

图 14-4　偏移轴网线

4）单击"图层控制"中的下拉列表框，将"柱子"图层置为当前图层。

5）执行"矩形"（REC）命令，在空白区域分别绘制 300×300mm、400×400mm、450×450mm、450×400mm、500×500mm 和 550×550mm 的矩形，如图 14-5 所示。

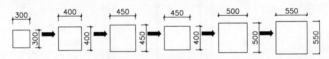

图 14-5　绘制的墙柱

6）执行"复制"（CO）命令，捕捉轴网线上的交点，将上一步绘制的矩形对象，分别复制到相应的位置，结果如图 14-6 所示。

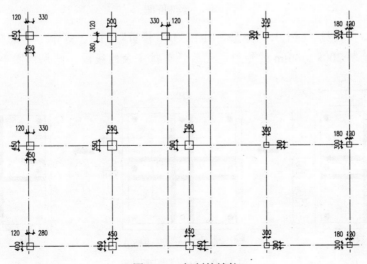

图 14-6　复制的墙柱

> 📚 **提示** 复制墙柱（矩形）对象时，可采用先绘制两条相交的对角线，从而捕捉其中点，复制操作完成后，将绘制的对角线删除掉即可。

7）执行矩形（REC）、偏移（O）等命令，在视图中绘制 400×400mm 的矩形，并将矩形向内偏移 20mm，如图 14-7 所示。

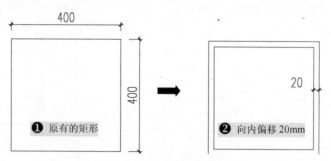

图 14-7　绘制及偏移矩形

8）单击"图层"工具栏的"图层控制"下拉列表框，将"钢筋"图层置为当前图层。

9）执行"圆环"命令（DO），捕捉水平与垂直线段的交点，作为圆环的中心点，绘制内径为 0、外径为 20mm 的圆环；再执行"删除"命令（E），将辅助用的线段删除掉，结果如图 14-8 所示。

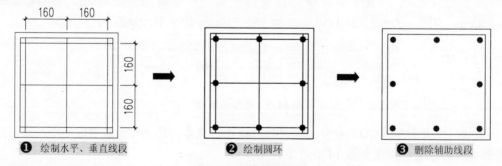

图 14-8　绘制的圆环

10）执行"多段线"（PL）、"矩形"（REC）、"修剪"（TR）等命令，绘制线宽为 15mm 的多段线，并绘制 200×200mm 的矩形，然后修剪掉多余的线段，结果如图 14-9 所示。

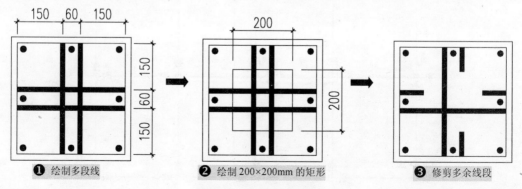

图 14-9　绘制的图形对象

11）执行"直线"（L）、"圆"（C）、"修剪"（TR）、"合并"（J）等命令，绘制角度为45°的斜线段；再执行"绘图｜圆｜相切、相切、相切"菜单命令，绘制与斜线段相切的圆；并修剪掉多余的线段；再将斜线段与圆弧"合并"为一条多段线；按下〈Ctrl+1〉组合键，在打开的"特性"面板中，将部分线段的全局线宽设置为15mm，如图14-10所示。

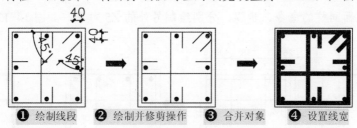

❶ 绘制线段　　❷ 绘制并修剪操作　　❸ 合并对象　　❹ 设置线宽

图14-10　绘制的Z1对象

12）使用前面同样的方法，继续绘制Z2、Z3、Z4、Z7、Z8对象，结果如图14-11所示。

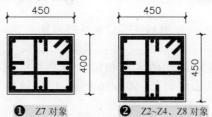

❶ Z7对象　　　　❷ Z2~Z4、Z8对象

图14-11　绘制其他对象

提示　　由于箍筋扎的方式相同，因此在绘制 450×450mm 处的钢筋对象时，可将已绘制好 400×400mm 矩形的所有钢筋对象，放大 1.125 倍就可以。

13）使用前面同样的命令、步骤，分别绘制另外的Z6、Z9对象，如图14-12所示。

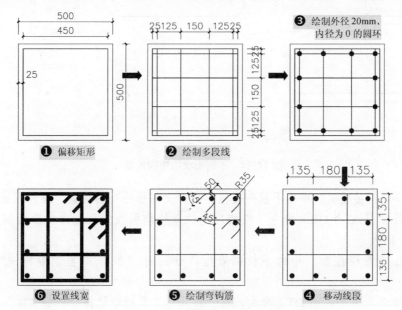

❶ 偏移矩形　　❷ 绘制多段线　　❸ 绘制外径20mm、内径为0的圆环

❻ 设置线宽　　❺ 绘制弯钩筋　　❹ 移动线段

图14-12　绘制的Z6、Z9对象

> 在绘制 500×500mm 处的钢筋对象时，可将已绘制好 400×400mm 矩形钢筋对象，放大 1.25 倍后，进行一些增删操作，从而减少绘制步骤，提高绘图的效率。

14）使用前面同样的命令、步骤，分别绘制另外的 Z5 对象，如图 14-13 所示。

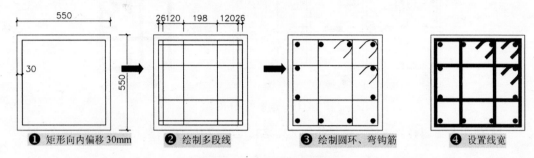

❶ 矩形向内偏移 30mm　　❷ 绘制多段线　　❸ 绘制圆环、弯钩筋　　❹ 设置线宽

图 14-13　绘制的 Z5 对象

> 由于箍筋捆扎的方式相同，因此在绘制 550×550mm 处的钢筋对象时，可将已绘制好 500×500mm 矩形的所有钢筋对象，放大 1.1 倍就可以。

一般光圆钢筋的端部一般作弯钩，如图 14-14 所示。

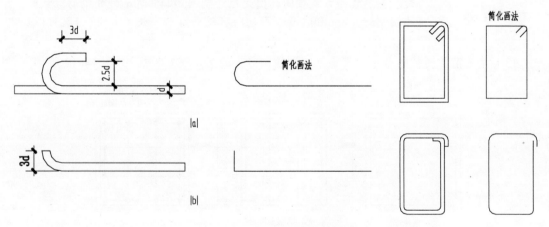

图 14-14　不同形状的弯钩对象

15）单击"图层控制"中的下拉列表框，将"文字标注"图层置为当前图层。

16）执行"引线"（QL）命令，在相应的位置绘制引线对象，方便后面钢筋文字的显示，如图 14-15 所示。

17）单击"图层控制"中的下拉列表框，分别将"水平/垂直钢筋标注"图层置为当前图层。

18）执行"单行文字"（DT）命令，在"样式"工具栏中选择"配筋文字"文字样式，单击工具栏中的"单行文字"按钮 **A**，（输入"垂直钢筋"内容时，其文字角度为 90°），其大小为"200"，在相应的位置输入文字说明，如图 14-16 所示。

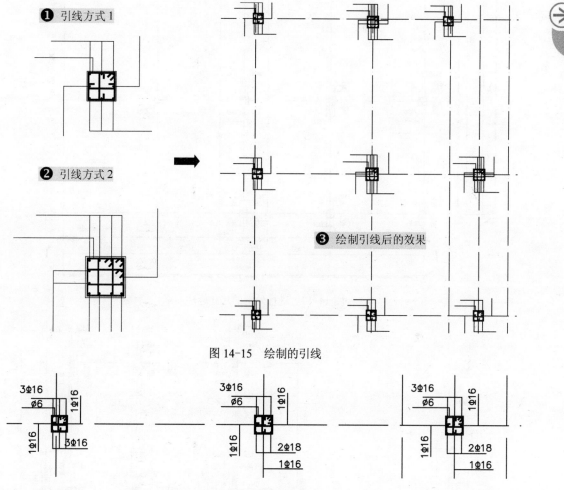

图 14-15　绘制的引线

图 14-16　文字标注

　　　　此处为了方便观察文字标注后的效果，只显示图形最底侧部分的文字对象。

19）重复前面的命令，对柱子对象进行文字标注，表示序列号。

20）单击"图层控制"中的下拉列表框，将"尺寸标注"图层置为当前图层。

21）单击"标注"工具栏中的"线性"按钮 **⊢** 和"连续"按钮 **⊞**，对图形左侧、底侧进行尺寸标注，如图 14-17 所示。

22）单击"标注"工具栏中的"线性"按钮 **⊢** 和"连续"按钮 **⊞**，对图形柱子内部进行尺寸标注，如图 14-18 所示。

23）单击"图层控制"中的下拉列表框，将"轴线编号"图层置为当前图层。

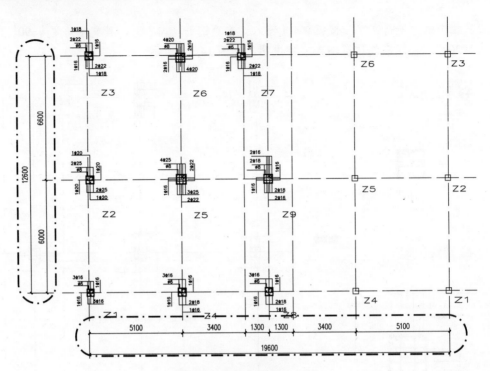

图 14-17 进行外侧的尺寸标注

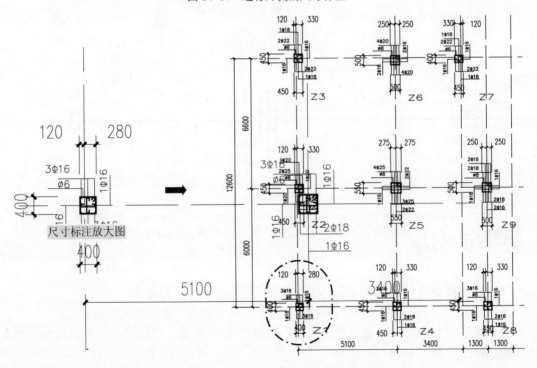

图 14-18 进行内部的尺寸标注

24）执行"插入"（I）命令，将"案例\14\轴线编号.dwg"图块，插入到相应的位置，并修改其属性值，如图 14-19 所示。

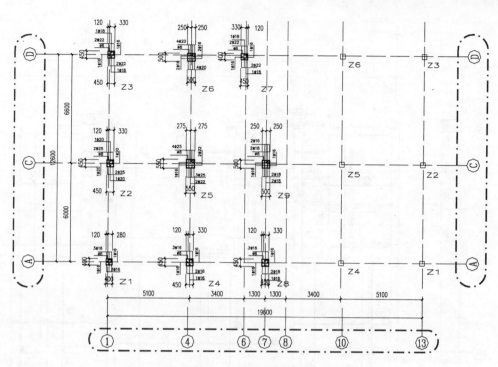

图 14-19　插入轴线编号

25）在"样式"工具栏中选择"图名"文字样式，单击工具栏中的"单行文字"按钮 ，设置其对正方式为"居中"，然后在相应的位置输入"标高-0.470 至 3.880 层柱结构图"和比例"1:100"，然后分别选择相应的文字对象，按〈Ctrl+1〉键打开"特性"面板，并修改相应文字大小为"1000"和"500"。

26）使用"多段线"命令（PL），在图名的底侧绘制一条宽度为 20mm 的水平多段线；再使用"直线"命令（L），绘制与多段线等长的水平线段，效果如图 14-20 所示。

标高−0.470至3.880层柱结构图　1:100

图 14-20　进行图名的标注

27）至此，标高-0.470 至 3.880 层柱结构图已绘制完毕，按〈Ctrl+S〉组合键文件进行保存。

➦ 14.3　标高 3.880 层楼板配筋图的绘制

> **素材**
> 视频\14\标高 3.880 层楼板配筋图的绘制.avi
> 案例\14\标高 3.880 层楼板配筋图.dwg

根据 13 章节"基础平面图.dwg"文件的相关数据，再调用"基础图.dwt"样板文件，首先绘制轴网线、柱子、梁、钢筋，然后进行钢筋文字标注、图名标注，其最终效果如图 14-21 所示。

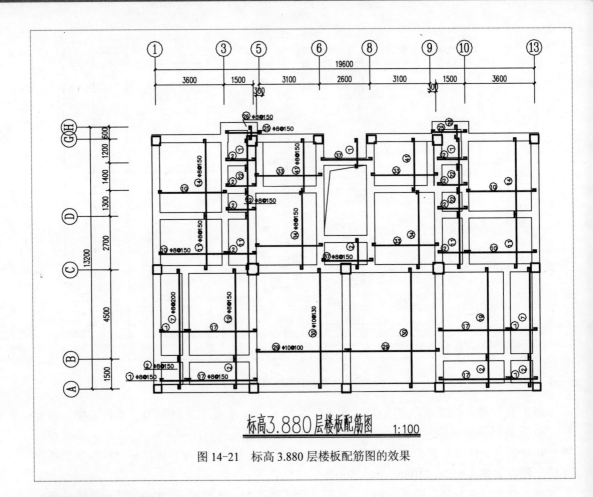

标高3.880层楼板配筋图   1:100

图 14-21   标高 3.880 层楼板配筋图的效果

⊃ 14.3.1   调用绘图环境

本章节调用第 13 章设置好的"基础图.dwt"样板文件，从而绘制标高 3.880 层楼板配筋图。

1）启动 AutoCAD 2013 软件，选择"文件 | 打开"菜单命令，将"案例\13\基础图.dwt"样板文件打开。

2）再选择"文件 | 另存为"菜单命令，将其保存为"案例\14\标高 3.880 层楼板配筋图.dwg"文件。

⊃ 14.3.2   绘制楼板配筋图

首先绘制轴网线、梁线、配筋对象，从而完成楼板配筋图的绘制。

1）单击"图层控制"中的下拉列表框，将"轴线"图层置为当前图层。

2）执行"构造线"命令（XL），绘制长 22600mm 和高 16200mm，且互相垂直的构造线，如图 14-22 所示。

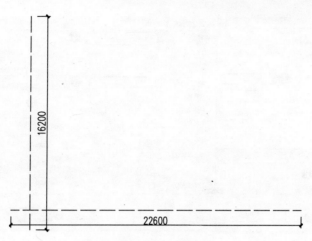

图 14-22 绘制的线段

3）执行"偏移"（O）、"修剪"（TR）等命令，参照尺寸，偏移并修剪掉线段，如图 14-23 所示。

4）单击"图层控制"中的下拉列表框，将"柱子"图层置为当前图层。

5）执行"矩形"（REC）命令，分别绘制 400×400mm、450×450mm、500×500mm 和 550×550mm 的矩形，如图 14-24 所示。

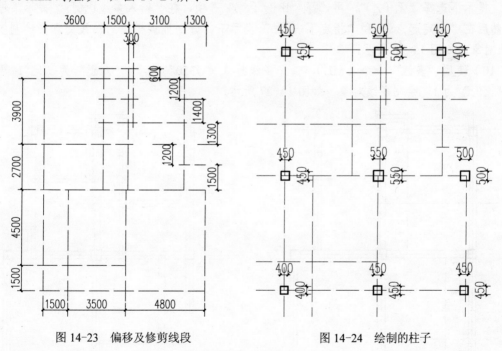

图 14-23 偏移及修剪线段   图 14-24 绘制的柱子

6）单击"图层"工具栏的"图层控制"下拉列表框，选择"梁"图层为当前层。

7）选择"格式 | 多线样式"菜单命令，打开"多线样式"对话框，单击"新建"按钮，打开"创建新的多线样式"对话框，在名称栏输入多线名称"Q350"，单击"继续"按钮，打开"新建多线样式"对话框，然后设置图元的偏移量分别为 175 和-175，再单击"确定"按钮，如图 14-25 所示。

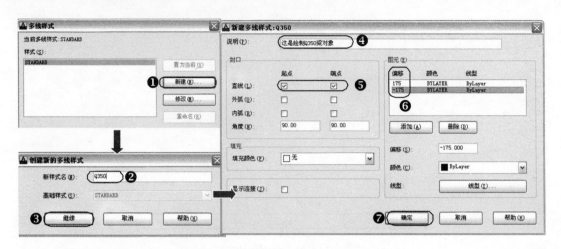

图 14-25 新建 "Q350" 多线样式

8）使用上面同样的方法，新建多线名称 "Q400"，设置图元的偏移量分别为 200 和-200。

9）使用 "多线" 命令（ML），根据提示选择 "样式（ST）" 选项，在 "输入多线样式名:" 提示下输入 "Q400" 并按〈Enter〉键；再选择 "对正（J）" 选项，在 "输入对正类型:" 提示下选择 "无（Z）"；再选择 "比例（S）" 选项，在 "输入多线比例:" 提示下输入 1，然后在 "指定起点:" 和 "指定下一点:" 提示下，分别捕捉相应的轴线交点来绘制多条多线对象，如图 14-26 所示。

10）使用 "多线" 命令（ML），选择多线样式 "Q350" 选项，"对正" 为 "无"；再选择 "比例" 为 1，绘制多线对象，如图 14-27 所示。

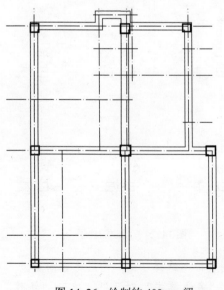

图 14-26 绘制的 400mm 梁

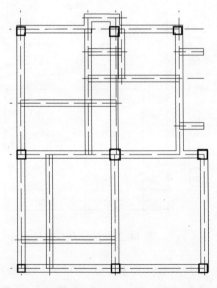

图 14-27 绘制的 350mm 梁

11）执行 "修改 | 对象 | 多线" 菜单命令，或双击任何一多线对象，都将打开 "多线编辑工具" 对话框，如图 14-28 所示；单击 "T 形合并" 按钮对其指定的交点进行合并操

作；再单击"角点结合"按钮└对其指定的拐角点进行角点结合操作，单击"十字合并"按钮╪对其指定的十字交点进行合并操作，如图 14-29 所示。

图 14-28　"多线编辑工具"对话框

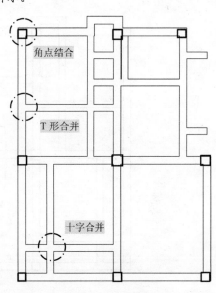

图 14-29　编辑梁对象

提示
　　用户在对"梁"对象进行编辑时，可以将"轴线"图层暂时关闭，这样可以更加方便地观察"梁"对象编辑后的效果。
　　若遇到编辑困难的多线对象，可以使用"分解"（X）命令，从而编辑多线。

　　12）执行"镜像"（MI）命令，将绘制的整个对象向右进行镜像操作，如图 14-30 所示。

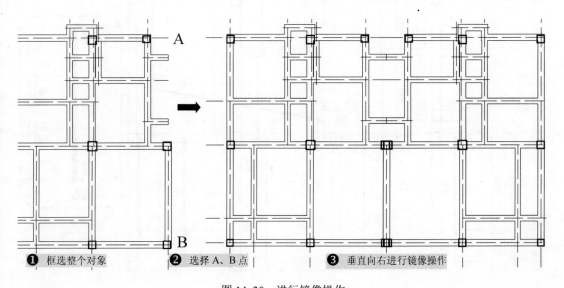

❶ 框选整个对象　　　　❷ 选择 A、B 点　　　　❸ 垂直向右进行镜像操作

图 14-30　进行镜像操作

13）再打开"多线编辑工具"对话框，对镜像后中间连接处的梁对象进行编辑，如图 14-31 所示。

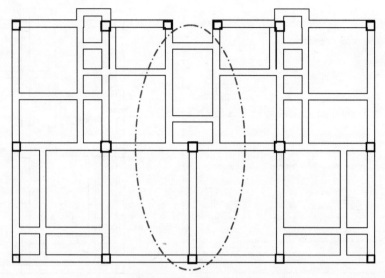

图 14-31　编辑多线对象

 提示　为了方便观察梁对象编辑后的效果，此处关闭"轴线"图层。

14）单击"图层控制"中的下拉列表框，将"钢筋"图层置为当前图层。

15）使用"多段线"（PL）等命令，根据尺寸绘制如图 14-32 所示的垂直钢筋对象，其线段宽度为 45mm。

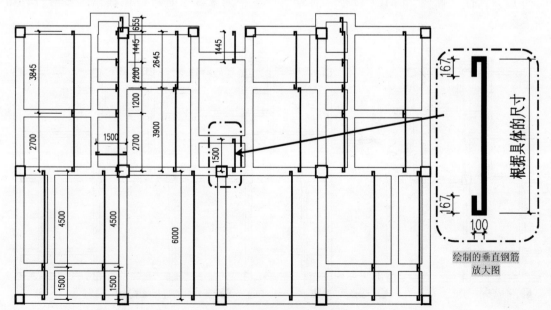

图 14-32　绘制的垂直钢筋

在钢筋混凝土结构设计中，对国产的建筑用钢按其产品种类等级的不同分为以下几类，如表14-1所示。

表14-1 钢筋的等级

级 别	符 号	输入方式	材料及表面形状
I 级钢筋		%%130	HPB235 光圆钢筋
II 级钢筋		%%131	HPB335 钢筋
III 级钢筋		%%132	HPB400 钢筋
IV 级钢筋		%%133	HPB540 钢筋

 提示

◆ φ8@250：表示箍筋为 HPB235 级钢筋，直径为 8mm，间距为 250mm，沿柱全高加密。

◆ φ8@250/200：表示箍筋为 HPB235 级钢筋，直径为 8mm，加密区间距为 250mm，非加密间距为 200mm。

◆ 当圆柱采用螺旋箍筋时，需在箍筋前加"L"。如：Lφ8@250/200。常见的钢筋箍扎结构，如图14-33所示。

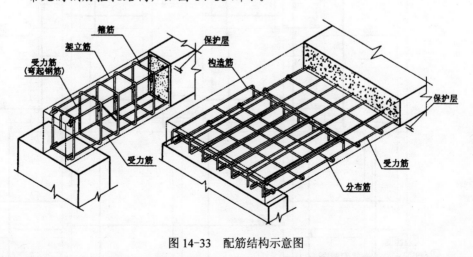

图14-33 配筋结构示意图

16）使用前面的方法，根据尺寸绘制如图14-34所示的水平钢筋对象。

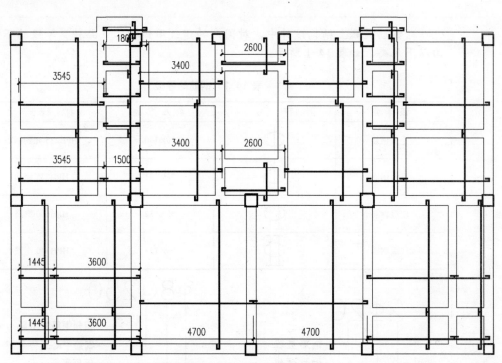

图 14-34　绘制的水平钢筋

17）单击"图层控制"中的下拉列表框，将"水平钢筋标注"图层置为当前图层。

18）单击工具栏中的"单行文字"按钮 **A**，选择"配筋文字"文字样式，其文字大小为"240"，分别输入相应的文字说明，如图 14-35 所示。

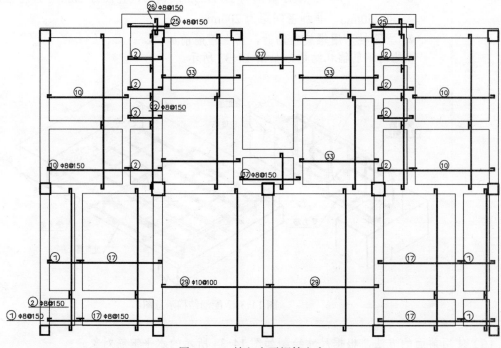

图 14-35　输入水平钢筋文字

19）使用上面同样的方法，其文字角度为 90°，结果如图 14-36 所示。

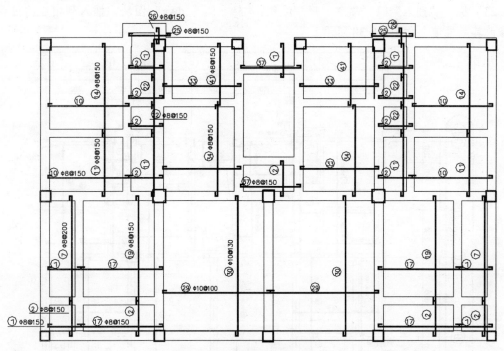

图 14-36 输入垂直钢筋文字

20）单击"图层控制"中的下拉列表框，将"尺寸标注"图层置为当前图层。

21）单击"标注"工具栏中的"线性"按钮  和"连续"按钮 ，对图形主要尺寸进行标注，如图 14-37 所示。

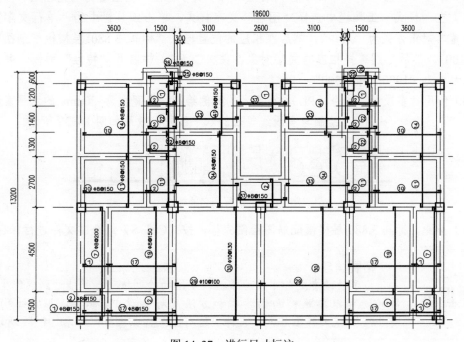

图 14-37 进行尺寸标注

22）单击"图层控制"中的下拉列表框，将"轴线编号"图层置为当前图层。

23）执行"插入"（I）命令，将"案例\14\轴线编号.dwg"图块，插入到相应的位置，并修改其属性值，如图 14-38 所示。

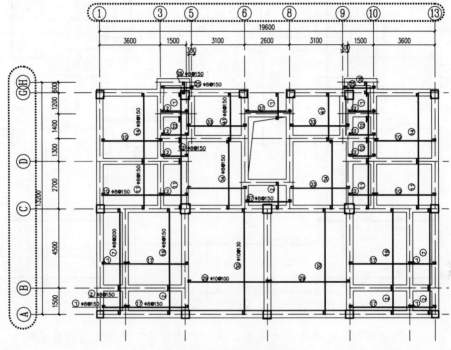

图 14-38　插入的轴线编号

24）单击"图层控制"中的下拉列表框，将"文字标注"图层置为当前图层。

25）在"样式"工具栏中选择"图名"文字样式，单击工具栏中的"单行文字"按钮 ，设置其对正方式为"居中"，然后在相应的位置输入"标高 3.880 层楼板配筋图"和比例"1:100"，然后分别选择相应的文字对象，按〈Ctrl+1〉键打开"特性"面板，并修改相应文字大小为"1000"和"500"。

26）使用"多段线"命令（PL），在图名的底侧绘制一条宽度为 20mm 的水平多段线；再使用"直线"命令（L），绘制与多段线等长的水平线段，效果如图 14-39 所示。

标高3.880层楼板配筋图　1:100

图 14-39　进行图名的标注

27）至此，标高 3.880 层楼板配筋图绘制完毕，按〈Ctrl+S〉组合键文件进行保存。

> **拓展学习：**
> 为了使读者更加牢固地掌握楼层图的绘制技巧，并能达到熟能生巧的目的，可以参照前面的步骤和方法（对光盘中"案例\14\梁结构布置图.dwg 和梁大样图.dwg"文件）进行绘制，如图 14-40 和 14-41 所示。

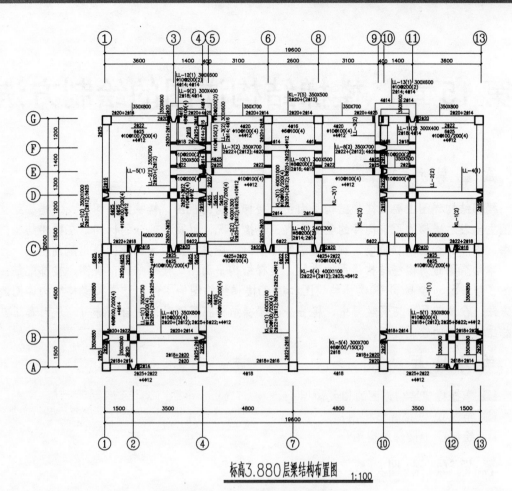

标高3.880层梁结构布置图 1:100

图 14-40　标高 3.880 层梁结构布置图

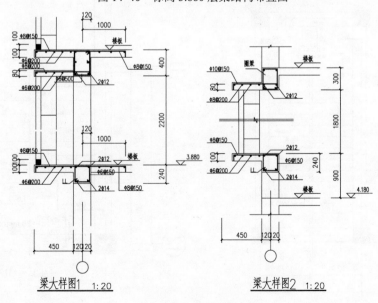

梁大样图1　1:20　　　　梁大样图2　1:20

图 14-41　梁大样图

第15章 楼梯结构详图的绘制方法

本章导读 ✅

　　楼梯结构详图主要由楼梯结构平面图、楼梯结构剖视图、楼梯配筋图组成。楼梯结构剖面图主要表示楼梯的承重构件的竖向布置、连接情况，以及各部分的标高。在楼梯结构剖面图中，不能详细表示梯段板、梯段梁等的配筋时，应另外用较大的比例画出配筋图。

　　本章节通过对楼梯结构详图的讲解，楼梯结构平面图、楼梯结构剖视图、楼梯配筋图知识的了解。通过绘制⑥-⑧楼梯结构图和ⓒ-ⓓ楼梯结构图的实例，让掌握楼梯结构详图的绘制方法。在章节最后拓展学习中，将另外的楼梯结构拓展图让读者自行练习，从而真正掌握楼梯结构详图的绘制技巧。

学习目标 ✅

📖 掌握楼梯结构详图的相关知识
📖 绘制⑥-⑧楼梯结构图
📖 绘制ⓒ-ⓓ楼梯结构图

预览效果图 ✅

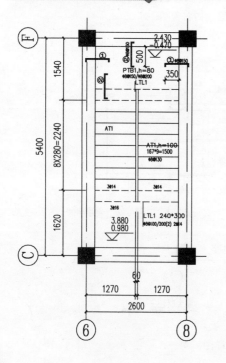

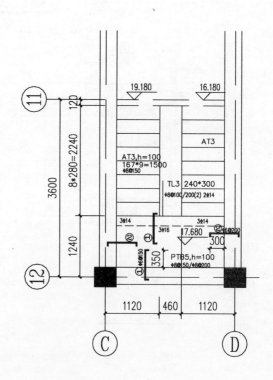

↘ 15.1　楼梯结构详图的概述

楼梯结构详图主要包括楼梯结构平面图、楼梯剖面图和配筋图。

➲ 15.1.1　楼梯结构平面图

楼梯结构平面图与楼层结构平面图一样，表示楼梯板、楼梯梁的平面布置、代号、编号、尺寸及结构标高等，如图 15-1 所示。

1. 楼梯的类型

常见的楼梯类型有梁式楼梯、板式楼梯、剪刀式楼梯和螺旋式楼梯等，其示意如图 15-2 所示。

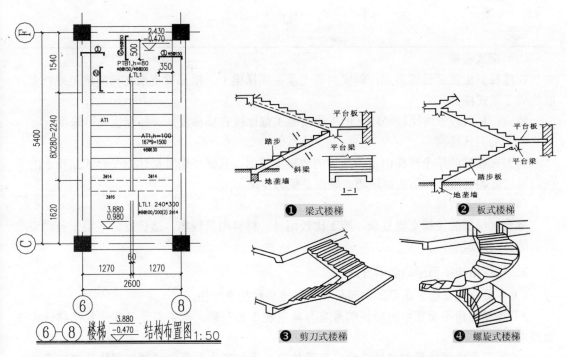

图 15-1　楼梯结构平面图　　　　　图 15-2　楼梯示意图

（1）板式楼梯

板式楼梯由梯段、横梯梁和平台组成，梯板是一块斜板，板的两端支承在平台梁上（最下端的梯段可支承在横梁上，也可单独做基础）。

优点：下表面平整，施工支模方便。缺点：斜板较厚，当跨度较大时，材料用量较多。板式楼梯外观美观，多用于住宅、办公楼、教学楼等建筑，目前跨度较大的公共建筑也多受用。

最常用板式楼梯的类型：AT、BT、CT、DT、ET，具体如表 15-1 所示。

表 15-1　AT~ET 型楼梯示意图

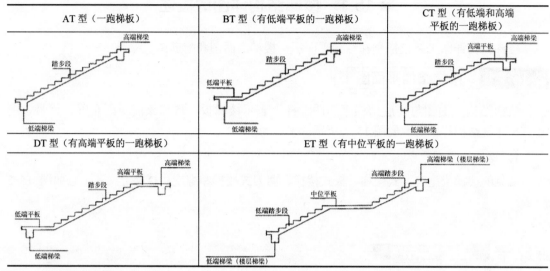

（2）梁式楼梯

在楼梯斜板侧面设置斜梁，斜梁两端支承在横梯梁上，横梯梁支承在梯间墙上或柱上，就构成了梁式楼梯。

特点：梯段较长时比较经济，但支模及施工都比板式楼梯复杂，外观也显得笨重。

（3）剪刀式楼梯

剪刀式楼梯的整个楼梯由主体结构的边梁上挑出，其优点是首层休息平台和踏步下的空间可以较好的利用，外形美观轻巧。缺点是受力复杂。

（4）螺旋式楼梯

螺旋式楼梯的楼梯支模复杂，施工比较困难，材料用量较多，造价高。多用于美观要求较高的公共建筑中。

2. 楼梯结构平面图的图示方法

1）多层建筑应绘出底层、中间层和顶层楼梯结构平面图。

2）楼梯结构平面图中的轴线编号应与建筑施工图一致，剖切符号只在底层楼梯结构平面图中表示。

3）不可见轮廓线用细虚线表示；可见轮廓线用细实线表示；被剖切到的砖墙轮廓线用中实线表示。

4）各层楼梯结构平面图均在楼层的楼梯梁顶面处用水平剖切后视画出，主要表示楼梯和平台的结构，其余可省略。

5）钢筋混凝土楼梯梁、踏步板、楼板和平台板可用重合断面表示它们的开关与关系。

6）常用比例有 1:50、1:40 或 1:30。

⊃ 15.1.2　楼梯结构剖面图

楼梯剖面图主要表达楼梯的形式、结构类型、楼梯间的梯段数、各梯段的步级数、数梯段的形状、踏步和栏杆扶手（或栏板）的形式、高度及各配件之间的连接等构造做法。

如图 15-3 所示的 1—1 剖面图，表示已剖到的梯段板、梯段梁、平台梁、平台板和未剖到的、可见的梯段板等。

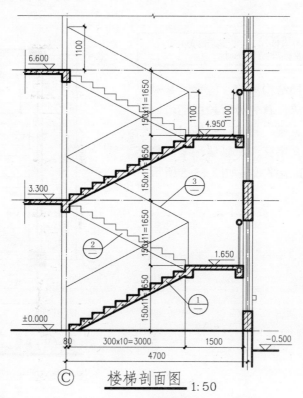

楼梯剖面图 1:50

图 15-3　楼梯剖面图

15.1.3　楼梯配筋图

在楼梯结构剖面图中，不能详细表示梯段板、梯段梁等的配筋时，应另外用较大的比例画出配筋图。如图 15-4 所示为楼梯配筋图，其图示方法及内容同构件配筋图。

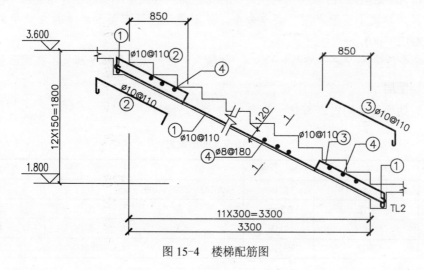

图 15-4　楼梯配筋图

➘ 15.2　⑥-⑧楼梯结构图的绘制

用户在绘制楼梯结构图前，应参照其对应的平面图、剖面图等。首先设置绘图环境，从而绘制轴线、柱子、梁、楼梯、钢筋对象，然后进行尺寸标注、文字标注、轴线编号、标高标注、图名标注，其最终效果如图 15-5 所示。

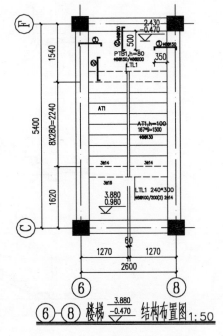

图 15-5　⑥-⑧楼梯结构图的效果

➲ 15.2.1　设置绘图环境

与绘制其他图形一样，在绘制图形前，需要设置与之匹配的绘图环境。

1. 设置绘图环境

1）启动 AutoCAD 2013 软件，将空白文件保存为"案例\15\⑥-⑧楼梯结构图.dwg"文件。

2）选择"格式丨图形界限"菜单命令，依照提示，设定图形界限的左下角为(0,0)，右上角为(42000,29700)。

3）在命令行输入<Z>→<空格>→<A>，使输入的图形界限区域全部显示在图形窗口内。

2. 规划图层

1）绘制结构施工图前，需建立如表 15-2 所示的图层。

表 15-2　图层设置

序　号	图 层 名	线　宽	线　型	颜　色	打印属性
1	轴线	默认	ACAD_IS004W100	红色	不打印
2	柱子	0.3mm	实线	黑色	打印
3	梁	默认	实线	黑色	打印
4	钢筋	默认	实线	洋红色	打印

（续）

序　号	图 层 名	线　宽	线　型	颜　色	打印属性
5	楼梯	默认	实线	104 色	打印
6	标高	默认	实线	244 色	打印
7	轴线编号	默认	实线	绿色	打印
8	尺寸标注	默认	实线	蓝色	打印
9	文字标注	默认	实线	黑色	打印

2）选择"格式 | 图层"菜单命令，将打开"图层特性管理器"面板，根据表 15-2 所示来设置图层的名称、线宽、线型和颜色等，如图 15-6 所示。

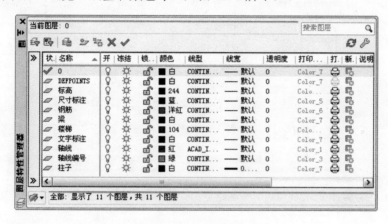

图 15-6　规划图层

3）选择"格式 | 线型"菜单命令，打开"线型管理器"对话框，单击"显示细节"按钮，打开细节选项组，输入"全局比例因子"为 50，然后单击"确定"按钮，如图 15-7 所示。

图 15-7　设置线型比例

3. 设置文字样式

选择"格式 | 文字样式"菜单命令，按照表 15-3 所示的各种文字样式对每一种样式进行字体、高度、宽度因子的设置，如图 15-8 所示。

表 15-3　文字样式

文字样式名	打印到图纸上的文字高度	图形文字高度（文字样式高度）	宽度因子	字体｜大字体
图内文字	3.5	350		Tssdeng｜gbcbig
图名	5	500		Tssdeng｜gbcbig
尺寸文字	3.5	0	0.7	tssdeng
轴号文字	5	500		Comples
配筋文字	3.5	350		Tssdeng｜Tssdchn

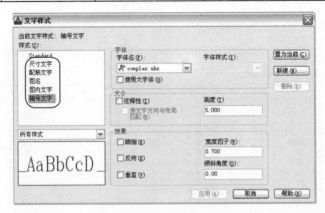

图 15-8　文字样式

4．设置标注样式

1）选择"格式｜标注样式"菜单命令，创建"楼梯结构图-50"，单击"继续"按钮后，出现"新建标注样式"对话框，然后分别在各选项卡中设置相应的参数，其设置的效果如表 15-4 所示。

表 15-4　"楼梯结构图-50"标注样式的参数设置

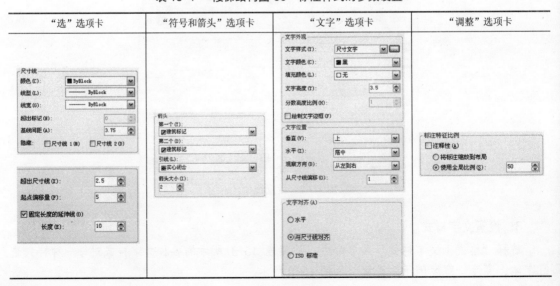

2）选择"文件 | 另存为"菜单命令，打开"图形另存为"对话框，选择文件类型为 "AutoCAD 图形样板(*.dwt)"，保存到"案例\15"文件夹下，并在"文件名"文本框中输入 "楼梯结构图"，然后单击"保存"按钮，如图 15-9 所示。

图 15-9 保存为样板文件

➲ 15.2.2 绘制⑥-⑧楼梯结构图

首先绘制轴线，再绘制柱子、梁、楼梯、配筋对象；然后进行相应的文字标注、尺寸标注、标高、图名标注，从而完成楼梯结构图的绘制。

1）单击"图层控制"中的下拉列表框，将"轴线"图层置为当前图层。

2）执行"构造线"（XL）、"偏移"命令（O），将底侧的水平线段向上偏移 5400mm；将左侧的垂直线段向右偏移 2600mm，如图 15-10 所示。

3）单击"图层控制"中的下拉列表框，将"柱子"图层置为当前图层。

4）执行"矩形"（REC）命令，绘制 450×400mm 的矩形；再执行"图案填充"（H）命令，对矩形进行样例"SOLID"的图案填充操作，如图 15-11 所示。

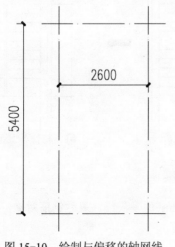

图 15-10 绘制与偏移的轴网线

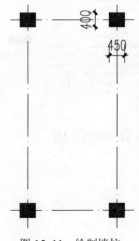

图 15-11 绘制墙柱

> **提示** 复制墙柱对象时,可使用夹点编辑的方式,捕捉矩形填充后图案的中点,再分别复制到相应的轴线交点上。

5)单击"图层控制"中的下拉列表框,将"梁"图层置为当前图层。

6)执行"矩形"(REC)命令,分别捕捉 4 个墙柱的内角点,绘制 2150×5000mm 的矩形;再执行"偏移"(O)命令,将矩形向外偏移 350mm,如图 15-12 所示。

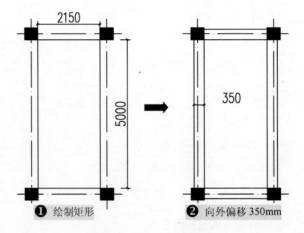

图 15-12 绘制与偏移矩形

7)执行"偏移"(O)、"修剪"(TR)、"矩形"(REC)等命令,将底侧的水平轴线向上各偏移 1340mm、10 个 280mm;并将修剪后的线段转换为"楼梯"图层,且部分线段的线型为"DASH";再在楼梯的中间位置,绘制 60×2800mm 的矩形,再修剪掉矩形内多余的水平线段,如图 15-13 所示。

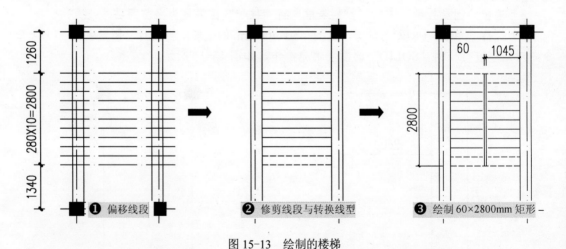

图 15-13 绘制的楼梯

8)执行"多段线"(PL)命令,绘制宽度为 25mm 的多段线,表示钢筋对象,如图 15-14 所示。

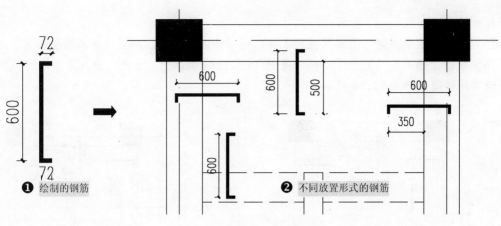

图 15-14 绘制的钢筋对象

9）单击"图层控制"中的下拉列表框，将"标高"图层置为当前图层。

10）执行"插入"（I）命令，将"案例\15\标高.dwg"图块，插入到相应的位置，并修改其属性值，如图 15-15 所示。

11）单击"图层控制"中的下拉列表框，将"文字标注"图层置为当前图层。

12）单击工具栏中的"单行文字"按钮 $\boxed{AI}$，分别在"样式"工具栏中选择"配筋文字"、"图内文字"文字样式，其文字高度为"100"，如图 15-16 所示。

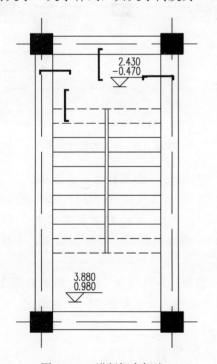

图 15-15 进行标高标注

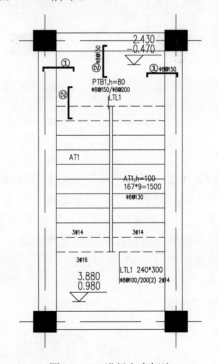

图 15-16 进行文字标注

13）单击"图层控制"中的下拉列表框，将"尺寸标注"图层置为当前图层。

14）单击"标注"工具栏中的"线性"按钮 $\boxed{\vdash}$ 和"连续"按钮 $\boxed{\boxplus}$，对图形左侧、底侧进行尺寸标注，如图 15-17 所示。

15）单击"图层控制"中的下拉列表框，将"轴线编号"图层置为当前图层。

16）执行"插入"（I）命令，将"案例\15\轴线编号.dwg"图块，插入到相应的位置，并修改其属性值，如图 15-18 所示。

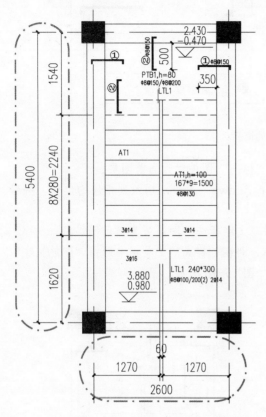

图 15-17　进行尺寸标注

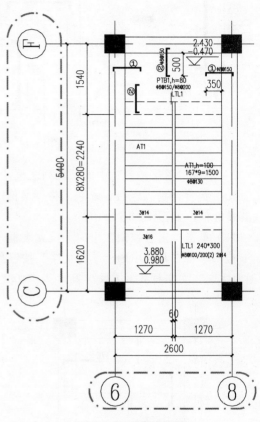

图 15-18　插入的轴线编号

17）单击"图层控制"中的下拉列表框，将"文字标注"图层置为当前图层。

18）在"样式"工具栏中选择"图名"文字样式，单击工具栏中"单行文字"按钮，设置其对正方式为"居中"，然后在相应的位置输入"⑥-⑧楼梯结构布置图"和比例"1:50"，然后分别选择相应的文字对象，按〈Ctrl+1〉组合键打开"特性"面板，并修改相应文字大小为"500"和"250"。

19）使用"多段线"命令（PL），在图名的底侧绘制一条宽度为 20mm 的水平多段线；再使用"直线"命令（L），绘制与多段线等长的水平线段，效果如图 15-19 所示。

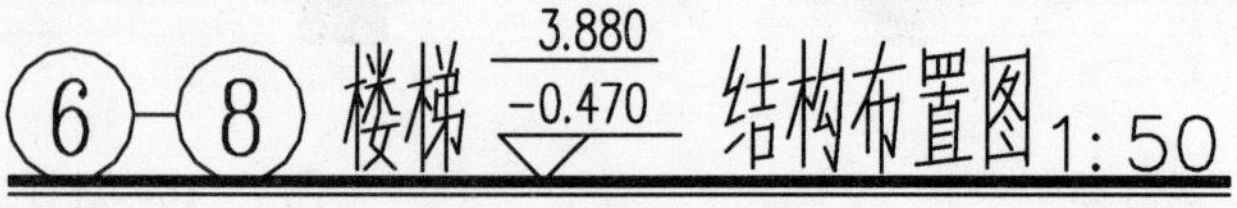

⑥—⑧ 楼梯 $\dfrac{3.880}{-0.470}$ ▽ 结构布置图 1:50

图 15-19　进行图名的标注

20）至此，⑥-⑧楼梯结构图已绘制完毕，按〈Ctrl+S〉组合键保存文件。

↘ 15.3 ©-Ⓓ楼梯结构图的绘制

素 材	视频\15\©-Ⓓ楼梯结构图的绘制.avi 案例\15\©-Ⓓ楼梯结构图.dwg

调用前面的"楼梯结构图.dwt"样板文件；进行轴线、柱子、梁、楼梯、配筋的绘制，然后进行文字标注、尺寸标注、轴线编号、标高标注、图名标注，其最终效果如图 15-20 所示。

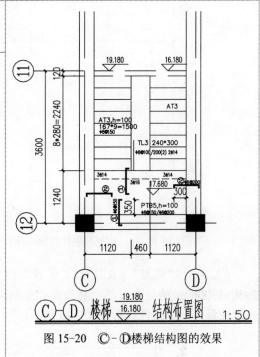

图 15-20 ©-Ⓓ楼梯结构图的效果

⊃ 15.3.1 设置绘图环境

调用前面已设置好的"楼梯结构图.dwt"样板文件，从而绘制©-Ⓓ楼梯结构图。

1）启动 AutoCAD 2013 软件，选择"文件 | 打开"菜单命令，将"案例\15\楼梯结构图.dwt"样板文件打开。

2）再选择"文件 | 另存为"菜单命令，将其保存为"案例\15\©-Ⓓ楼梯结构图.dwg"文件。

⊃ 15.3.2 绘制©-Ⓓ楼梯结构图

参照前面⑥-⑧楼梯结构图的绘图方法与步骤，完成©-Ⓓ楼梯结构图的绘制。

1）单击"图层控制"中的下拉列表框，将"轴线"图层置为当前图层。

2）执行"构造线"（XL）、"偏移"命令（O），将底侧的水平线段向上偏移 3600mm 和 1400mm；将左侧的垂直线段向右偏移 2700mm，如图 15-21 所示。

3）单击"图层控制"中的下拉列表框，将"柱子"图层置为当前图层。

4）执行"矩形"（REC）命令，绘制 450×400mm 的矩形；执行"图案填充"（H）命令，对矩形进行"SOLID"图案填充；再使用夹点编辑的方式，复制另一对象，如图 15-22 所示。

5）单击"图层控制"中的下拉列表框，将"梁"图层置为当前图层。

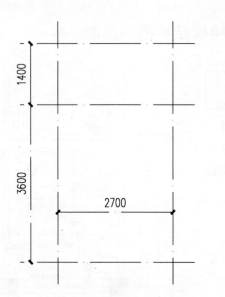

图 15-21　绘制与偏移的轴网线　　　　　图 15-22　绘制墙柱

6）执行"矩形"（REC）、"偏移"（O）、"分解"（X）、"删除"（E）等命令，绘制 2950×5300mm 的矩形；然后将绘制的矩形向内偏移 350mm；再将两个矩形进行分解操作；并删除掉多余的线段，如图 15-23 所示。

❶ 绘制 2950×5300mm 的矩形
❷ 向内偏移 350mm

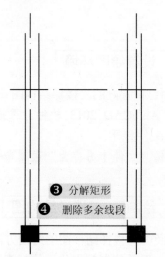

❸ 分解矩形
❹ 删除多余线段

图 15-23　绘制的梁对象

7）执行"偏移"（O）、"修剪"（TR）命令，将底侧的水平轴线向上各偏移 1040mm、200mm、8 个 280mm；并将修剪后的线段转换为"楼梯"图层，且部分线段的线型为"DASH"；将左侧的垂直线段向右各偏移 1120mm、460mm，并修剪多余的线段，结果如图 15-24 所示。

8）执行"多段线"（PL）命令，绘制宽度为 25mm 的多段线，表示钢筋对象，如图 15-25 所示。

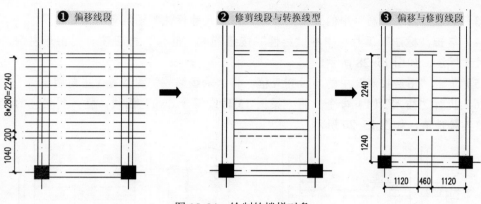

图 15-24　绘制的楼梯对象

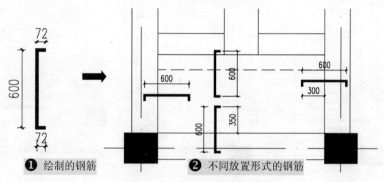

图 15-25　绘制的钢筋对象

9）单击"图层控制"中的下拉列表框，将"标高"图层置为当前图层。

10）执行"插入"（I）命令，将"案例\15\标高.dwg"图块，插入到相应的位置，并修改其属性值，如图 15-26 所示。

11）单击"图层控制"中的下拉列表框，将"文字标注"图层置为当前图层。

12）单击工具栏中的"单行文字"按钮 A，分别在"样式"工具栏中选择"配筋文字"、"图内文字"文字样式，其文字高度为"100"，如图 15-27 所示。

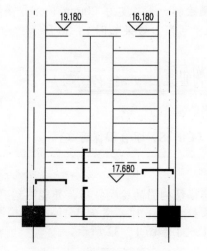

图 15-26　进行标高标注

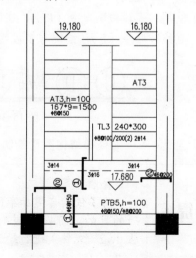

图 15-27　进行文字标注

13）单击"图层控制"中的下拉列表框，将"尺寸标注"图层置为当前图层。

14）单击"标注"工具栏中的"线性"按钮 ⊢ 和"连续"按钮 ⊞ ，对图形左侧、底侧进行尺寸标注，如图 15-28 所示。

15）单击"图层控制"中的下拉列表框，将"轴线编号"图层置为当前图层。

16）执行"插入"（I）命令，将"案例\15\轴线编号.dwg"图块，插入到相应的位置，并修改其属性值，如图 15-29 所示。

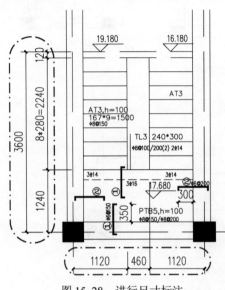

图 15-28　进行尺寸标注　　　　　　　图 15-29　插入的轴线编号

17）单击"图层控制"中的下拉列表框，将"文字标注"图层置为当前图层。

18）在"样式"工具栏中选择"图名"文字样式，单击工具栏中"单行文字"按钮 $\mathbb{A}$，设置其对正方式为"居中"，然后在相应的位置输入"Ⓒ-Ⓓ楼梯结构布置图"和比例"1：50"，然后分别选择相应的文字对象，按〈Ctrl+1〉组合键打开"特性"面板，并修改相应文字大小为"500"和"250"。

19）使用"多段线"命令（PL），在图名的底侧绘制一条宽度为 20mm 的水平多段线；再使用"直线"命令（L），绘制与多段线等长的水平线段，效果如图 15-30 所示。

Ⓒ—Ⓓ 楼梯 $\dfrac{19.180}{16.180}$ 结构布置图　　1：50

图 15-30　进行图名的标注

20）至此，Ⓒ-Ⓓ楼梯结构图已绘制完毕，按〈Ctrl+S〉组合键保存文件。

提示

拓展学习：
　　为了使读者更加牢固地掌握楼梯结构图的绘制技巧，并能达到熟能生巧的目的，可以参照前面的步骤和方法（对"案例\15\楼梯结构图-拓展.dwg"文件）进行绘制，如图 15-31 和图 15-32 所示。

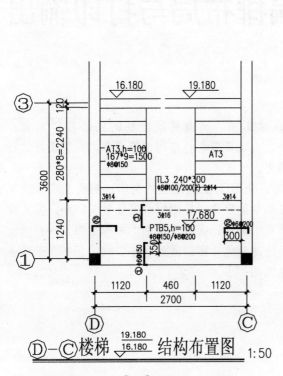

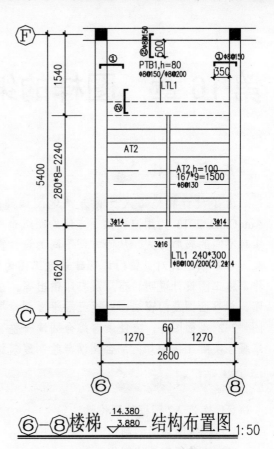

$\overset{D}{\bigcirc}-\overset{C}{\bigcirc}$楼梯 $\dfrac{19.180}{16.180}\bigtriangledown$结构布置图 1:50

图 15-31 D-C楼梯结构布置图

$\overset{6}{\bigcirc}-\overset{8}{\bigcirc}$楼梯 $\dfrac{14.380}{3.880}\bigtriangledown$结构布置图 1:50

图 15-32 ⑥-⑧楼梯结构布置图

第 16 章 图样的编排布局与打印输出

本章导读 ✅

　　为了设计和施工人员更方便地阅读建筑施工图,只有将所绘制的图形打印出来。AutoCAD 2013 为用户提供了方便的图纸布局、页面设置与打印输出等操作,可对图样进行多种不同的布局方式,从而方便不同的设计需要。

　　本章节通过对某镇门诊部建筑施工图为例,介绍了 A2 图框的制作、封面及目录的制作、施工图设计说明、布局及打印输出等。在本章最后将附带图样的预览效果,如门窗大样图、总平面图及门窗表、一至三层平面图、屋顶平面图、南北立面图、东西立面、1-1 剖面图、2-2 剖面图等,方便读者综合阅读一整套的建筑施工图。通过这套图样的预览,让读者掌握在实际工作中如何综合阅读与绘制建筑施工图。

学习目标 ✅

　　📖 建筑 A2 图框的制作
　　📖 施工图封面的制作
　　📖 施工图目录的制作
　　📖 施工图设计说明的制作
　　📖 施工图布局的创建
　　📖 施工图的打印输出

预览效果图 ✅

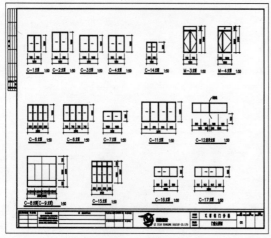

↘ 16.1　建筑 A2 图框的制作

素材　案例\16\A2 图框.dwg

此处设置的 A2 图框横向摆放，其尺寸为 594×420mm，而由于本章节实例图形对象的原因，将其以 100 倍的比例放大，所以此时的 A2 图框尺寸应按照 59400×42000mm 来进行制作。

1）启动 AutoCAD 2013 软件，将空白文件保存为"案例\16\A2 图框.dwg"文件。

2）执行"矩形"（REC）、"偏移"（O）、"拉伸"（S）等命令，绘制 59400×42000mm 的矩形，再将矩形向内偏移 1000mm，然后执行"拉伸"命令（S），将矩形向右水平拉伸 1500mm，如图 16-1 所示。

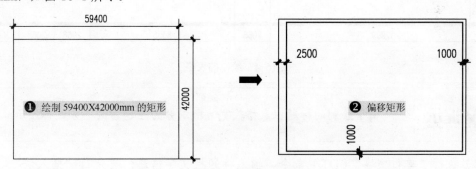

图 16-1　绘制 A2 图框

提示

　　由于左侧需要布置会签栏，用户在"拉伸"对象时，应从右向左框选偏移得到的矩形对象，向右拉伸 1500mm，即图框左侧两垂直线段处间隔 2500mm。具体操作方法用户可参照"视频\16\A2 图框的制作.avi"。

3）执行"表格"（Table）命令，插入 4 行 6 列的表格，再按照如图 16-2 所示的尺寸，进行表格的编辑操作。

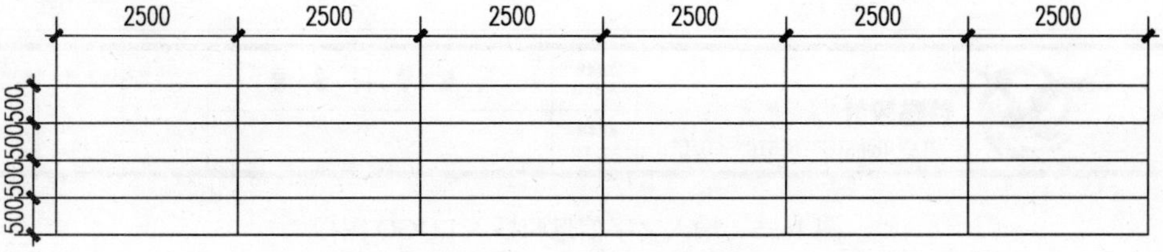

图 16-2　绘制的表格

4）执行"单行文字"（DT）命令，输入相应的会签栏文字信息，如图 16-3 所示。

建　　筑		暖　　通			
结　　构					
电　　气					
给 排 水					

图 16-3　输入文字信息

5）执行"创建块"（B）命令，将绘制的表格及文字信息保存为一个"会签栏"图块。

6）执行"表格"（Table）命令，插入 4 行 13 列的表格，然后参照如图 16-4 所示的尺寸，进行表格的编辑操作。

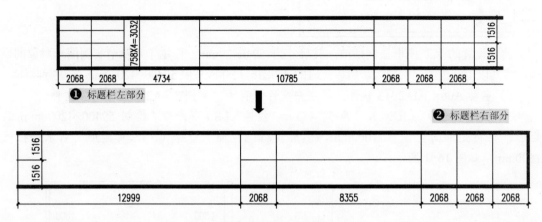

图 16-4　绘制的表格

 由于绘制的标题栏表格较宽，所以分为左、右两部分进行显示。

7）执行"单行文字"（DT）命令，输入标题栏文字信息；再执行"插入块"（I）命令，将事先准备好的"案例\16\公司 LOGO.dwg"图标，插入到相应的位置，如图 16-5 所示。

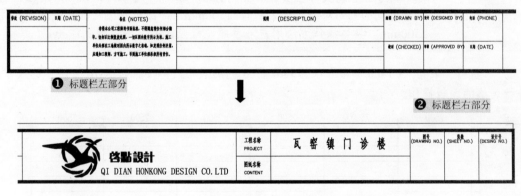

图 16-5　输入文字信息和插入 LOGO 图标

8）执行"创建块"（B）命令，将绘制的表格、文字信息、LOGO 图标等对象，保存为一个"标题栏"图块。

9）再执行"插入块"（I）、旋转（RO）等命令，将"会签栏"、"标题栏"等图块插入到相应的位置，并将会签栏图块旋转 90°，如图 16-6 所示。

10）最后，执行"写块"（W）命令，框选所有的对象，将其保存为"案例\16\A2 图框.dwg"文件，方便后面的调用。

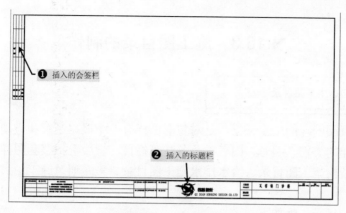

① 插入的会签栏

② 插入的标题栏

图 16-6 插入图块

↘ 16.2 施工图封面的制作

案例\16\施工图封面.dwg

施工图的封面主要包括建筑设计的项目名称下坠"施工图"字样、工程编号、设计单位、设计时间等。具体应根据实际需要进行封面的设计，一般应简明、清晰。

插入前面保存的 A2 图框，删除多余的图形对象，再输入文字信息，从而完成对施工图封面的制作。本实例只是简要介绍封面的绘制方法。

1）启动 AutoCAD 2013 软件，执行"文件 | 打开"菜单命令，将前面所绘制的"案例\16\A2 图框.dwg"文件打开；

2）再执行"文件 | 另存为"菜单命令，将该文件另存为"案例\16\施工图封面.dwg"文件；

3）使用"删除"（E）、"修剪"（TR）等命令，将该文件多余的会签栏和标题栏等对象删除掉，使之只剩下两个矩形对象而已。

4）使用"直线"（L）、"单行文字"（DT）等命令制作的封面效果如图 16-7 所示。

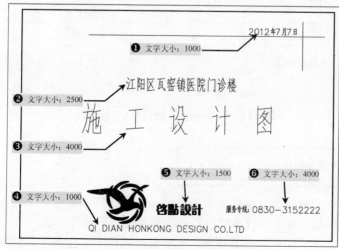

① 文字大小：1000

2012年7月7日

② 文字大小：2500

江阳区瓦窑镇医院门诊楼

③ 文字大小：4000

施 工 设 计 图

⑤ 文字大小：1500   ⑥ 文字大小：4000

④ 文字大小：1000

名點设计

服务专线：0830-3152222

QI DIAN HONKONG DESIGN CO.LTD

图 16-7 施工图封面

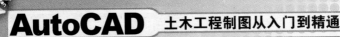
↘ 16.3 施工图目录的制作

案例\16\施工图目录.dwg

图样目录是查阅图样的主要依据，是对整套图样有一个概略了解和方便查找图样而列的表格，其包括图样的类别、编号、图名以及备注等栏目。一般包括整套图样的目录，应有建筑施工图目录、结构施工图目录、给水排水施工图目录、采暖通风施工图目录和建筑电气施工图目录。

此案例绘制的目录步骤如下。

1）启动 AutoCAD 2013 软件，将空白文件保存为"案例\16\施工图目录.dwg"文件。

2）使用"表格"（Table）命令，绘制 15 行 5 列的表格，参照如图 16-8 所示的尺寸，绘制表格。

3）使用"单行文字"（DT）等命令，输入施工图目录的文字信息，如图 16-9 所示。

序号	图名	图号	规格	附注
1	图样目录	TM	A2	
2	门窗大样图	01	A2	
3	装修做法及屋面做法	02	A2	
4	施工图设计说明	03	A2	
5	总平面图及门窗表	04	A2	
6	一层平面图	05	A2	
7	二层平面图	06	A2	
8	三层平面图	07	A2	
9	屋顶平面图	08	A2	
10	南—北立面图	09	A2	
11	东—西立面图	10	A2	
12	1—1 剖面图	11	A2	
13	2—2 剖面图	12	A2	
14	1#楼梯结构图	13	A2	
15	2#楼梯结构图	14	A2	

图 16-8　绘制的表格　　　　　　　　　　　图 16-9　输入文字信息

↘ 16.4 施工图设计说明

案例\16\施工图设计说明.dwg

设计说明是工程的概貌和总设计要求的说明。内容包括：工程概况、工程设计依据、工程设计标准、主要的施工要求和技术经济指标、建筑用料说明等。

建筑设计说明是施工图样的必要补充，主要是对图样中未能表达清楚的内容加以详细的说明，通常包括工程概况、建筑设计的依据、构造要求以及对施工单位的要求。

本实例将 A2 图框插入后，再输入相应的设计说明文字信息，步骤如下。

1）启动 AutoCAD 2013，将空白文件保存为"案例\16\施工图设计说明.dwg"文件。

2）使用"插入块（I）"命令，将"案例\16\A2 图框.dwg"插入到相应的位置。

3）使用"多行文字"（T）命令，在图框内输入设计说明的标题和内容等文字信息，如图 16-10 所示。

图 16-10　施工图的设计说明

该施工图设计说明中内容是来自"案例\16\施工图设计说明.txt"文件，用户可直接打开该文本文件，按〈Ctrl+A〉组合键选中文本文件中的所有内容，再按〈Ctrl+C〉组合键将其内容复制到剪贴板中，再切换至 AutoCAD 环境中，在多行文字编辑模式下按〈Ctrl+V〉组合键将剪贴板中的内容粘贴到多行文字编辑框中；最后可以进行相应的文字样式调整等。

由于篇幅有限，读者可以按第 1~15 章节学到的绘图方法，参照"案例\16"文件夹下的"门窗大样图.dwg、屋面做法及装修做法.dwg、总平面图及门窗表.dwg、一层平面图.dwg、二层平面图.dwg、三层平面图.dwg、屋顶平面图.dwg、南北立面图.dwg、东西立面图.dwg、1-1 剖面图.dwg、2-2 剖面图.dwg、1#楼梯结构图.dwg、2#楼梯结构图.dwg"，其效果如图 16-11~23 所示。

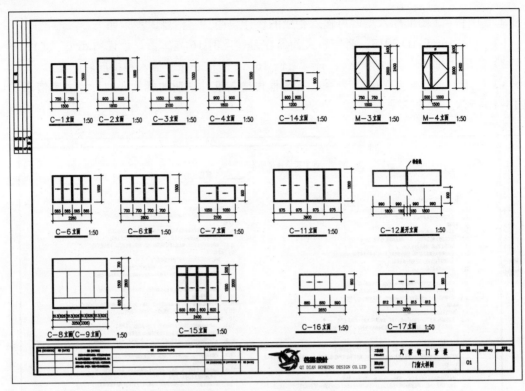

图 16-11 门窗大样图

图 16-12 "屋面+装修"做法

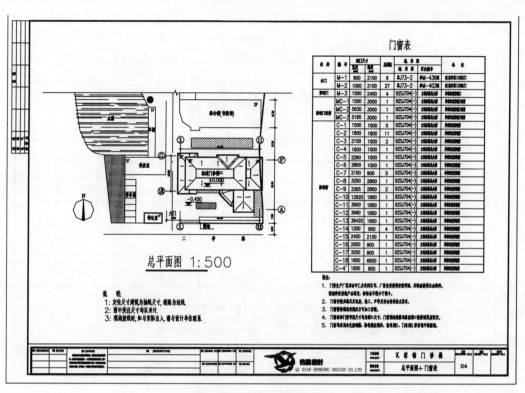

图 16-13 总平面图+门窗表

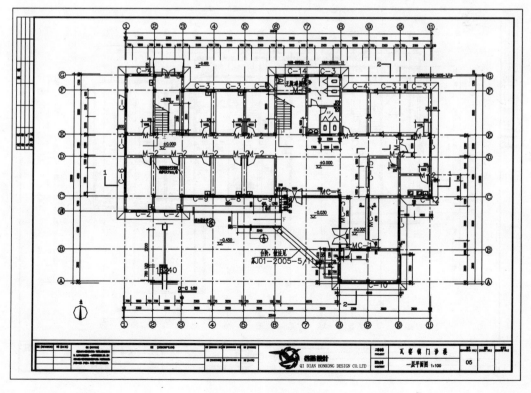

图 16-14 一层平面图

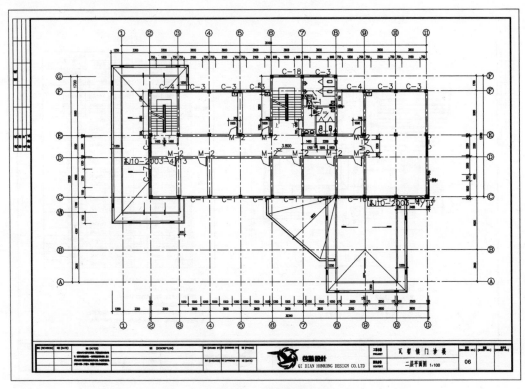

图 16-15　二层平面图

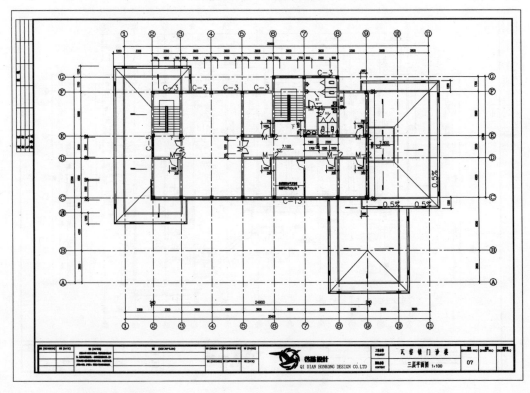

图 16-16　三层平面图

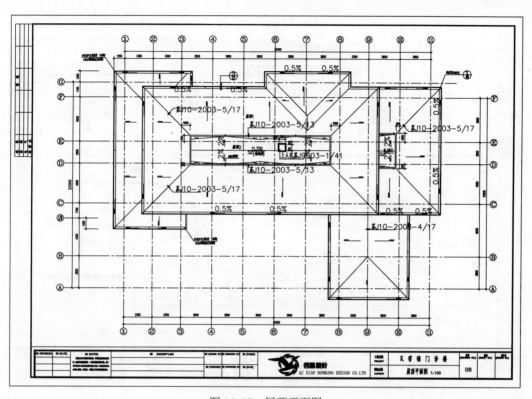

图 16-17　屋顶平面图

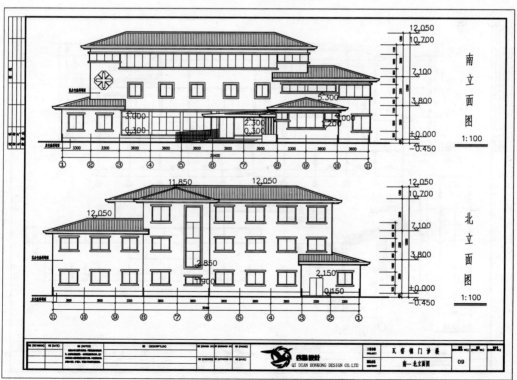

图 16-18　南-北立面图

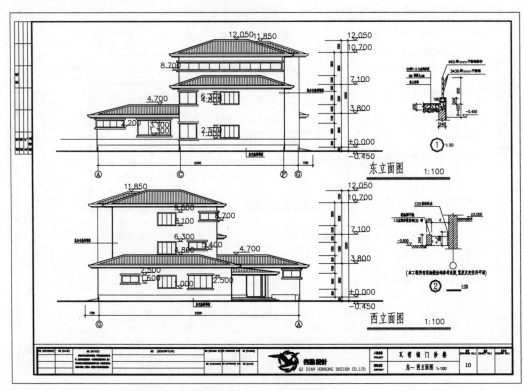

图 16-19　东-西立面图

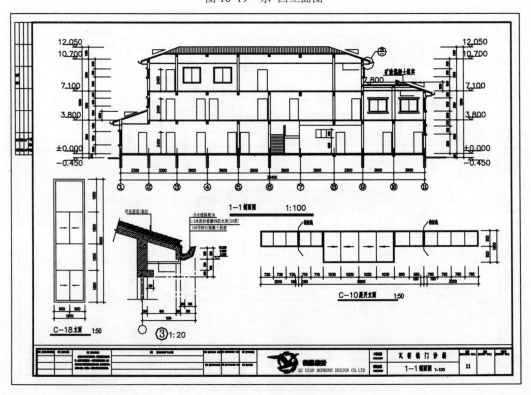

图 16-20　1-1 剖面图

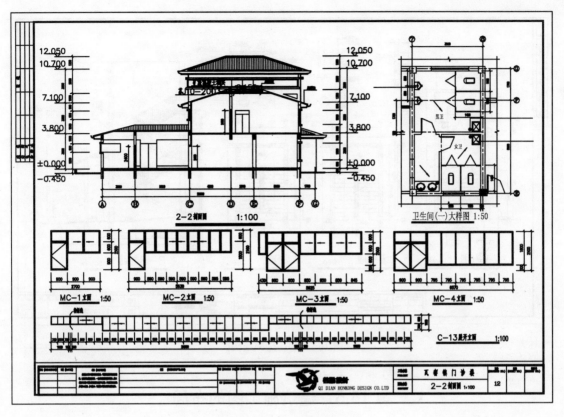

图 16-21 2-2 剖面图

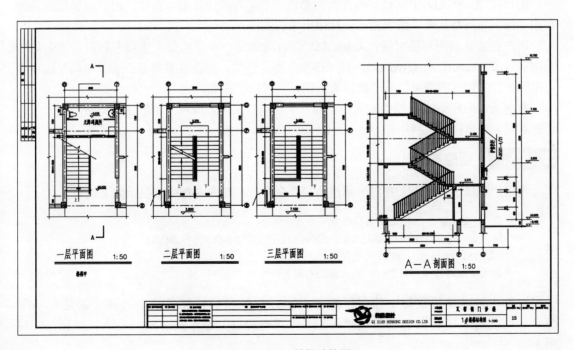

图 16-22 1#楼梯结构图

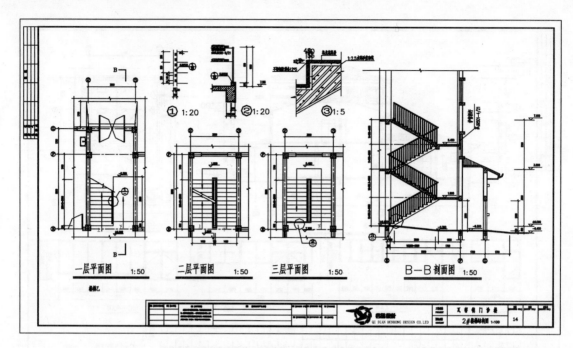

图 16-23　2#楼梯结构图

↘ 16.5　建筑施工图的布局

用户在 AutoCAD 中创建好所需的图形后，即可对其进行布局打印。用户可以创建多种布局，每个布局都代表一张单独需要打印出来的图样。

用户在建立新图形的时候，AutoCAD 会自动建立一个"模型"选项卡和两个"布局"选项卡（即 Layout1 和 Layout1）。其"模型"不能删除，也不能重命名；而"布局"选项卡用来编辑打印图形的图纸，其个数没有限制，且可以重命名。

在 AutoCAD 2013 系统中，选择"插入 | 布局"菜单，即可看到创建布局的三种方法：新建布局、来自样板、利用向导。

● 16.5.1　新建布局

当用户选择了"插入 | 布局·| 新建布局"命令后，在命令行中将显示如下提示。

　　命令：_layout　　\\ 启动布局命令
　　输入布局选项 [复制(C)/删除(D)/新建(N)/样板(T)/重命名(R)/另存为(SA)
　　/设置(S)/?] <设置>：_new \\ 选择新建(N)选项
　　输入新布局名 <布局 3>：\\ 输入新的布局名称

用户也可以使用鼠标在绘图区底部右击，从弹出的快捷菜单中选择"新建布局"命令，则此时系统将自动创建以"布局 1"、"布局 2"等方式对布局命名，如图 16-24 所示。

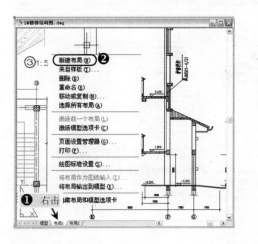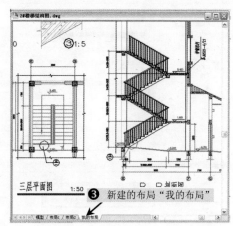

图 16-24　新建布局

➲ 16.5.2　使用样板

在 AutoCAD 2012 中，用户可通过系统提供的样板来创建布局。它是基于样板、图形或图形交换文件中出现的布局去创建新的布局选项卡。

同样，使用鼠标在绘图区底部右击，从弹出的快捷菜单中选择"来自样板"命令，将弹出"从文件选择样板"对话框，在文件列表中选择相应的样板文件，并依次单击"打开"和"确定"按钮，即可通过选择的样板文件来创建新的布局，如图 16-25 所示。

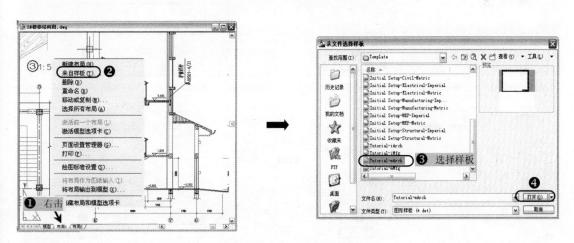

图 16-25　使用样板创建布局

➲ 16.5.3　创建向导布局

在 AutoCAD 2012 中，系统为用户提供了简单明了的布局创建方法。选择"插入|布局|创建布局向导"命令，然后根据提示来设置布局名称、打印机、图纸尺寸、方向、标题栏、定义视口、拾取位置等，如图 16-26 所示。

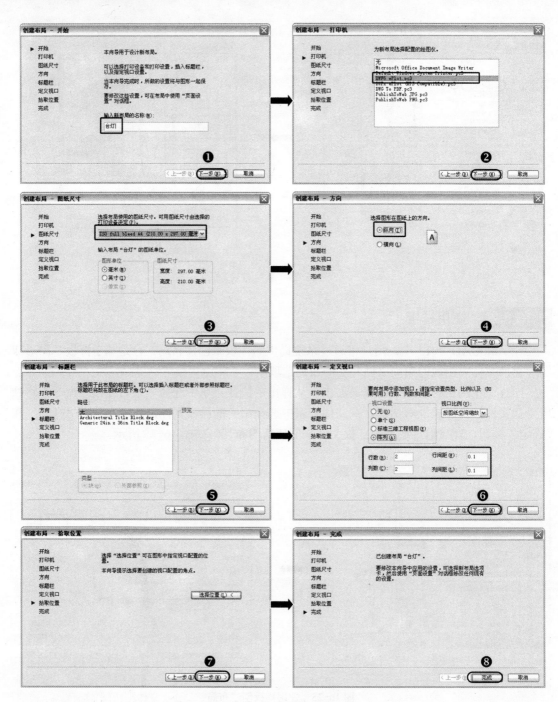

图 16-26 使用向导创建布局

➦ 16.6 施工图样的打印输出

当用户在视图中设置好布局与视口后，对其设置页面、打印机和绘图仪、打印比例、打印区域、打印样式等，从而使打印出来的图样符合实际生产的需求。

16.6.1　页面设置管理

在 AutoCAD 2013 环境中，选择"文件 | 页面设置管理器"命令，或者在"布局"工具栏中单击"页面设置管理器"按钮 ，将打开"页面设置管理器"对话框，从而可以创建新的页面布局设置，或者对已创建的页面布局进行修改，如图 16-27 所示。

图 16-27　"页面设置管理器"对话框

> **提示**　在"当前页面设置"列表框中列出了当前已经设置好的页面布局。若在该列表框中右击某一项布局，在弹出的快捷菜单中选择相应的命令即可对其进行删除或重命名等操作，但系统默认的两项布局无法进行"删除"或"重命名"等操作。

16.6.2　页面设置

如果需要对已经创建的页面布局进行重新调整，在"页面设置管理器"对话框中选择该布局，并单击右侧的"修改"按钮，将弹出"页面设置-XXX"对话框，从而进行相应的修改设置，如图 16-28 所示。

在"页面设置-XXX"对话框中，用户可根据需要对其进行相应的参数设置，如设置打印样式、打印机类型、打印区域、打印比例、图纸尺寸、打印方向、打印选项等，由于篇幅有限，在此就不一一讲解。

16.6.3　打印输出

当设置好页面布局后，即可将其打印出来。选择"文件 | 打印"命令，或者在"标准"工具栏中单击"打印"按钮 🖨，弹出"打印—XXX"对话框，选择设置好的布局页面，再设置相应的打印参数，然后单击"确定"按钮即可进行打印，如图 16-29 所示。

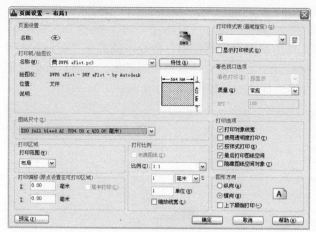

图 16-28　修改页面设置　　　　　　　　　　图 16-29　进行布局打印

CAD/CAM/CAE 工程应用丛书

打造 CAD 图书领域的 "中国制造"

丛书特色

- **历久弥新**：为响应国家"两化融合"的号召，机工社历经十年倾力打造本系列丛书，丛书每年重印率达 90%、改版率达 50%，已成为国内 CAD 图书领域的最经典套系之一。
- **专业实用**：丛书内容涉及机械设计、有限元分析、制造技术应用、流场分析、建筑施工图、室内装潢图、水暖电布线图和建筑总图等，可以快速有效地帮助读者解决实际工程问题。
- **品种丰富**：本丛书目前动销品种近 200 种，产品包含了 CAX 领域全部主流应用软件和应用领域，包括 AutoCAD，UG，Pro/E，MATLAB，SolidWorks，HyperWorks，ANSYS，Mastercam，Inventor 等。
- **经典畅销**：经典畅销书层出不穷，累计销售过万册的品种达数十种。像《AutoCAD 室内装潢设计》、《UG NX 7.5 完全自学手册》、《Pro/ENGINEER Wildfire5.0 从入门到精通》、《ANSYS 结构分析工程应用实例解析》等书整体销量已过 3 万册。
- **配套资源丰富**：几乎每本书都提供配有书中实例素材、操作视频、PPT 课件等资源，方便读者的理解和学习，以达到事半功倍的效果。
- **金牌作者云集**：拥有一大批行业专家和畅销书作者，如唐湘民、韩凤起、钟日铭、江洪、张朝晖和张忠将等。

丛书介绍

书名：UG NX 8.0完全自学手册 第2版
书号：978-7-111-38414-4
作者：钟日铭 等
定价：75.00元

★本书以UG NX 8.0中文版为软件操作基础，结合典型范例循序渐进地介绍NX 8.0中文版的软件功能和实战应用知识。本书知识全面、实用，共分9章，内容包括UG NX 8.0入门简介及基本操作、草图、空间曲线与基准特征、创建实体特征、特征操作及编辑、曲面建模、装配设计、工程图设计、UG NX中国工具箱应用与同步建模。

书名： SolidWorks 2011机械设计完全实例教程

书号： 978-7-111-36514-3

作者： 张忠将 等

定价： 62.00元

★本书紧密结合实际应用，以众多精彩的机械设计实例为引导，详细介绍了SolidWorks从模型创建到出工程图，再到模型分析和仿真等的操作过程。本书实例涵盖典型机械零件、输送机械、制动机械、农用机械、紧固和夹具、传动机构和弹簧／控制装置等的设计。

书名： HyperMesh&HyperView应用技巧与高级实例

书号： 978-7-111-39535-5

作者： 王钰栋 等

定价： 99.00元

★本书分两部分，前一部分主要介绍HyperMesh有限元前处理软件，包括HyperMesh的基础知识、几何清理、2D网格划分、3D网格划分、1D单元创建、航空应用和主流求解器接口介绍，还包括关于HyperMesh的用户二次开发功能。后一部分主要介绍HyperView、HyperGraph等有限元后处理软件，包括用HyperView查看结果云图、变形图、结果数据、创建截面、创建测量点、报告模板等，用HyperGraph建立数据曲线、曲线的数据处理和三维曲线曲面的创建、处理等。

书名： 奥宾学院大师系列：AutoCAD MEP 2011

书号： 978-7-111-39432-7

作者： [美]Paul F. Aubin 等著；王申 等译

定价： 129.00元

★本书是目前国内针对 AutoCAD®MEP 软件介绍、应用举例的权威用书，深入浅出地阐述了 AutoCAD®MEP 2011 的各项功能，对AutoCAD MEP 软件的工作方法、基本原理和操作步骤进行了详细的介绍，并通过项目样例系统地介绍了如何使用该软件进行水、暖、电设计，更简明扼要地展示了如何进行各专业之间的协同。本书还特别介绍了如何创建各种类型的内容构件，字里行间的提示和小技巧亦是本书亮点之一，这些知识点均由本书作者通过积累多年的实战经验总结而成，为广大读者的实践旅程提供了捷径。